工程财务系列教材

设备安装工程计价

主　编　汪　辉　李　驹
副主编　李炳宏　李　良

中国建筑工业出版社

图书在版编目（CIP）数据

设备安装工程计价/汪辉，李驹主编. —北京：中国建筑工业出版社，2017.6

（工程财务系列教材）

ISBN 978-7-112-20750-3

Ⅰ.①设… Ⅱ.①汪… ②李… Ⅲ.①房屋建筑设备-建筑安装工程-工程造价 Ⅳ.①TU723.3

中国版本图书馆CIP数据核字（2017）第090182号

本书以《建设工程工程量清单计价规范》GB 50500—2013、《通用安装工程工程量计算规范》GB 50856—2013、湖北省2013年版相关定额等最新资料为编写依据，较为系统地介绍了设备安装工程计价的理论与方法。全书内容在介绍供配电系统、电气照明工程、室内外给水排水工程、供暖工程等工程背景知识及相应工程图纸识读技能的基础上，阐述了设备安装工程计价的方法和程序，以及设备安装工程工程量计算规则，并结合具体工程实例，分别展现了定额计价和工程量清单计价两种模式的具体预算编制过程，以便读者能够快速、准确地掌握设备安装工程计量与计价的重点内容。

本书在编写过程中力求做到结构新颖、图文并茂、注重应用、突出案例、通俗易懂、方便自学，可作为高等院校工程财务专业的教学用书，亦可作为工程管理、工程造价、土木工程等专业工程计价或工程概预算课程的教材，还可作为工程造价人员的培训教材或参考书。

责任编辑：于 莉 田启铭

责任设计：李志立

责任校对：焦 乐 李美娜

工程财务系列教材

设备安装工程计价

主 编 汪 辉 李 驹

副主编 李炳宏 李 良

*

中国建筑工业出版社出版、发行（北京海淀三里河路9号）

各地新华书店、建筑书店经销

霸州市顺浩图文科技发展有限公司制版

北京富生印刷厂印刷

*

开本：787×1092毫米 1/16 印张：15½ 字数：373千字

2017年6月第一版 2017年6月第一次印刷

定价：**43.00**元

ISBN 978-7-112-20750-3

（30404）

序　言

随着我国建筑业和建筑市场的不断发展、繁荣，工程计价理论和实践经过多代工程造价工作者不懈的努力，至今已形成了具有中国特色的工程计价理论与方法。特别是设备安装工程的工程造价编制工作，涉及的因素很多，专业性较强，内容分支较多，与土建工程的工程造价编制存在较大差异。

本书以现行设备安装工程计量与计价标准体系为基础，结合《建设工程工程量清单计价规范》GB 50500—2013、《通用安装工程工程量计算规范》GB 50856—2013，以及湖北省设备安装工程系列计价规定编写而成，以电气工程、给水排水和供暖工程等为主，系统阐述了设备安装工程的计价原理和方法，体现出专业内容常见适用、理论与实践相结合、清单计价与定额计价相结合等特点。

本书是工程财务专业的教学用书，在编写过程中力求做到结构新颖、图文并茂、通俗易懂、方便自学。本书亦可作为高等院校工程管理、工程造价、土木工程等专业工程计价或工程概预算课程的教材，还可作为工程造价人员的培训教材或参考书。

本书由汪辉、李驹任主编，李炳宏、李良任副主编。编写分工为：周聿编写第 1、2 章；汪辉、李驹编写第 3 章；杨伟华编写第 4、5 章；陈志编写第 6、7 章；李良编写第 8 章；李炳宏编写第 9、10 章；汪辉编写第 11 章。

在本书的编写过程中，参考了有关文献、著作、教材与资料，其中主要资料已列入本书的参考书目，在此谨向各位作者表示衷心的感谢。此外，还得到了编者所在单位及出版单位的大力支持，在此谨向有关人员一并致谢。

由于编者水平和学识有限，书中难免有错误和疏漏之处，恳请各位读者和同行提出宝贵修改意见。

编者

2017 年 2 月

目　录

第一篇　建筑电气工程

第三篇 设备安装工程计量与计价实务

第一篇　建筑电气工程

第1章　供配电系统

本章主要介绍电力系统的基本概念、电力负荷的分级、电气安全与保护接地、建筑物防雷、常用电工材料和电气设备等。

1.1　电力系统简介

电力系统由发电厂、电力网和用户组成，它的功能是生产电能并将电能进行运输、分配与变换，最后送至用户。为了提高供电的可靠性和经济性，常将许多发电厂和电力网连接在一起并联运行。

1.1.1　电力系统的基本概念

电力系统中的发电厂是将非电形式的能量转化成电能，一般根据所利用的能源的不同，分为火力发电、水力发电、风力发电和原子能发电等。电力网包括输、配电线路和变电所，是发电厂和用户的中间环节，它分输电网和配电网，输送电压为35kV及以上的配电线路和与其相连的变电所组成的网络称输电网，配电网是由10kV及以下的配电线路和与其相连的变电线路所组成的网络，如图1-1所示。

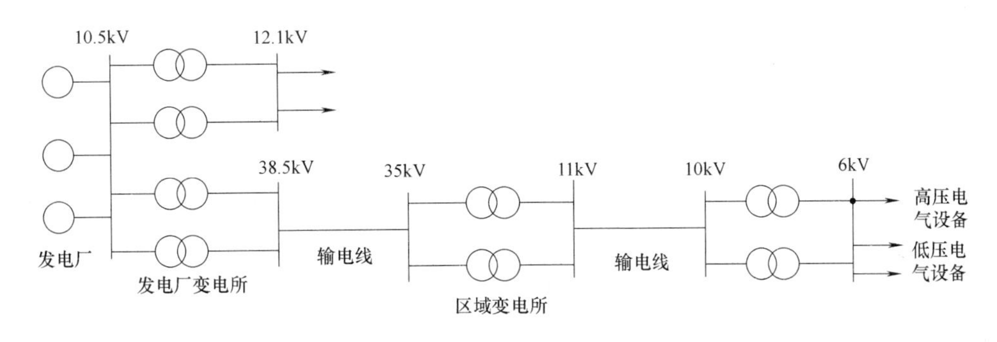

图1-1　电力系统示意图

1.1.2　电力负荷的计算

在建筑物方案设计初期，为了确保供电方式和变电所的位置、大小、投资，必须对电力负荷进行计算，电力负荷的正确计算是合理选择电气设备的保证，若负荷计算过大，会造成不必要的浪费，若负荷计算过小，则会导致导线、继电器和变压器等设备过热，加速它们的绝缘老化，缩短寿命，甚至会引起火灾。

1. 负荷曲线

负荷曲线是表征用电负荷随时间变动的一种图形，按功率性质分有功负荷曲线和无功负荷曲线；根据横坐标的持续时间，分年、月、日负荷曲线，图 1-2 所示是某建筑物的日负荷曲线，用 30min 平均负荷逐点绘制或阶梯式绘制。

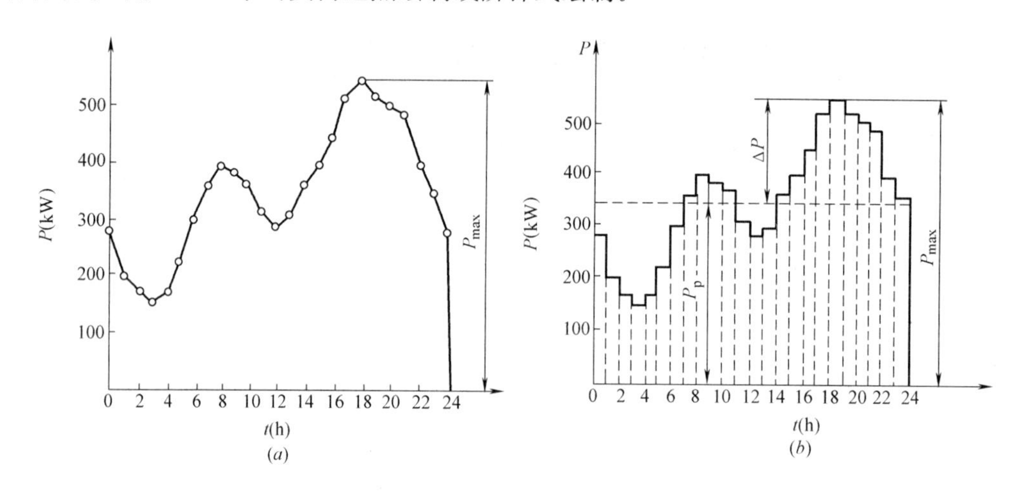

图 1-2 某建筑物的日负荷曲线

(a) 逐点绘制；(b) 阶梯式绘制

一般情况下，电梯和照明的年负荷曲线起伏较小，但日负荷曲线起伏较大，空调用电的年负荷曲线则随季节的变化而呈现明显的起伏。了解并掌握负荷曲线，对供电设计和运行管理都有实际意义。

2. 负荷计算

(1) 单位容量法

这是在方案设计阶段所采用的方法，首先根据建筑物的类型、等级、附属设备情况及房间的用途确定一个单位面积的电力负荷，再根据当地的生活消费水平作相应的调整。表 1-1 是一些电力负荷估算指标的推荐值。

民用建筑用电负荷估算指标 **表 1-1**

建筑分类		指标 (W/m²) 范围	指标 (W/m²) 平均
住宅	一般住宅	5.91～10.70	7.53
	中等家庭公寓	10.76～16.14	13.45
	高级家庭公寓	21.52～26.50	25.80
	豪华家庭公寓	43.04～64.50	48.40
	有集中空调的家庭公寓		27.60

续表

建筑分类			指标（W/m^2）	
			范围	平均
商业	商店	无空调		43.00
		有空调		194.00
	餐厅、咖啡馆			247.00
	办公室		80.70～107.60	95.80
	旅馆		48.40～124.00	71.00
	自选商场		129.00～140.00	134.50
	电影院		161.00～172.00	172.00

查取表 1-1 中的相应值，与总面积相乘，就是建筑物的电力负荷，进而估算出供配电系统的大小、投资。

（2）需要系数法

电气设备需要系数 K_x 是指用电设备组所需的最大负荷 P_{js} 与总设备安装容量 P_x 的比值，即：$K_x = P_{js}/P_x$。

用电设备中性质相同的设备有相近的需要系数，因此，在计算时，先将设备分类，除去备用和不同时工作的设备，其余设备的功率相加后乘以相应的系数，得到计算负荷，再将各组计算负荷相加，得到总的电力负荷。其基本计算公式为：$P_{js} = K_x P_x$（kW）。

建筑电气设备需要系数可查表 1-2 取得。

建筑电气设备需要系数 **表 1-2**

用电设备组名称		需要系数 K_x
照明负荷	住宅楼	0.40～0.60
	办公楼	0.70～0.80
	科研楼	0.80～0.90
	教学楼	0.80～0.90
	商店	0.85～0.95
	餐厅	0.80～0.90
	社会旅馆	0.70～0.80
	社会旅馆(附对外餐厅)	0.80～0.90
	旅游宾馆	0.35～0.45
	医院门诊楼	0.60～0.70
	医院病房楼	0.50～0.60
	电影院	0.70～0.80
	剧场	0.60～0.70
	体育馆	0.65～0.75
冷冻机房		0.65～0.75

续表

用电设备组名称	需要系数 K_x
锅炉房	0.65～0.75
水泵房	0.60～0.70
通风机	0.60～0.70
电梯	0.18～0.22
洗衣房	0.30～0.35
厨房	0.35～0.45
窗式空调机	0.35～0.45

（3）功率因数及无功补偿

交流电路中的纯电感只能将电能转化为磁场能，再反变为电能回馈到电源，在此过程中并不做功，故称其电流为无功电流。无功电流在感性负载上不做功，但在供电线路上会造成电压降并消耗电能，高的功率因数就意味着较小的线路损耗。

在感性负载上并联电容可以提高功率因数，一般要求高压供电时，功率因数要达到0.9以上，低压供电时要达到0.85以上。在建筑电气领域，功率因数的补偿可利用移相电容器容量较大、负荷平稳且经常使用的用电设备单独就地补偿，而基本无功负荷组则应在配电所内设置电容器组进行集中补偿。

1.2 供配电系统

供配电系统主要包括电力负荷的分级及供电要求、供配电电压的选择、供电系统的接线方式、变电所位置的确定等内容。

1.2.1 电力负荷的分级及供电要求

电力负荷是进行供配电系统设计的主要依据参数，根据电力负荷的性质和停电造成损失的程度，将电力负荷分成三级，并由此确定其对供电电源的要求。

1. 一级负荷

一级负荷是指中断供电将会造成人员伤亡，在政治上、经济上造成重大损失，造成公共场所严重混乱的电力负荷。例如，特别重要的交通枢纽、国宾馆、国家级及承担重大国事活动的会堂、国家级大型体育中心以及经常用于重要国际活动的大量人员集中的公共场所。中断供电将影响实时处理计算机及计算机网络正常工作、中断供电将会发生火灾以及严重中毒的情况也是属于此范畴。

一级负荷是特别重要的负荷，应由两个或两个以上的电源供电，当其中一个电源发生故障时，另一个电源应不同时受损，同时一级负荷中特别重要的负荷还必须增设应急电源，为保证对特别重要负荷的供电，严禁将其他负荷接入应急供电系统。

一级负荷容量较大或有高压电气设备时，应采用两路高压电源，图1-3所示供配电系统就采用了两路高压电源。

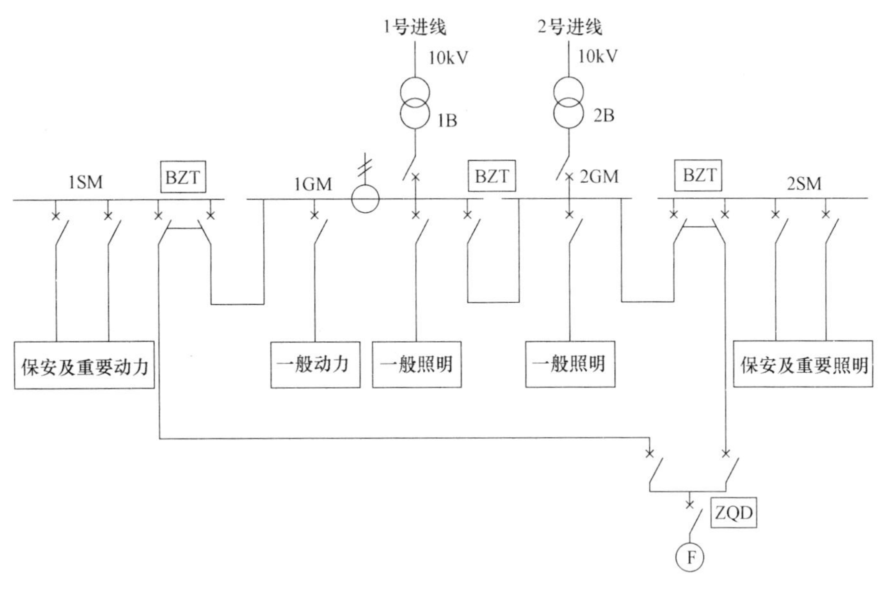

图 1-3 供配电系统

2. 二级负荷

二级负荷是指中断供电将在政治上、经济上造成较大损失，严重影响重要单位正常工作，造成公共场所秩序混乱的电力负荷。

二级负荷宜采用两个回路供电，也可以由一个 6kV 及以上电源专用架空线路供电。

3. 三级负荷

三级负荷是指不属于一、二级负荷的负荷，三级负荷对供电无特殊要求。民用建筑部分电力负荷级别如表 1-3 所示。

民用建筑部分电力负荷级别 **表 1-3**

负荷级别	建筑物名称	电力负荷名称
一级	国家级办公建筑	客梯(客用电梯)电力，主要办公室、会议室、总值班室，档案室及主要通道照明
一级	一、二级旅馆	经营管理用及设备管理用电子计算机系统电源，宴会电声、新闻摄影、录像电源、宴会厅、餐厅、娱乐厅、高级客房、康乐设施、厨房及主要通道照明，地下室污水泵、雨水泵电力、厨房部分电力、部分客梯电力
一级	计算中心	主要业务用电子计算机系统电源
一级	市(地区)级及以上气象台	主要业务用电子计算机系统电源，气象雷达、电报及传真收发设备、卫星云图接收机及语言广播电源，天气绘图及预报照明
一级	大型博物馆、展览馆	防盗信号电源，珍贵展览室的照明
一级	省、自治区、直辖市及以上体育馆、体育场	计时记分用电子计算机系统电源，比赛厅(场)、主席台、贵宾室、接待室，广场照明、电声、广播及电视转播、新闻摄影电源
一级	银行	主要业务用电子计算机系统电源，防盗信号电源
一级	大型百货商店	经营管理用电子计算机系统电源、营业厅、门厅照明

续表

负荷级别	建筑物名称	电力负荷名称
一级	电视台	电子计算机系统电源、直接播出的电视演播厅、中心机房、录像厅、微波机房及发射机房的电力和照明
一级	火车站	特大型车站和国境站的旅客站房、站台、天桥、地道和用电设备
一级	民用机场	航行管制、导航、通信、气象、助航灯光系统的设施和台站，边防、海关、安全检查设备，航班预报设备，三级以上油库，为飞行及旅客服务的办公用房，旅客活动场所的应急照明，候机楼、外航驻机场办事处、机场宾馆及旅客过夜用房、站坪照明，站坪机务用电
一级	监狱	警卫照明
二级	高层普通住宅	客梯、生活水泵电力、楼梯照明、主要通道照明
二级	部、省级办公建筑	客梯电力，主要办公室、会议室、总值班室、档案室及主要通道照明
二级	高等学校教学楼	客梯电力、主要通道照明
二级	一、二级旅馆	其余客梯电力，一般客房照明
二级	计算中心	客梯电力
二级	市(地区)级及以上气象台	客梯电力
二级	大型博物馆、展览馆	展览用电
二级	银行	客梯电力，营业厅、门厅照明
二级	大型百货商店	自动扶梯、客梯电力
二级	电视台	洗印室、电视电影室、主要客梯电力，楼梯照明
二级	民用机场	其他用电
二级	冷库	大型冷库、有特殊要求的冷库的一台氨压缩机及其附属设备的电力，电梯电力，库内照明

1.2.2 供配电电压的选择

1. 我国电力系统的电压等级和质量指标

（1）电压等级

中华人民共和国国家标准规定，供电企业供电的额定频率为交流 50Hz，低压供电为 220V/380V，高压供电为 10kV、35kV、110kV 和 220kV。

（2）电压质量指标

电压偏移是指供电电压高于或低于用电设备额定电压的数值与用电设备额定电压的比值，常用设备电压偏移的范围为：连续运转的电动机－5%～＋5%，室内照明－25%～＋5%。电压波动是指用电设备接线端电压时高时低的变化。我国对电压波动没有提出明确的数量指标，但电压波动会引起电光源光通量的波动，光通量的波动使被照物体的照度、亮度都随时间而波动，使人眼有一种闪烁感，从而影响照明质量。

频率波动，波动范围在－0.5%～＋0.5%之间，电源供电质量的好坏直接影响用电设备的工作状况，电压偏低会使电动机转速下降、灯光昏暗；电压偏高会使电动机转速增大、灯泡寿命缩短；电压波动导致灯光闪烁、电动机运转不稳定；频率变化导致电动机转速变化，更为严重的是会引起电力系统的不稳定运行，因此，应对供电质量进行必要的检测。

2. 供配电电压的选择

建筑物内的用户若单相电气设备容量小于10kW，就可采用单相供电，即220V；若电气设备容量在100kW及以下或需用变压器容量在50kVA及以下可采用三相四线380V/220V供电；用电负荷在250kW以上或需用变压器容量在160kVA以上时，可采用10kV高压供电。

1.2.3 配电系统的接线方式

建筑电气配电系统的接线方式有三种，分别是放射式、树干式和混合式，如图1-4所示。

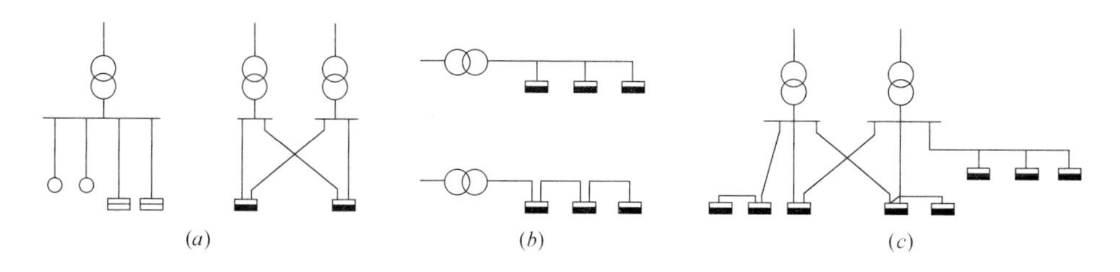

图1-4 配电系统的接线方式
(*a*) 放射式；(*b*) 树干式；(*c*) 混合式

1. 放射式

放射式配电系统从低压母线到用电设备或二级配电箱的线缆是直通的，供电可靠性高，配电设备集中，但系统灵活性较差，有色金属消耗量较多，一般适用于容量大、负荷集中的场所或重要的用电设备。

2. 树干式

树干式配电系统是向用电区域引出几条干线，供电设备或二级配电箱可以直接接在干线上，这种方式的系统灵活性好，但干线发生故障时影响范围大，一般适用于用电设备分布较均匀、容量不大、无特殊要求的场所。

3. 混合式

是放射式和树干式相结合的配电方式。建筑电气的高压配电系统大多采用放射式配电方式，低压配电系统大多采用放射式和树干式相结合的混合式配电方式。

1.2.4 变配电所

用于安装和布置高低压配电设备和变压器的专用房间和场地。建筑用的变电所大多属于10kV类型的变电所，主要由高压配电、变压器和低压配电三部分组成，变电所接收电网输入的10kV的电源，经变压器降至380V/220V，然后根据需要将其分配给各低压配电设备。

1. 变配电所的位置

变配电所的位置应尽量靠近用电负荷中心，应考虑进出线方便、顺直及设备的吊装、运输方便，应尽量避开多尘、震动、高温、潮湿和有腐蚀性气体的场所，不应设在厕所、浴室或其他积水场所的正上方或毗邻。

2. 变配电所的形式

根据本身结构及相互位置的不同，变配电所可分为不同的形式，如图 1-5 所示。

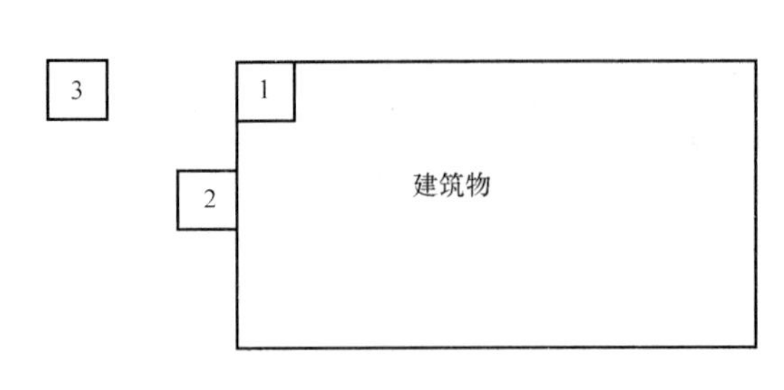

图 1-5　变配电所的形式

1—建筑物内变配电所；2—建筑物外附式变配电所；3—独立式变配电所

（1）建筑物内变配电所

位于建筑物内部，可深入负荷中心，减少配电导线、电缆，但防火要求高。高层建筑的变配电所一般位于它的地下室，不宜设在地下室的最底层。

（2）建筑物外附式变配电所

附设在建筑物外，不占用建筑的面积，但建筑处理较复杂。

（3）独立式变配电所

独立于建筑物之外，一般向分散的建筑供电及用于有爆炸和火灾危险的场所。独立式变配电所最好布置成单层，当采用双层布置时，变压器室应设在底层，设于二层的配电装置应有吊运设备的吊装孔或平台。

3. 变配电室的布置

传统的变配电室由于采用的是油浸式变压器，它的组成一般包括高压配电室、变压器室、低压配电室和控制室几部分，有时根据需要设置电容器室。而目前大量采用的是干式变压器，它可以将高压配电设备（柜）和低压配电设备（柜）共置一室，图 1-6 就是典型

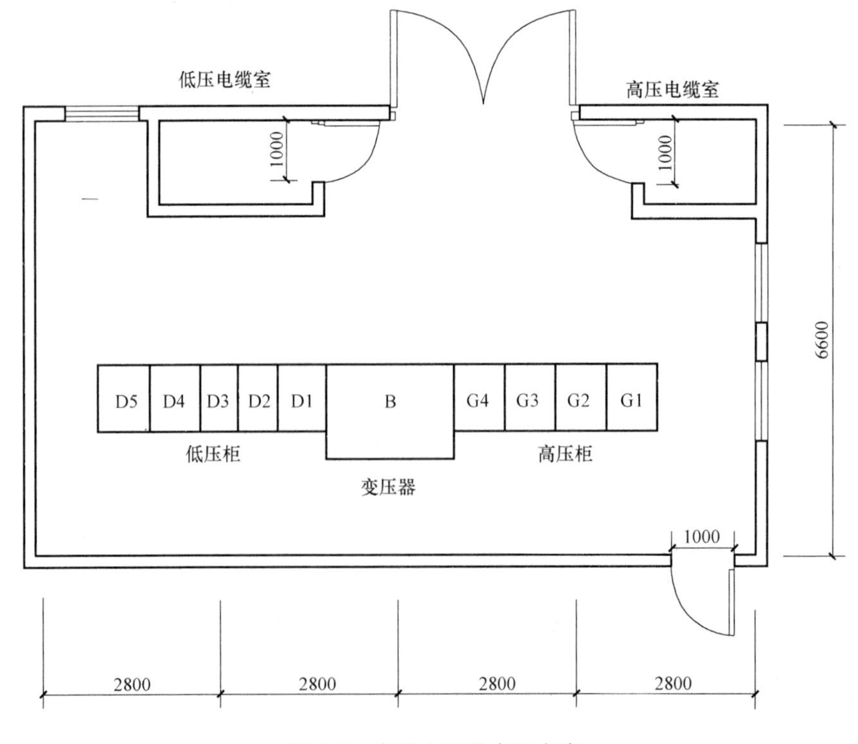

图 1-6　变配电室的布置方案

的变配电室的布置。变配电室内各设备均应合理布置，并考虑未来发展的可能性。应尽量利用自然采光和通风，适当安排各设备的相对位置使接线最短、顺直，地面必须抬高，宜高出室外地面150～300mm；有人值班的变配电室应设有单独的控制室或值班室，并设其他辅助生活设施。

4. 变配电室的设置要求

变配电室的门应向外开，并装有弹簧，宽度应比设备尺寸大约 0.5m。变配电室宜设不能开启的自然采光窗，窗户下沿距室外地面高度不宜小于 1.8m，临街的一面不宜开窗。房间的内墙表面均应抹灰刷白，地面宜用高标号水泥抹面压光或用水磨石地面。同时应处理好防水、排水、保温、隔热，注意不同的耐火等级，考虑房间的通风、换气。

1.3 电气安全与保护接地

电能给我们的生活带来很多方便，但是使用不当也会存在很多危险，如触电、电气短路或电流过大引起火灾，因此，我们必须采取相应的安全措施来限制故障电压和故障电流，这涉及电气安全和接地保护。当人体触及带电体而承受过高的电压时会引起死亡或受伤，这种现象称为触电。试验表明，流过人体的电流在 30mA 及以下时，不致死亡，在正常情况下，人体的电阻为 1000Ω 以上，在潮湿环境中，则小于 1000Ω。IEC 国际电工委员会规定了长期保持接触的电压最大值为：对于 15～100Hz 的交流电，正常环境为50V，潮湿环境为 25V；对于脉动值不超过 10%的直流电，相应的电压为 120V、60V。我国规定的安全电压标准为 42V、36V、24V、12V、6V。

1.3.1 电气系统的保护方式

电气系统的接地保护有 5 种方式，分别是 TN-S 方式、TN-C 方式、TN-C-S 方式、TT 方式、IT 方式。

1. TN-S 方式

这是俗称的三相五线方式，如图 1-7 所示。从变配电所引向用电设备的导线由三根相线、一根中性线 N、一根保护接地线 PE 组成，PE 线平时不通过电流，只在发生接地故障时通过故障电流，因此用电设备的外露可导电部分平时对地不带电压，安全性最好，但系统采用了五根导线，造价较高。

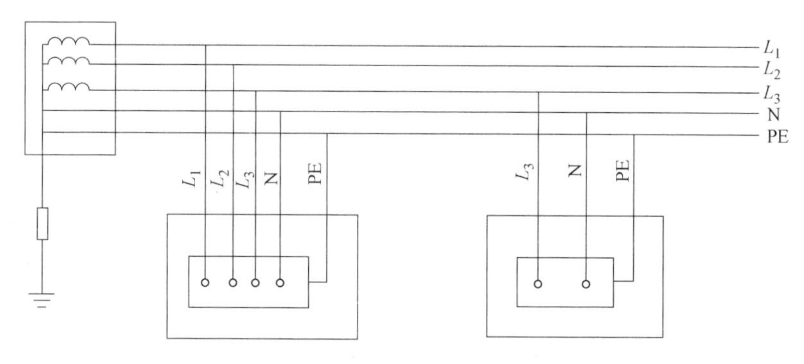

图 1-7 TN-S 系统

2. TN-C 方式

这是俗称的三相四线方式，如图 1-8 所示。从变配电所引向用电设备的导线由三根相线、一根兼作 N 线和 PE 线的导线 PEN 组成，用电设备的中性线和外露可导电部分都接在 PEN 线上，这样少用一根导线比较节省费用，其缺点是中性线电流在 PEN 线上产生的压降将出现在外露可导电部分上，安全性不及 TN-S 系统。

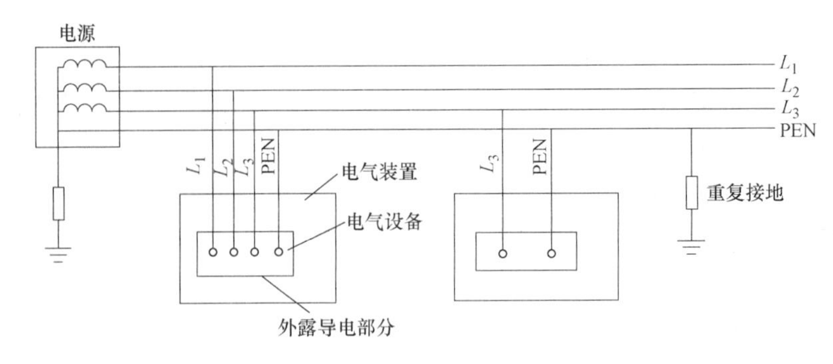

图 1-8　TN-C 系统

3. TN-C-S 方式

该方式中系统电源至用户的 N 线与 PE 线是合一的，在进户处分开，其经济性、安全性，介于以上两种方式之间，如图 1-9 所示。

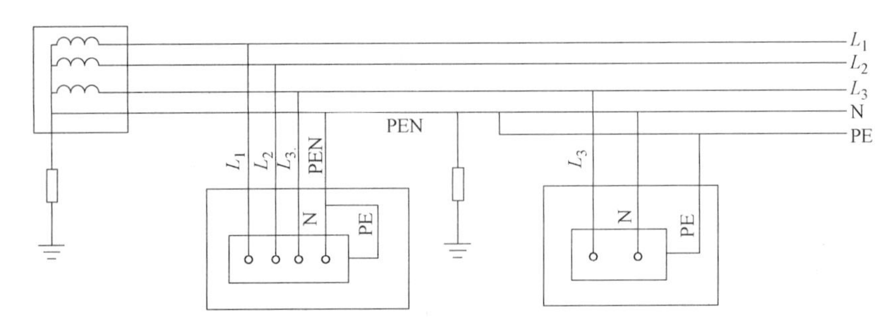

图 1-9　TN-C-S 系统

4. TT 方式

TT 方式，如图 1-10 所示，俗称接地保护方式，整个电力系统有一处直接接地，用电设备的外露可导电部分通过保护线接在与电力系统接地点无直接关联的接地极上，故障电压不互窜，电气装置正常工作时外露可导电部分为地电压，比较安全，但其相线与外露可导电部分短路时，仍有触电可能，因此须与漏电保护开关合用。

5. IT 方式

IT 方式，称为经高阻接地方式，如图 1-11 所示，其电力系统的中性点不接地或经很大阻抗接地，用电设备的外露可导电部分经保护线接地，由于电源侧接地阻抗大，当某相线与外露可导线部分短路时，一般短路电流不超过 70mA，这种保护接地方式特别适用于环境特别恶劣的场合。

目前我国低压配电系统多数采用电磁兼容性好的 TN-S 系统或 TN-C-S 系统，通过电力系统中性点直接接地，当设备发生故障时能形成较大的短路电流，从而使线路保护装置

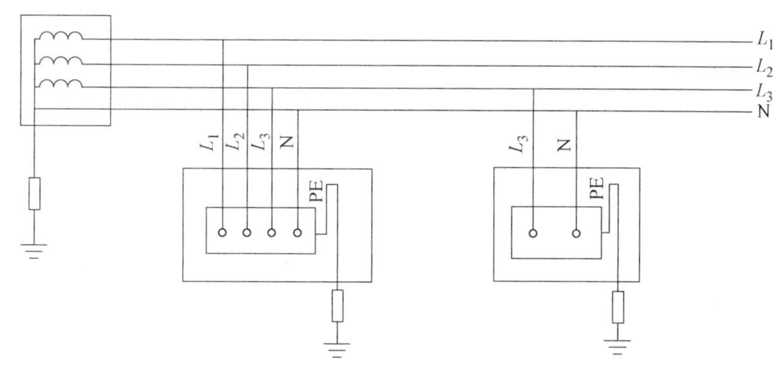

图 1-10　TT 系统

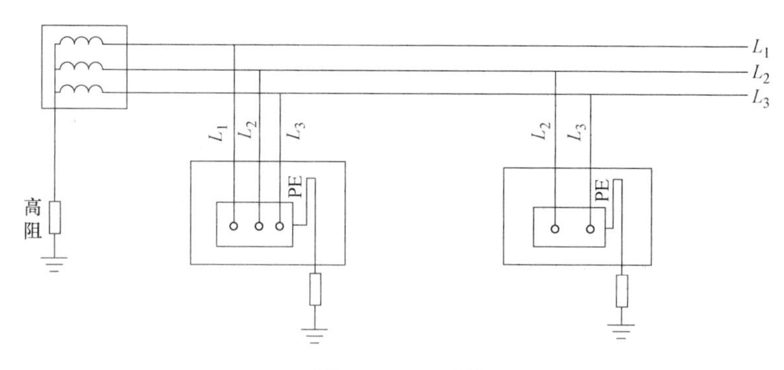

图 1-11　IT 系统

很快动作，切断故障设备的电源，防止触电事故的出现或扩大。

6. 漏电保护

漏电保护主要是弥补保护接地的不足，有效地进行防触电保护，是目前较好的防触电措施。其主要原理是：通过保护装置主回路各相电流的矢量和称为剩余电流，正常工作时剩余电流值为零，当人体接触带电体或所保护的线路及设备绝缘损坏时，呈现剩余电流，剩余电流达到漏电保护器的动作电流时，会在规定的时间内自动切断电源。

对于家用电器回路，采用 30mA 及以下的数值作为剩余电流保护装置的动作电流。对于居住建筑，当干线电流不大于 150A 时，总的漏电开关可选用额定漏电动作电流 100mA，动作时间为 0.2～0.5s；当干线电流大于 150A 时，总的漏电开关可选用额定漏电动作电流 300mA，动作时间为 0.1～0.2s，用户漏电开关可选用额定漏电动作电流 30 mA。

在 TN 系统及 TT 系统中，当过电流保护不能满足切断电源的要求时，可采用漏电保护。漏电保护安装示意图如图 1-12 所示。

1.3.2　接地类型

从电源到电气装置内，电气设备的整个供电系统有两种接地：工作接地和保护接地。工作接地是指电源的接地；保护接地是指电气装置的接地。

1. 工作接地

工作接地是将作为电源的配电变压器、发电机的一点接地，该点通常为电源星形绕组

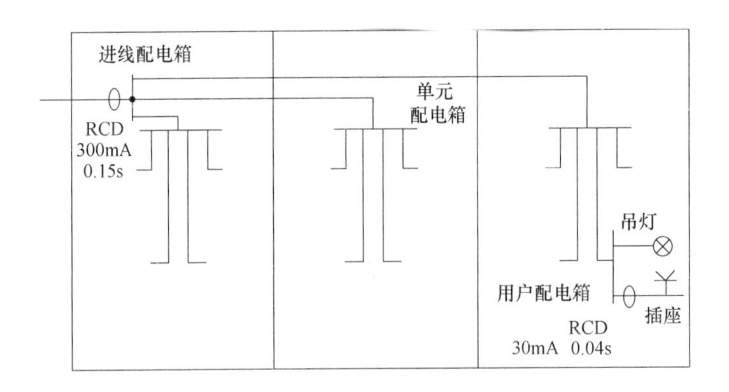

图 1-12　中小型建筑的二级漏电保护安装位置示例

的中性点。工作接地可以保证供电系统的正常工作，如：当电气线路因雷电而感应瞬态过电压时，工作接地能够泄放雷电流，抑制过电压保证线路正常工作；另外，当线路一相发生接地事故时，可以将另外两相的对地电压限制在 250V 以下，以保证系统工作正常。工作接地还为线路提供了故障电流通路：当电气装置绝缘损坏导致外露导电部分带故障电压时，在电源一点的工作接地可以为此故障电流提供通路。

2. 保护接地

保护接地包括保护接地和接零，保护接地是用于防止供配电系统中由于绝缘损坏使电气设备金属外壳带电，导致电压危及人身安全所设置的接地。保护接地可应用于变压器中性点不接地的供配电系统，即小型接地电流系统中。由于不接地时用电有危险，若电气设备绝缘良好，外壳不带电，则人触及外壳无危险；若绝缘损坏，外壳带电，此时人若触及外壳，则人将通过另外两相对地的漏阻抗形成回路，造成触电事故，如图 1-13（*a*）所示。若进行了保护接地，则可使用电安全。这是因为人若触及带电的外壳，人体电阻 $R_{人}$ 和接地地阻 $R_{地}$ 相互并联，再通过另外两相对地的漏阻抗形成回路。即 $R_{地}\approx4\Omega$ 比 $R_{人}$ 小得多，将分流绝大部分电流，故通过人体的电流非常小，通常小于安全电流 0.01A，从而保证了安全用电，如图 1-13（*b*）所示。

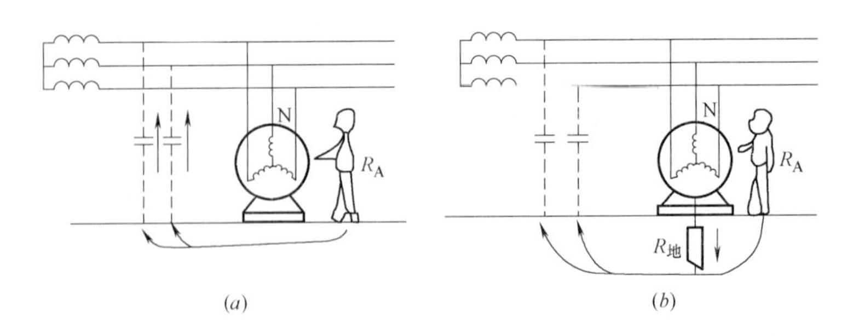

图 1-13　保护接地

（*a*）无保护接地；（*b*）有保护接地

电气设备金属外壳等与零线连接，称为保护接零，如图 1-14 所示。保护接零适用于变压器中性点接地（大接地电流）的供配电系统。这是因为在变压器中性点接地的三相四线制配电系统中，相电压一般为 220V。若电气设备绝缘损坏，外壳带电时，则绝缘损坏的一相经过设备外壳和两个接地装置与零线构成导电回路。两接地装置的接地电阻均为4Ω，回路中导线的电阻忽略不计，则回路中电流约为 $I_{地}=220/(4+4)=27.5A$，这么大的电流通常不能将熔断器的熔体熔断，从而使设备外壳形成一个对地的电压，其值为 $U=I_{地}\times R_{地}=27.5\times 4=110V$，此时，人若触及设备外壳，必将造成触电伤害，如图 1-14（*a*）所示。若进行了保护接零，则用电安全。这是由于绝缘破坏使设备外壳带电，绝缘破坏的一相将通过设备外壳、接零导线与零线间发生短路，如图 1-14（*b*）所示。短路电流数值很大，使短路一相的熔断器迅速熔断，将带电的外壳从电源上切除，从而可靠地保证了人身安全。

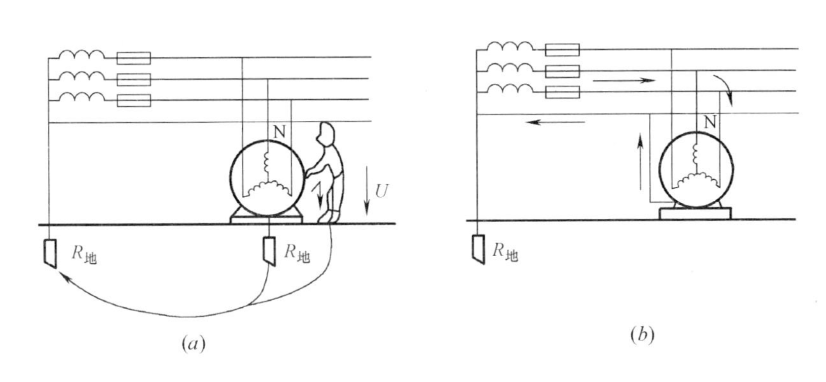

图 1-14　保护接零

（*a*）无保护接零；（*b*）有保护接零

3. 重复接地

与变压器接地的中性点相连的中性线称为零线，将零线上的一点或多点与大地再次作电气连接称重复接地，如图 1-15 所示。

若不采用重复接地，则用电危险。这是因为仅采用保护接地的设备因绝缘损坏，外壳带电时，故障相通过两组接地装置而长期流过 27.5A 的电流（不能使熔断器的熔丝熔断），一方面使该设备的外壳形成约为 110V 的危险电压，另一方面使零线的电压也升高到约 110V，使系统内所有接零设备的外壳上都带上了危险电压，对人身造成更大范围的危险，故绝不允许采用这种接法。

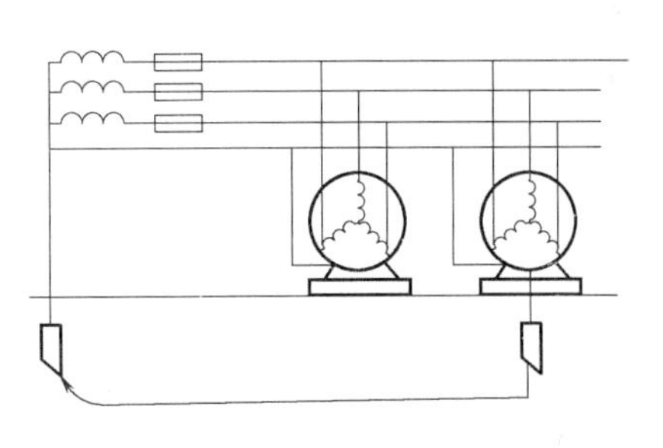

图 1-15　工作接地和重复接地

如果采用重复接地，则用电安全。即将采用保护接地的设备外壳再与系统的零线连接起来，这时，接地设备的接地装置上系统的零线接通，形成系统的重复接地，一方面可维持系统的三相电压平衡，另一方面当任一相绝缘损坏使外壳带电时，都将造成绝缘相与零线间的短路，如前所述，故障相的熔断器迅速熔断，将带电的设备立即从电源上切除，同时也保证了系统中其他设备的用电安全。

4. 过电压保护接地

用于防雷或其他原因造成过电压危害而设置的接地。

5. 其他接地

防静电接地、屏蔽接地等。

1.3.3 接地体

1. 自然接地体

利用地下的具有其他功能的金属物体作为防雷接地装置，如直埋铠装电缆金属外皮、直埋金属管（如水管等），但不可采用易燃易爆物输送管、钢筋混凝土电杆等。自然接地体无需另增设备，造价低。

2. 基础接地体

当混凝土采用以硅酸盐为基料的水泥（如矿渣水泥、波特兰水泥等），且基础周围土壤的含水量不低于4%时，应尽量利用基础中的钢筋作为接地装置，以降低造价。满堂红基础最为理想。若是独立基础，应注意采取必要的措施确保电位平衡，消除接触电压和跨步电压的危害。引下线应与基础内满足设计要求而采用的专用于防雷的接地装置相连接。

3. 人工接地体

当以上两种接地体均不能满足设计要求时而采用的专用于防雷的接地装置。垂直接地体可采用直径20～50mm的钢管（壁厚3.5mm、直径19mm的圆钢或20mm×3mm到50mm×5mm的扁钢）做成。长度为2～3m一段，间隔5m埋一根，顶端埋深为0.5～0.8m。

接地体一般应采用镀锌钢材。当土壤有腐蚀性时，应适当加大接地体和连接条的截面，并加厚镀锌层。各焊点必须刷樟丹或沥青，以防腐蚀。埋设接地体时，应将周围填土夯实，不得回填砖石、灰渣之类的杂土。为确保接地电阻的数值满足规范要求，有时需采用降低土壤电阻率的相应技术措施，但造价要提高。

1.4 建筑物防雷

1.4.1 雷电的形成及其危害

雷电是由雷云对地面建筑物及大地的自然放电引起的，它会对建筑物或设备产生严重破坏。因此对雷电的形成过程及放电条件应有所了解，从而采取适当的措施，保护建筑物不受雷击。

当天气闷热潮湿的时候，地面上的水受热变为蒸汽并且上升，在空中与冷空气相遇，使蒸汽凝结成小水滴，形成积云。云中水滴受到强烈气流吹袭，分裂为一些小水滴和大水滴，小水滴带负电荷，大水滴带正电荷。负电荷形成雷云，正电荷形成雨。带负电的雷云由于静电感应与大地形成一个大的电容器。当电场强度很大，超过大气的击穿强度时，即发生雷云与大地间的放电，就是一般所说的雷击。雷电造成的破坏作用，一般可分为直接雷、间接雷两大类。直接雷是指雷云对地面直接放电。间接雷是雷云的二次作用（静电感应效应和电磁效应）造成的危害。无论是直接雷还是间接雷，都可能演变成雷电的第三种作用形式——高电位侵入，即很高的电压（可达数十万伏）沿着供电线路和金属管道，高速侵入变电所、用电户等建筑内部。雷电的危害总结为如下几点：

1. 静电感应

当线路或设备附近发生雷云放电时，虽然雷电流没有直接击中线路，但在导线上会感应出大量与雷云极性相反的束缚电荷。当雷云对大地上其他目标放电时，雷云中所带电荷迅速消失，导线上的感应电荷就会失去雷云电荷的束缚而成为自由电，并以光速向导线两端急速涌去，从而出现过电压，这种过电压称为静电感应过电压。一般由雷电引起局部地区感应过电压，在架空线路上可达 300～400kV，在低压架空线路上可达 100kV，在通信线路上可达 40～60kV。由静电感应产生的过电压对接地不良的电气系统有破坏作用，容易使建筑物内部金属构架与金属器件之间产生火花，引起火灾。

2. 电磁感应

由于雷电流有极大的峰值和陡度，在它周围有强大的交变电磁场，处在磁场中的导体会感应出极高的电动势，在有气隙的导体之间放电，产生火花，引起火灾。由雷电引起的静电感应和电磁感应统称为感应雷（又叫二次雷）。解决的办法是将建筑金属屋顶、建筑物内的大型金属物品等做良好的接地处理，使感应电荷能迅速流向地下，防止在缺口处形成高电压和放电火花。

3. 直击雷过电压

带电的雷云与大地上某一点之间发生迅猛的放电现象，称作直击雷。当雷云通过线路或电气设备放电时，放电瞬间线路或电气设备将流过数十万安的巨大雷电流，此电流以光速向线路两端涌去，大量电荷将使线路发生很高的过电压，势必将绝缘薄弱处击穿而将雷电流导入大地，这种过电压称为直击雷过电压。直击雷电流（在短时间内以脉冲的形式通过）的峰值有几万安，甚至数十万安。一次雷电放电时间（从雷电流上升到峰值开始，到下降到 1/2 峰值为止的时间间隔）通常有几十微秒。当雷电流通过被雷击的物体时会发热，引起火灾。同时在空气中会引起雷电冲击波和次声波，对人和牲畜带来危害。此外，雷电流还有电动力的破坏作用，使物体变形、折断。防止直击雷的措施主要是采取避雷针、避雷带、避雷线、避雷网作为接闪器，把雷电流通过接地引下线和接地装置迅速而安全地送到大地，保证建筑物、人身和电气设备的安全。

4. 雷电波的侵入

雷电波的侵入主要是指直击雷或感应雷从输电线路、通信光缆、无线天线等金属引入建筑物内，对人和设备发生闪击和雷击事故。此外，由于直击雷在建筑物或建筑物附近入地，通过接地网入地时，接地网上会有数百千伏的高电位，这些高电位可以通过系统中的零线、保护接地线或通信系统传入室内，沿着导线的传播方向扩大范围。防止雷电波侵入的主要措施是对输电线路等能够引起雷电波侵入的设备，在进入建筑物前装设避雷器等保护装置，该装置可以将雷电高电压限制在一定的范围内，保证用电设备不被高电波冲击击穿。

1.4.2 建筑物的防雷措施

建筑物根据其重要性、使用性质、发生雷电事故的可能性和后果，按防雷要求分为三类。

1. 第一类防雷建筑物的防雷

（1）防直击雷的措施

装设独立避雷针或架空避雷线（网），使被保护的建筑物的风帽等凸出屋面的物体均处于接闪器的保护范围内，架空避雷网的网格尺寸不应大于10m×10m。独立避雷针的杆塔、架空避雷线的端部和架空避雷网的各支柱处至少应设一根引下线。对于用金属制成或有焊接、绑扎连接钢筋网的杆塔、支柱，宜利用其作为引下线。独立避雷针和架空避雷线（网）的支柱及其接地装置至被保护建筑物及与其有联系的管道、电缆等金属物的距离不得小于3m。架空避雷线至屋面和各种突出屋面的风帽等物体的距离不得小于3m。独立避雷针、架空避雷线或架空避雷网应有独立的接地装置，每一引下线的冲击接地电阻不宜大于10Ω。对于土壤电阻率高的地区，可适当增大冲击接地电阻。

（2）防雷电感应的措施

建筑物内的设备、管道、构架、电缆的金属外皮、钢屋架、钢窗等金属物均应接到防雷电感应接地装置上。金属屋面周边每18～24m以内应采用引下线接地一次。

平行敷设的管道、构架、电缆的金属外皮等长金属物，其净距小于100mm时应采用金属线跨接，跨接点的间距不应大于30m；交叉净距小于100mm时，其交叉处应跨接。防雷电感应的接地装置应和电气设备的接地装置共用，其工频接地电阻不应大于10Ω。屋内接地干线与防雷电感应接地装置的连接不应少于两处。

（3）防雷电波侵入的措施

低压线路宜全线采用电缆直接埋地敷设，在入户端应将电缆的金属外皮、钢管接到防雷电感应接地装置上。架空线应使用一段金属铠装电缆或护套电缆穿钢管直接埋地引入，其埋地长度不应小于15m。在电缆与架空线连接处，应装设避雷器，避雷器、电缆的金属外皮、钢管和绝缘子的铁脚、金具等连在一起接地，冲击接地电阻不宜大于10。架空金属管道，在进出建筑物处，应与防雷电感应接地装置相连。距离建筑物100m内的管道，应每隔25m左右接地一次，冲击接地电阻不宜大于20Ω，宜利用金属支架或钢筋混凝土支架的焊接、绑扎钢筋网作为引下线，其钢筋混凝土基础宜作为接地装置相连。

（4）当建筑物高于30m时，应采取防侧击的措施。

1）从30m起每隔不大于6m，沿建筑物四周设水平避雷带并与引下线相连。

2）30m及以上外墙上的栏杆、门窗等较大的金属物与防雷装置连接。

3）在电源引入的总配电箱处装设过电压保护器。

2. 第二类防雷建筑物的防雷

在屋角、屋脊、女儿墙或屋檐上装设环状避雷带，并在屋面上装设不大于10m×10m的网格；凸出屋面的物体，应沿其顶部四周装设避雷带。引下线应优先利用建筑物钢筋混凝土中的钢筋。当专设引下线时，其数量不应少于两根，间距不应大于18m。当利用建筑物钢筋混凝土柱中的钢筋作为防雷装置的引下线时，对引下线的数量不做具体规定，间距不应大于18m，但建筑物外廓各个角上柱中的钢筋应被利用。

3. 第三类防雷建筑物的防雷

在建筑物的屋角、屋脊、女儿墙或屋檐上应装设环状避雷带或避雷针。当采用避雷带保护时，应在屋面上装设不大于20m×20m的网格，引下线间距不应大于25m。

1.4.3 建筑物的防雷装置

1. 建筑物防雷的主要装置

建筑物防雷主要采用接闪器系统，由接闪器、引下线和接地装置三大部分组成，如图 1-16 所示。

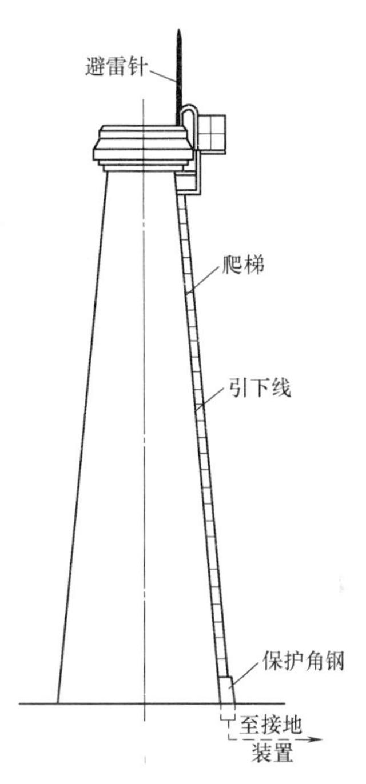

图 1-16 接闪器系统的组成

（1）接闪器

1）避雷针。接闪避雷针是建筑物最突出的良导体。在雷云的感应下，针的顶端形成的电场强度最大，所以最容易把雷电流吸引过来，完成避雷针的接闪作用。避雷针一般采用镀锌圆钢或焊接钢管制成，圆钢截面不得小于 100mm^2，钢管厚度不得小于 3mm。避雷针的直径，针长在 1m 以下时圆钢直径为 12mm，钢管直径不得小于 20mm；针长在 1～2m 之间时圆钢直径不得小于 16mm，钢管直径不得小于 25mm；烟囱顶上的圆钢直径不得小于 20mm。

避雷针顶端可做成尖形、圆形或扇形。对于砖木结构房屋，可把避雷针敷设于山墙顶部瓦屋脊上。可利用木杆作支持物，针尖需高出木杆 30cm。避雷针应考虑防腐蚀，除应镀锌或涂漆外，在腐蚀性较强的场所，还应适当加大截面积或采取其他防腐措施。避雷针的制作可以参考图 1-17，图中针高为 H，针体各节尺寸、材料细节可查阅相关表格。其安装在屋顶上、山墙上的形式见图 1-18 和图 1-19。

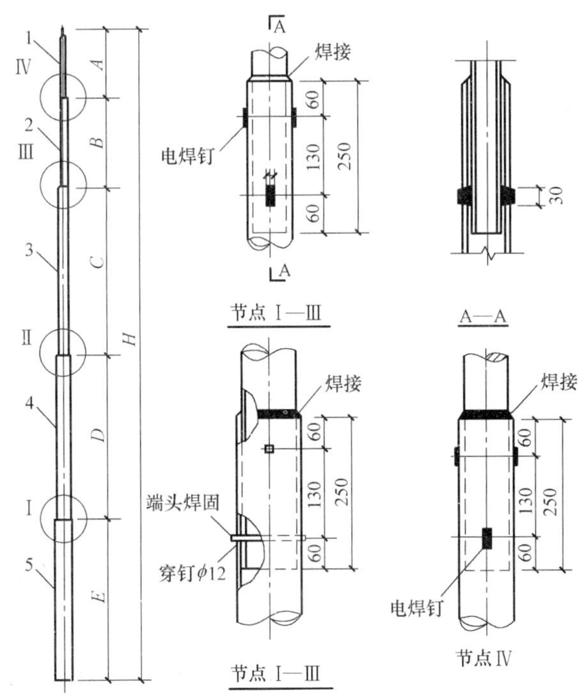

图 1-17 避雷针的制作图

注：1、2、3、4、5 为节编号。

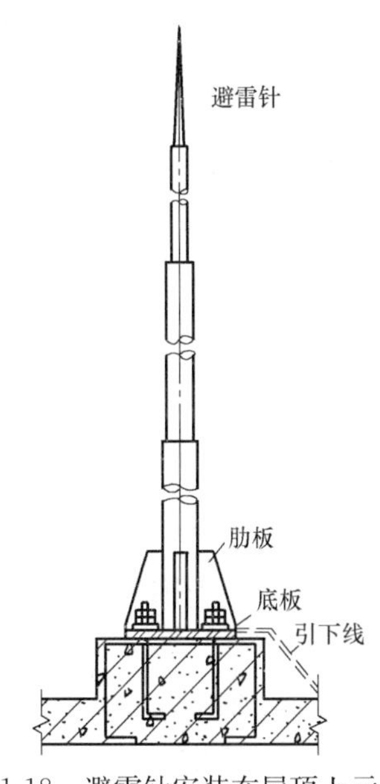

图 1-18 避雷针安装在屋顶上示意图

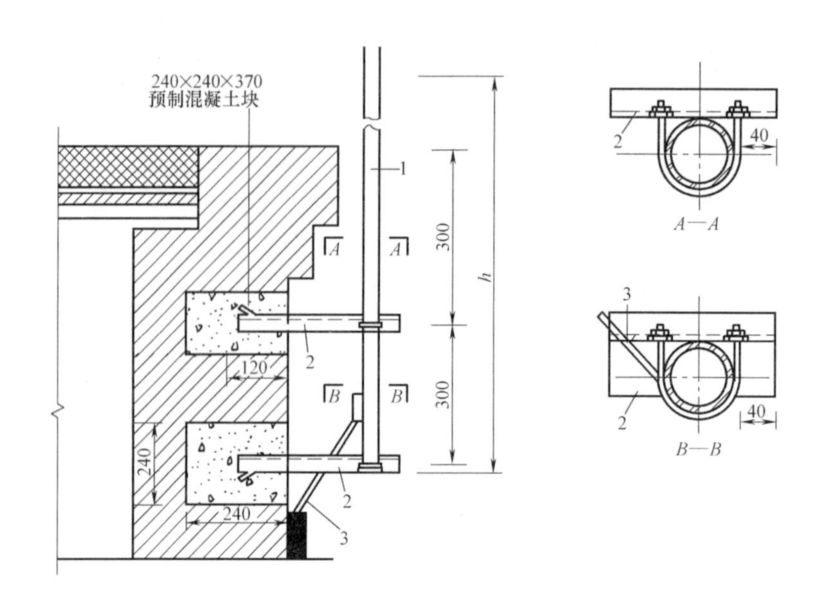

图 1-19　避雷针安装在山墙上示意图

1—避雷针；2—支架；3—引下线

2）避雷带。通过试验发现不论屋顶坡度多大，都是屋角和檐角的雷击率最高。屋顶坡度越大，则屋脊的雷击率越大。避雷带就是对建筑物雷击率高的部位进行重点保护的一种接闪装置。

3）避雷网。通过对不同屋顶坡度建筑物的雷击分布情况调查发现，对于屋顶平整且没有凸出结构（如烟囱等）的建筑物，雷击部位是有一定规律性的。当建筑物较高、屋顶面积较大但坡度不大时，可采用避雷网作为屋面保护的接闪装置。避雷网安装部位如图1-20 所示。

4）结构避雷网（带）。分明装和暗装两种。明装避雷网（带）一般可用直径 8mm 的圆钢或截面 12mm×4mm 的扁钢做成。为避免接闪部位的振动力，宜将网（带）支起10～20cm，支持点间距取 0.8～1.0m，应注意美观和伸缩问题。暗装时可利用建筑内直径不小于 3mm 的钢筋。

（2）引下线

分明装和暗装两种。明装时一般采用直径 8mm 的圆钢或截面 12mm×4mm 的扁钢。在易受腐蚀部位，截面应适当加大。建筑物的金属构件，如消防梯、铁爬梯等均可作为引下线。但应注意将各部件连成电气通路。引下线应沿建筑物外墙敷设，距墙面 15mm，固定支架间距不应大于 2m，敷设时应保持一定的松紧度，从接闪器到接地装置，引下线的敷设应尽量短而直。若必须弯曲时，弯角应大于 90°。引下线应敷设于人们不易触及之处。从地下 0.3m 到地上 1.7m 的一段引下线应加保护设施，以避免机械损坏。其在外墙上的安装如图 1-21 所示。

暗装时引下线的截面应加大一级，而且应注意与墙内其他金属构件的距离。若利用钢筋混凝土中的钢筋作引下线时，最少应利用四根柱子，每柱中至少用两根主筋。

（3）接地装置

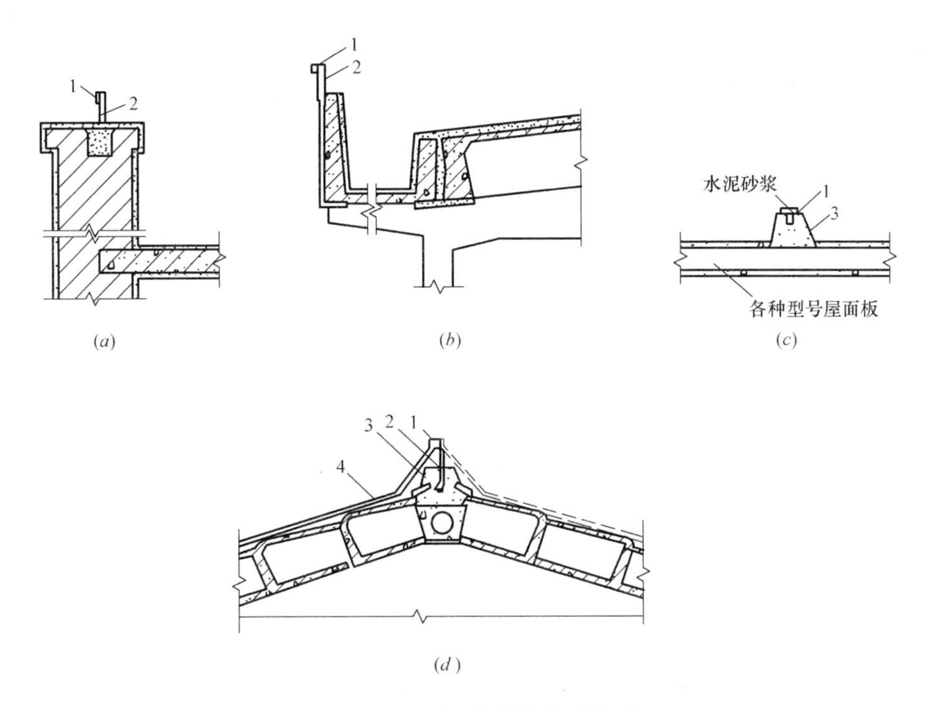

图 1-20　避雷网安装部位示意图

(*a*) 避雷带在女儿墙上安装；(*b*) 避雷带在天沟安装；(*c*) 平屋面沿混凝土块安装；(*d*) 避雷带在屋脊上安装

1—避雷带；2—支架；3—支座；4—引下线

1）自然接地体。利用有其他功能的金属物体，作为防雷保护的接地装置。比如：直埋铠装电缆金属外皮、直埋金属水管或工艺管道等。

2）基础接地体。利用建筑物基础中的结构钢筋作为接地装置，既可达到防雷接地又可节省造价。筏片基础最为理想。若为独立基础，则应根据具体情况确定，以确保电位均衡，消除接触电压和跨步电压的危害，如图 1-22 所示。

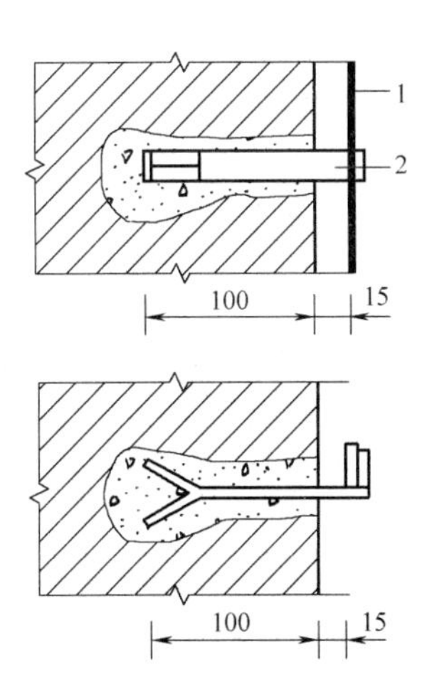

图 1-21　引下线常用的固定安装

1—扁钢引下线；2—固定支架（固定钩）

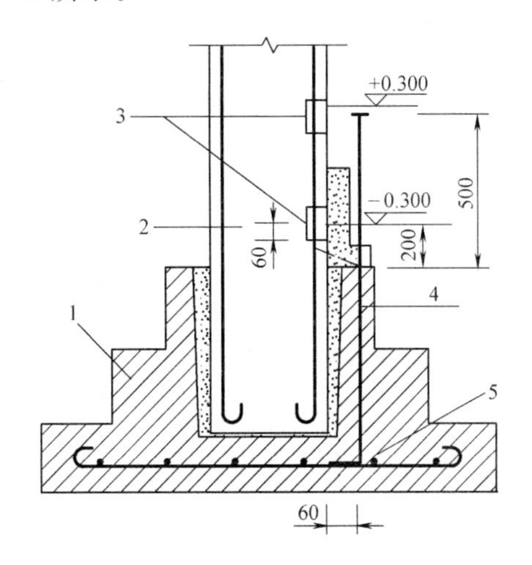

图 1-22　利用基础内钢筋作接地体

1—杯口形（仅有水平钢筋网）的基础；2—柱子；

3—预埋连接板；4—连接导体；5—底部钢筋网

3）人工接地体。专门用于防雷保护的接地装置。分垂直接地体和水平接地体两类。垂直接地体可采用直径 20～50mm 的钢管（壁厚 3.5mm）、直径 19mm 的圆钢、∟50×5 的角钢做成。长度均为 2.5m 一段，间隔 5m 埋一根，顶端埋深为 0.5～1.0m，用接地连接条或水平接地体将其连成一体。

水平接地体和接地连接条可采用截面为 25mm×4mm～40mm×4mm 的扁钢、截面 10mm×10mm 的方钢或直径 8～14mm 的圆钢做成。埋深一般为 0.5～1.0m。如图 1-23 所示。

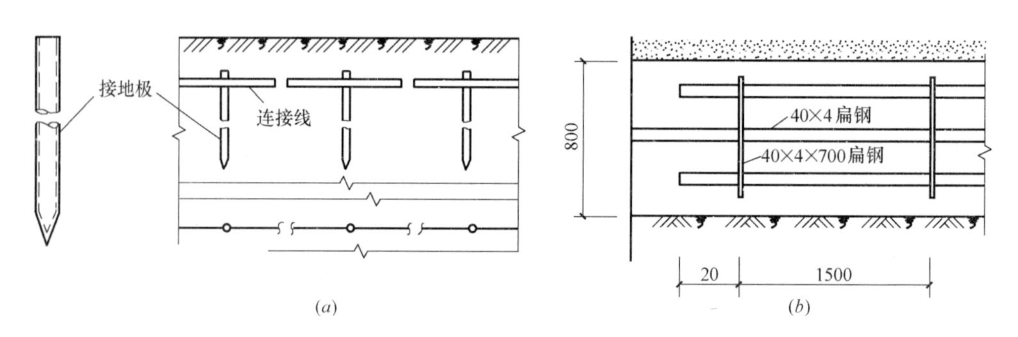

图 1-23 接地极制作安装示意图

（a）接地极制作；（b）接地极安装

埋接地线时，应将周围填土夯实，不得回填砖石、灰渣等各类杂土。接地体通常均应采用镀锌钢材，土壤有腐蚀性时，应适当加大接地体和连接条截面，并加厚镀锌层，各焊点必须刷樟丹油或沥青油，以加强防腐。接地电阻的数值应符合规范要求。

1.5 常用电工材料和电气设备

了解和掌握电工材料和电气设备的性能、规格、用途等是设备安装工程计价的必备基础之一，下面简要介绍导线、电缆线、绝缘材料、电线管材、电气仪表、变压器、互感器、高压断路器、配电箱、用电设备等 16 种常用材料器材。

1.5.1 常用电工材料

1. 导线

导线是传送电能的金属材料，有裸线与绝缘线两类。一般室内外配线有铜芯、铝芯两种。铝芯导线比铜芯导线电阻大、强度低，但价廉、质轻。在建筑电气系统中，导线在建筑物内用量最大、分布最广，其选择和布置对建筑构造和布置以及整个建筑物的经济、安全、使用都有很大影响。

（1）裸线

裸线通常用于室外，其导电性能好，质量相对较轻，但不够安全。根据结构不同可分为裸单线和裸绞线，由于电流的趋肤效应，通常裸绞线输电能力较裸单线强；根据导线材质不同，通常有裸铜单线和裸铝单线、裸铜绞线和裸铝绞线。常见的裸线表示方法如表 1-4 所示。

裸线的表示方法 **表 1-4**

裸线类型	表示方法	裸线类型	表示方法
硬铜裸单线	T_y-导线截面积(mm^2)	软铜裸单线	T_R-导线截面积(mm^2)
硬铝裸单线	L_y-导线截面积(mm^2)	软铝裸单线	L_R-导线截面积(mm^2)
铜绞线	TJ-导线股数×单股直径	铝绞线	LJ-导线股数×单股直径

（2）绝缘导线

绝缘线通常用作室内外照明、低压电气设备、仪表等连接线。绝缘材料是保证用电安全的基本材料，可分为无机材料（云母、石棉、瓷、玻璃、大理石等）、有机材料（橡胶、树脂、棉纱、纸、麻等）和混合材料（有机、无机混合物）。线路工程中，普遍用于架线的是瓷质绝缘子（成品），如瓷夹板、瓷柱（炮仗白料）、针式和蝴蝶形一级各种悬挂式绝缘子。电工胶带是最常见的接线包裹绝缘材料。

1）绝缘导线的型号规格表示

绝缘导线的型号规格表示，由字母和数字组成，从左至右依次为：绝缘线代号、保护层材料代号、导体材料代号、绝缘材料代号、线芯截面积、额定电压。其中，保护层材料用 B 表示玻璃丝编织、L 表示棉纱编织、V 表示塑料布套线；导体材料用 T 表示铜（或者省略）、L 表示铝；绝缘材料用 X 表示橡皮绝缘、V 表示塑料绝缘、XF 表示氯丁橡胶。

常用配电导线的型号及用途见表 1-5。

常用配电导线的型号及用途 **表 1-5**

型号	名称	用途
BLX	棉纱编织的铝芯橡皮线	500V，户内和户外固定敷设用
BX	棉纱编织的铜芯橡皮线	500V，户内和户外固定敷设用
BBLX	玻璃丝编织的铝芯橡皮线	500V，户内和户外固定敷设用
BBX	玻璃丝编织的铜芯橡皮线	500V，户内和户外固定敷设用
BLV	铝芯塑料线	500V，户内固定敷设用
BV	铜芯塑料线	500V，户内固定敷设用
BLVV	铝芯塑料护套线	500V，户内固定敷设用
BVV	铜芯塑料护套线	500V，户内固定敷设用
BVR	铜芯塑料软线	500V，要求比较柔软时用
RVB	平行塑料绝缘软线	550V，户内连接小型电器在移动或平移动时敷设用

2）导线的选择

根据周围环境选择导线的型号和敷设方式，如表 1-6 所示。

按环境选择导线 **表 1-6**

环境特征	线路敷设方式	常用导线型号
正常干燥环境	绝缘线、瓷珠、瓷夹板或铝皮卡子明配线	BBLX、BLXF、BLV、BLVV、BLX、BBX、BXF、BV、BVV、BX
	绝缘线、裸线、瓷瓶明配线	BBLX、BLXF、BLV、BLX、LJ、BBX、BXF、BV、BX
	绝缘线穿管明敷或暗敷	BBLX、BLXF、BLV、BLX、BBX、BXF、BV、BX、

续表

环境特征	线路敷设方式	常用导线型号
潮湿或特殊潮湿的环境	绝缘线瓷瓶明配线(敷设高度大于3.5m)	BBLX、BLXF、BLV、BLX、BBX、BXF、BV、BX
	绝缘线穿塑料管、厚壁钢管明敷或暗敷	BBLX、BLXF、BLV、BLX、BBX、BXF、BV、BX
多尘环境(包括火灾及爆炸危险尘埃)	绝缘线瓷珠、瓷瓶明配线	BBLX、BLXF、BLV、BLVV、BLX、BBX、BXF、BV、BVV、BX
	绝缘线穿钢管明敷或暗敷	BBLX、BLV、BLXF、BLX、BBX、BV、BXF、BX
有腐蚀性的环境	塑料线瓷珠、瓷瓶明配线	BLV、BLVV、BV、BVV
	绝缘线穿塑料管、厚壁钢管明敷或暗敷	BBLX、BLXF、BLV、BV、BLXBX、BXF、BX
有火灾危险的环境	1. 绝缘线瓷瓶明配线	BBLX、BLV、BLX、BBX、BV、BX
	2. 绝缘线穿钢管明敷或暗敷	BBLX、BLV、BLXBBX、BV、BX
有爆炸危险的环境	绝缘线穿钢管明敷或暗敷	BBX、BV、BX、BBLX、BLV、BLX

3）导线截面的选择

① 按允许温升选择导线截面

由于绝缘材料限定了导线的最高工作温度，超过此温度则会加速绝缘材料的老化和导体材料性能的变化，最后导致故障，一般聚氯乙烯绝缘导线的最高允许工作温度为65℃，交联聚乙烯绝缘导线、电缆最高允许工作温度为90℃。

② 按机械强度选择导线截面

按机械强度导线允许的最小截面面积，如表1-7所示。

按机械强度导线允许的最小截面面积　　表1-7

用途及敷设方式		线芯的最小截面面积(mm^2)		
		铜芯软线	铜线	铝线
照明用灯线	屋内	0.4	1.0	2.5
	屋外	1.0	1.0	2.5
移动式用电设备	生活用	0.75		
	生产用	1.0		
架设在绝缘支持件上的绝缘导线其支持点间距	2m及以下，屋内		1.0	2.5
	2m及以下，屋外		1.5	2.5
	6m及以下		2.5	4.0
	15m及以下		4.0	5.0
	25m及以下		6.0	10.0
穿管敷设的绝缘导线		1.0	1.0	2.5
塑料护接线沿墙明敷设			1.0	2.5
板孔穿越敷设的导线			1.5	2.5

在正常工作状态下，导线应有足够的机械强度以防断线，保证安全可靠运行。

③ 按允许电压损失选择导线截面

从供配电线路上流过的电流，在线路电阻及电感上会产生电压降，因此，线路的末端电压会小于始端电压，若这个电压差过大，会影响用电设备的正常运行，所以，必须将它控制在一定范围之内。

通过线路输送一定功率时，其电压损失与线路的电阻、电感有关。对于三相平衡负荷，可按一相先进行计算，然后折算出线电压的损失，见图 1-24。

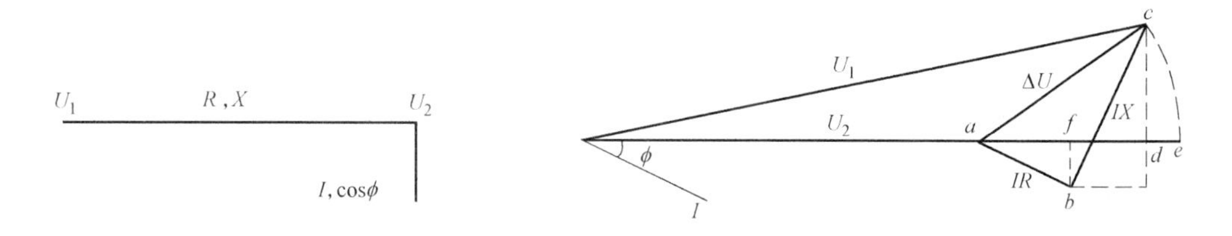

图 1-24　负荷的电压损失计算

设负荷集中在线路的末端，负荷的功率因数为 $\cos\varphi$，线路的总电抗为 X，总电阻为 R，始端电压为 U_1，末端电压为 U_2，负荷电流 I 流过线路产生的电压降为 ΔU，为简化计算，一般均用电压降矢量在电压 U_1 上的投影来代替 ΔU：

$$\Delta U = U_1 - U_2 = I(R\cos\varphi + X\sin\varphi) \tag{1-1}$$

转化成线电压损失为：

$$\Delta U' = \sqrt{3} I(R\cos\varphi + X\sin\varphi) \tag{1-2}$$

电压损失百分比为：

$$\Delta u\% = \Delta U / U_{\mathrm{p}} \tag{1-3}$$

$$\Delta u'\% = \Delta U' / U_{\mathrm{l}} \tag{1-4}$$

式中　U_{p}——线路额定相电压（kV）；

　　U_{l}——线路额定线电压（kV）。

④ 热稳定性校验

由于电缆结构紧凑、散热条件差，为使其在短路电流通过时不至于由于导线温升超过允许值而损坏，必须进行热稳定性校验。选择的导线、电缆截面必须同时满足上述各项要求，通常可先按允许载流量选择，然后再按其他条件校验，若不能满足，则应加大截面。

导线在户外的走线一般是架空在电杆或外墙预埋铁横担上；室内导线敷设有明敷、暗敷两类，具体做法有穿管、磁柱、夹板、槽板、铝片卡等多种方式。

2. 电缆线

将一根或数根绞合而成的线芯，裹以相应的绝缘层，外面包上密封包皮，这种导线称为电缆线。按导电材料分为铜芯、铝芯两种；按绝缘材料分为纸绝缘、塑料绝缘、橡胶绝缘等；按用途分为电力电缆（高压、低压）和控制电缆两类。还可以按股数多少分为多种。

（1）电缆线的表示方法

我国电缆产品的型号采用汉语拼音字母组成，有外护层时则在字母后加两个数字。字母含义及排列次序见表 1-8；外护层的两个数字，前一个数字表示铠装结构，后一个数字表示外被层结构，数字代号的含义见表 1-9。

电缆型号中字母含义及排列次序　　表 1-8

类别	绝缘种类	线芯材料	内护层	其他特征	外护层
电力电缆(不表示) K—控制电缆 P—信号电缆 Y—移动式软电缆 H—市内电话电缆	Z—纸绝缘 X—橡皮绝缘 V—聚氯乙烯 Y—聚乙烯 YJ—交联聚乙烯	T—铜(一般不表示) L—铝	Q—铅包 L—铝包 H—橡套 V—聚氯乙烯套 Y—聚乙烯套	D—不滴流 F—分相护套 P—屏蔽 C—重型	2 个数字 (见表 1-9)

常用规格表示含义如下：

聚氯乙烯绝缘及护套铜芯、铝芯电缆：VV、VLV；

橡皮绝缘聚氯乙烯护套铜芯、铝芯电缆：XV、XLV；

交联聚乙烯绝缘聚氯乙烯护套铜芯、铝芯电缆：YJV、YJLV；

油浸纸绝缘铅包铜芯、铝芯电力电缆：ZQ、ZLQ；

油浸纸绝缘铝包铜芯、铝芯电力电缆：ZL、ZLL。

电缆外护层代号的含义　　表 1-9

第一个数字		第二个数字	
代号	铠装层类型	代号	外被层类型
0	无	0	无
1	—	1	纤维烧包
2	双钢带	2	聚氯乙烯护套
3	细圆钢丝	3	聚乙烯护套
4	粗圆钢丝	4	—

常用电力电缆的型号见表 1-10。

常用电力电缆的型号　　表 1-10

型号	名称		规格	主要用途
YHQ	橡套电缆	软型橡套电缆		交流 250V 以下移动式用电装置,能承受较小的机械外力
YHZ		中型橡套电缆		交流 500V 以下移动式用电装置,能承受适当的机械外力
YHC		重型橡套电缆		交流 500V 以下移动式用电装置,能承受较大的机械外力
铜芯 VV29 铝芯 VLV29	电力电缆	聚氯乙烯绝缘,聚氯乙烯护套铠装电力电缆	1～6kV 一芯 10～800mm^2、二芯 4～150mm^2,三芯 4～300mm^2、四芯 4～185mm^2	敷设于地下,能承受机械外力作用,但不能承受大的拉力
铜芯 KVV 铝芯 KLVV	控制电缆	聚氯乙烯绝缘,聚氯乙烯护套控制电缆	500V 以下,KVV-4-37/0.75 10mm^2、KLVV-4-37/1.5～10mm^2	敷设于室内、沟内或支架上

(2) 电缆类型的选择

根据周围环境选择电缆的型号和敷设方式，如表 1-11 所示。

按环境选择电缆 **表 1-11**

环境特征	线路敷设方式	常用电缆型号
正常干燥环境	电缆明敷或放在沟中	ZLL、ZL、VLV、XLV、ZLQ
潮湿或特殊潮湿的环境	电缆明敷	ZLL、VLV、YJV、XLV
多尘环境(包括火灾及爆炸危险尘埃)	电缆明敷或放在沟中	ZLL、ZL、VLV、YJV、XLV、ZLQ
有腐蚀性的环境	电缆明敷	VLV、YJV、ZLL、XLX、V
有火灾危险的环境	电缆明敷或放在沟中	ZLL、ZLQ、VLV、YJV、XLV
有爆炸危险的环境	电缆明敷	ZL、ZQ、VV

电缆的敷设有土中直埋、地下穿管、沟内架空等方式。电缆的终端接头和中间接头称为电缆头，有多种形式，采用专门的制作工艺。

3. 电线管材

它是导线敷设中常用的暗敷材料。直径有 10mm、15mm、20mm、25mm、32mm、40mm、50mm 等规格。因材料不同，常用以下几种：

(1) 焊接钢管（镀锌管、黑铁管），用于受力环境中较安全；

(2) 电线管（涂漆薄型管），用于干燥环境中；

(3) 硬塑料管（聚氯乙烯管），耐腐蚀；

(4) 金属软管（蛇皮管），用于移动场所；

(5) 瓷短管，用于导线穿墙、穿楼板或导线交叉。

1.5.2 常用电气设备

1. 变压器

变压器是根据电磁感应原理制成的一种静止的电气设备，用来把交流电由一种等级的电压与电流变换为同频率的另一种等级的电压与电流。按绕组与铁芯的装置位置可分为芯式和壳式两种，电力变压器都是采用芯式的。变压器运行时因铁损和铜耗而发热，故需采取冷却措施。一般小型变压器采用空气自冷；较大型变压器采用油浸式冷却；大型变压器采用吹风和强迫油循环冷却。

变压器的结构形式和产品规格采用两个字母和一个分数表示。第一个字母表示变压器相数（三相 S、单相 D），第二个字母表示绕组导线材质（铝 L、铜不表示），必要时在两个字母之间插入绝缘介质（空气 G、油浸式新型号不表示、旧型号 J）、冷却方式（风冷 F、自然冷却不表示）；横线后的分数式，分子表示额定容量（kVA）、分母表示高压绕组的电压等级（kV）。例如 SLJ-50/10 表示变压器是油浸自冷式铝线三相变压器，容量 50kVA，高压绕组电压 10kV。

2. 互感器

互感器是一种特种变压器，专供测量仪表和继电保护配用。采用电磁感应原理。主要起隔离高压电路或扩大量测范围的作用。按用途不同分为电压互感器和电流互感器两种。它常与一些电气仪表一起装配在配电柜（盘）上。

3. 高压断路器

它是电力系统中最重要的控制设备，能在任何状态下（空载、负载、短路）安全可靠地接通或断开电路。高压断路器具有可靠的灭弧装置，按安装地点不同分为户内、户外两种形式，按灭弧原理分为油断路器（多油、少油）、气吹断路器、真空断路器、磁吹断路器等。

4. 高压隔离开关

它主要用来隔离高压电源，以保证其他电气设备的安全检修。因无灭弧装置，故不能带负荷操作。由于有明显的断开间隙，所以更加安全可靠。

5. 高压负荷开关

它专门用于高压装置中通断负荷电流。有灭弧装置，但限制负荷电流值（短路电流靠熔断器保护）。它与隔离开关有原则性的区别（隔离开关为无负荷操作）。

6. 配电箱

配电箱是接收和分配电能的电气装置，它由电源系统中的开关、仪表、保护等电器组合而成。用于低压且电量小的建筑物内，一般控制供电半径30m左右，支线6～9个回路。有总配电箱与分配电箱（各层）之分。图1-25为某建筑物的室内照明供电系统，虚线范围为配电箱的电器及接线。总配电箱包括进线的四根一组进户线和两条干线的出线，出线分别通向两个分配电盘。而分配电盘各有三组支线（每组两根）出线，出线向电器供电。

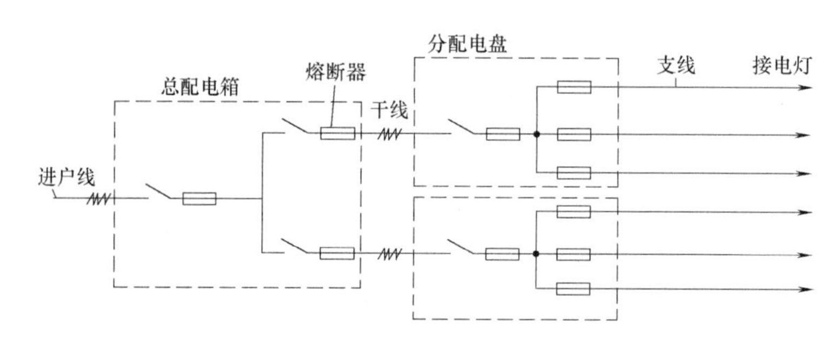

图1-25 照明供电系统单线图例

在变配电所内，根据配电设置及回路要求，设置高压开关柜、电容补偿柜、低压开关柜（屏）等，主要起控制、保护作用。

7. 熔断器

俗称保险丝，广泛用于供电系统中的电气短路保护，在电路短路或过负荷过大时能利用它的熔断来断开电路，但在正常工作时不能用它来切断和接通电路，是最简单的一种保护装置，它串联在电路中，利用热熔断路原理，防止过载、短路电流通过电路，以保护电气装置和线路的安全。常用的高压熔断器有RN1、RN2型户内式，RW4型户外跌落式等；低压熔断器有瓷插式、螺塞式、密闭管式（RM10常用）、填料式（RTO常用）等。

8. 自动空气开关

广泛应用于500V以下的交直流低压配电装置中的保护性开关电器。当电路中出现过载、短路、降压、失压时，自动空气开关能自动切断电源。自动空气开关分塑料外壳（装置式）和框架式（敞开式）两大类。由于自动空气开关具有较完善的灭弧罩，因此，它不仅能通断负荷电流，也能通断短路电流，还可以通过脱钩器自动跳闸。但是跳闸后必须手动合闸，方可恢复电路运行。

9. 低压开关

在低压电路中，开关被用于直接断通电路。开关的形式和种类很多，常用低压开关有：

（1）闸刀开关，用于小电流低压配电系统中，不频繁断通电路。有胶盖、铁盖两种。并有单相、三相之分。如 3P-30A 表示三相闸刀开关，额定电流 30A。

（2）灯具开关，有翘板开关、拉线开关等。

（3）其他开关，如限位开关、按钮开关等。

10. 插座

插座是移动式电气设备（台灯、收音机、电视机等）的供电点。动力电用三相四眼插座，单相电气设备用单相三眼（机壳接零）或单相二眼插座。插座有明装、安装两种安装方式。

11. 电气仪表

为了测量电气线路及电气装置、设备的电工指标，根据电气原理（电磁、电动、感应等）而有许多种电气仪表。如电压表、电流表、功率表、万用表等。测量方法有直读式、比较式两类，各类电气仪表在量测精度上也有具体等级规定。

12. 用电设备

常用的用电设备可分为以下几类：

（1）照明设备：普通灯具，如白炽灯、荧光灯、水银灯、碘钨灯等；各种开关、特殊灯具等；

（2）家用电器：电扇、电铃、电视机、收音机等；

（3）电热设备：烘箱、烤箱、电热炉、电热毯、电熨斗等；

（4）动力设备：电机、水泵、电梯；

（5）弱电设备：电话、有线广播等；

（6）防雷接地：避雷针、避雷网、接地装置；

（7）装饰用电：记分牌、彩灯、霓虹灯等。

以上介绍的只是一些常用材料和电气设备的用途、品种等基本概念，而规格型号受篇幅限制未予详述，在预算编制中参见有关资料。需要指出的是：低压电气规格中，要特别注意额定功率、额定电压和额定电流三个指标。在额定电压固定的情况下，额定电流是电器选择的主要指标。一般额定电流分为 5A、10A、15A、30A、60A、100A、200A 等级别，电器的级别也以此为依据。

复习思考题

1. 阐述电力系统的基本概念。

2. 电力负荷的计算方法分别有哪些?

3. 配电系统的接线方式有哪几种? 分别与哪些要求相匹配?

4. 电气安全中漏电保护的作用原理是什么?

5. 电气安全中的接地类型有几种? 各适用于什么情况? 举例说明。

6. 建筑物的防雷装置有哪些? 防雷措施是如何分类的?

第2章 电气照明

本章主要介绍电气照明工程中光的概念、基本光学度量单位、光的性质、照明种类、照明方式、照明质量、照明电光源、照明灯具、照明线路等。

2.1 电气照明工程的基本知识

电气照明是现代人工照明极其重要的手段，是现代建筑中不可缺少的部分。照明分为天然照明和人工照明两大类。天然照明受自然条件的限制，不能根据人们的需要得到所需的采光。现代人工照明是用电光源实现的。电光源具有随时可用、光线稳定、明暗可调、美观清洁等一系列优点，因而在现代建筑照明中得到了最广泛的应用。

2.1.1 光的概念

光是能量的一种形式。它可以通过辐射从一个物体传播到另一个物体。光的本质是一种电磁波。通常把紫外线、可见光和红外线统称为光。不同波长的可见光，在眼中产生不同颜色的感觉，按照波长由长到短的排列次序分别为红、橙、黄、绿、青、蓝、紫七种颜色。全部可见光波混合在一起，就形成日光（白色光）。

2.1.2 基本光学度量单位

1. 光通量

它是指光源在单位时间内向周围空间辐射出去的、能引起光感的电磁能量，用符号 Φ 表示，单位为流明（lm）。

2. 光强度

它表征光通量的空间密度，定义为：单位立体角内的光通量称为发光强度，简称光强，用符号 I 表示，单位是坎德拉（cd）。

3. 照度

投射到某个被照物体表面上的光通量 Φ 与被照面的表面积 S 之比称为该被照面的照度，用符号 E 表示，单位是勒克斯（lx）。

照度与被照面的材料性质无关，容易计算出。当材料固定时，照度的大小与光源的光通量成正比，故确定照度标准是进行照明设计的重要依据。

4. 亮度

亮度是一个单元表面在某一方向上的光强密度，它等于该方向上的发光强度与此表面在该方向上的投影面积之比，用 L 表示，单位是 cd/m^2（即坎/平方米，或称尼特，即nt）。光线在室内空间的传播，是一个多次反射、透射和吸收的过程。反射、透射和折射系数的大小与材料的光学性质有关，而且与建筑所用的材料及室内装饰情况有关。

2.1.3 光的性质

1. 色温

光源的发光颜色是与温度有关的。当温度不同时，光源发出光的颜色是不同的。如白炽灯，当灯丝温度低时，发出的光以红光为主；当温度高时，发出的光由红变白。所谓色温是指光源发射光的颜色与黑体（能吸收全部光辐射而不反射、不透光的理想物体）在某一温度下辐射的光颜色相同时的温度，用绝对温标 K 表示。

2. 显色性

当某种光源的光照射到物体上时，该物体的颜色与阳光照射时的颜色是不完全一样的，有呈现出不同颜色的特性。通常用显色指数表示光源的显色性。

3. 光源的色调

用不同颜色的光照射在同一物体上，对人们视觉产生的效果是不同的。红、橙、黄、棕色光给人以温暖的感觉，称为暖色光；蓝、青、绿、紫色光给人以寒冷的感觉，称为冷色光。光源的这种视觉颜色特性称为色调。光源发出光的颜色直接影响人的情趣，并影响人们的工作效率和精神状态等。

4. 眩光

眩光是照明质量的重要特征，它对视觉有极不利的影响。所以，现代人工照明对限制眩光很重视。所谓眩光是指由于亮度分布或亮度范围不合适，或在短时间内相继出现亮度相差过大的光时，造成观看物体时感觉的不舒适。不仅视野内同时出现大的亮度差异能引起眩光，而且相继出现大的亮度差异也能引起眩光，甚至亮度数值过大也会引起眩光。眩光分直射眩光和反射眩光两种。直射眩光是在观察方向上或附近存在亮的发光体所引起的眩光；反射眩光是在观察方向上或附近由亮的发光体的镜面反射所引起的眩光。

2.2 照明种类和质量

2.2.1 照明方式

照明方式通常可分为：

（1）一般照明。为照亮整个场所而设置的均匀照明。

（2）分区一般照明。为照亮场所中某一特定区域，而设置的均匀照明。

（3）局部照明。特定视觉工作用的、为照亮某个局部而设置的照明。

（4）混合照明。由一般照明与局部照明组成的照明。

（5）重点照明。为提高特定区域或目标的照度，使其比周围区域突出的照明。

照明方式的选择有以下原则：工作场所设置一般照明；当同一场所内的不同区域有不同照度要求时，采用分区一般照明；对于作业面照度要求较高，只采用一般照明；不合理的场所，宜采用混合照明；在一个工作场所内不应只采用局部照明；需要提高特定区域或目标的照度时，宜采用重点照明。

2.2.2 照明种类

按照《建筑照明设计标准》GB 50034—2013，照明种类主要分为正常照明、应急照明、值班照明、警卫照明、障碍照明。

1. 正常照明

在正常情况下，要求能顺利地完成工作、保证交通安全和能看清周围的物体而设置的照明，称为正常照明。正常照明有三种方式，即一般照明、局部照明和混合照明。所有居住的房间和供工作、运输、人行的走道，以及室外庭院和场所等，皆应设置正常照明。

2. 应急照明

因正常照明的电源失效而启用的照明为应急照明，它包括：①用于确保疏散通道被有效地辨认和使用的疏散照明；②用于确保处于潜在危险之中的人员安全的安全照明；③用于确保正常活动继续或暂时继续进行的备用照明。

3. 值班照明

非工作时间，为值班所设置的照明。

4. 警卫照明

用于警戒而安装的照明。

5. 障碍照明

在可能危及航行安全的建筑物或构筑物上安装的标识照明。

其设置原则有：室内工作及相关辅助场所，设置正常照明。需确保正常工作或活动继续进行的场所，设置备用照明；需确保处于潜在危险之中的人员安全的场所，设置安全照明；需确保人员安全疏散的出口和通道，设置疏散照明。需在夜间非工作时间值守或巡视的场所设置值班照明。需警戒的场所，应根据警戒范围的要求，设置警卫照明。在危及航行安全的建筑物、构筑物上，根据相关部门的规定设置障碍照明。

2.2.3 照明质量

1. 合适的照度

照度是决定物体明亮的间接指标。在一定范围内照度增加，可使视觉功能提高。合适的照度有利于保护视力、提高工作和学习的效率。选用的照度值应符合有关标准的规定。

2. 照度的均匀度

照度的均匀度一般是以被照场所的最低照度和最高照度之比，或最低照度和平均照度之比来衡量的。前者称为“最低均匀度”，后者称为“平均均匀度”。对于一般室内照明的最低均匀度不得低于0.3，平均均匀度应在0.7以上。

为了获得较满意的照度均匀度，灯具布置间距应不大于所选灯具的最大允许距高比。当要求照度的均匀度很高时，可采用间接型、半间接型照明灯具或荧光灯发光带等照明方式。

3. 合适的亮度分布

当视野内存在不同亮度的表面时，眼睛要被迫适应它，如果这种亮度差别即亮度的对比度很大，就会使眼睛很快疲劳，因此要求视野内的亮度要均匀，不要有过大的差别。人们能觉察出不均匀的相邻表面亮度比为1∶1.4。

4. 限制眩光

当人们观察高亮度的物体时，眩光会使视力逐渐降低。为了限制眩光，可适当降低光源和照明器表面的亮度。如对有的光源，可用漫射玻璃或格栅等限制眩光，格栅保护角为30°～45°。

5. 频闪效应的消除

交流供电的气体放电光源，其光通量也会发生周期性的变化。最大光通量和最小光通量差别很大，使人眼产生明显的闪烁感觉，即频闪效应。当观察转动的物体时，若物体的转动频率是灯光闪烁频率的整数倍，则转动的物体看上去好像没有转动一样，因而造成错觉，容易发生事故。

交流供电的光源所发射的光通量是波动的，其波动程度以波动深度来衡量，即：

$$\delta=\frac{F_{max}-F_{min}}{2F_{av}}\times 100\% \qquad (2\text{-}1)$$

式中 δ——光通量波动深度；

F_{max}——光通量最大值；

F_{min}——光通量最小值；

F_{av}——光通量平均值。

2.3 照明光源与灯具

2.3.1 电光源

凡是可以将其他形式的能量转换为光能，从而提供光通量的设备、器具统称为光源，而其中可以将电能转换为光能，从而提供光通量的设备、器具则称为电光源。

1. 电光源的分类

电光源可按其工作原理分为以下两类：

（1）热辐射光源

利用电流的热效应，把具有耐高温、低挥发性的灯丝加热到白炽程度而产生可见光。常用的热辐射光源有白炽灯、卤钨灯等。

（2）气体放电光源

利用电流通过气体（蒸气）时，激发气体（或蒸气）电离和放电而产生可见光的光源，如荧光灯、荧光高压汞灯、高压钠灯、金属卤化物灯等。

2. 照明常用电光源

自电光源问世以来，已经历了三代，品种繁多，功能各异，这里介绍一些照明常用的电光源。

（1）白炽灯

照明工程中，白炽灯是常用的设备。它是第一代电光源，因其具有价格便宜、结构简单、启动迅速、便于调光、应用范围广等优点，仍被广泛采用。普通白炽灯是住宅、宾馆、商店等照明的主要光源，一般有梨形、蘑菇形玻壳。玻壳大都是透明的，也有磨砂及乳白色的。白炽灯的缺点是光效低，输入白炽灯的电能只有20%以下转化为光能。80%以上转化为红外线辐射能和热能，发光效率不高。白炽灯点燃时的高温使其钨丝不断蒸发，不仅使灯泡的透明度变差，同时也使灯丝寿命缩短。

（2）卤钨灯

卤钨灯也属于第一代电光源，是对白炽灯的改进，比普通白炽灯光效高、寿命长，同时可有效地防止泡壳发黑，光通量维持性好。卤钨灯主要由电极、灯丝、石英灯管组成。常用的卤钨灯有碘钨灯和溴钨灯。它的特点是寿命较长，平均寿命1500h，最高可达2000h，是白炽灯的1.5倍。它具有体积小、发光效率较高、显色性好、功率集中、便于光控制等优点。常用于体育场、广场、会所、厂房车间、机场、火车站、轮船、摄影棚等场所。

（3）荧光灯

为提高发光效率，在20世纪30年代有一种新型电光源问世，称为荧光灯，它是第二代电光源的代表。荧光灯具有光色好、光效高、寿命长、光通量分布均匀、表面亮度低和温度低等优点，广泛用于各类建筑的室内照明中，并适用于照度要求高和长时间进行紧张视力工作的场所。荧光灯的组成部分包括荧光灯管、镇流器和启动器。荧光灯类型繁多，近年来发展迅速，有逐步代替光效差的白炽灯的趋势。其中，直管型荧光灯使用最广泛，它的品种包括日光色、冷白色、暖白色、三基色荧光灯等。电极灯丝采用三螺旋钨丝，管内充入氪气，并在灯管两端加装了防止灯管发黑的内防护环，提高了使用寿命、降低了消耗功率、提高了光敏度。更有彩色荧光灯，采用不同的荧光粉，可以分别发出蓝、绿、黄、橙、红色光，起装饰照明作用或用于其他特殊用途。

（4）高压汞灯

又称为高压水银灯，因其内管的工作气压为1～5个大气压而得名。其发光原理和荧光灯一样，只是构造上增加一个内管，外形和金属卤化物灯一样，如图2-1（*a*）所示。高压汞灯按结构不同分为自镇流和外镇流两种；按玻璃外壳的构造不同分为普通型和反射型两种。它的主要优点是发光效率高、寿命长、省电、耐振，广泛用于街道、广场、车站、施工工地等大面积场所的照明。

（5）金属卤化物灯

金属卤化物灯是第三代电光源，如图2-1（*b*）所示。它是在高压汞灯的放电管内添加一些金属卤化物（如碘、溴、钠、铊、铟、镝、钍等金属化合物），光色接近自然光，光效比高压汞灯更高。适用于电视摄影、印染、体育馆及需要高照度、高显色性的场所。其工作原理与高压汞灯相仿，内部充以碘化钠、碘化铊、碘化铟的灯泡称“钠铊铟灯”，充以碘化锡、氯化锡的灯泡称“卤化锡灯”。

（6）高压钠灯

高压钠灯是利用钠蒸气放电的气体放电灯，它具有光效高、耐振、紫外线辐射小、寿命长、透雾性好、亮度高等优点。适合需要高亮度和高光效的场所使用，如交通要道、机场跑道、航道、码头等场所。高压钠灯由灯头、玻璃外壳、陶瓷放电管、双金属片和加热线圈等主要部件组成，如图2-1（*c*）所示。

（7）低压钠灯

低压钠灯是基于在低气压钠蒸气放电中钠原子被激发而发光的原理制成的，是以波长

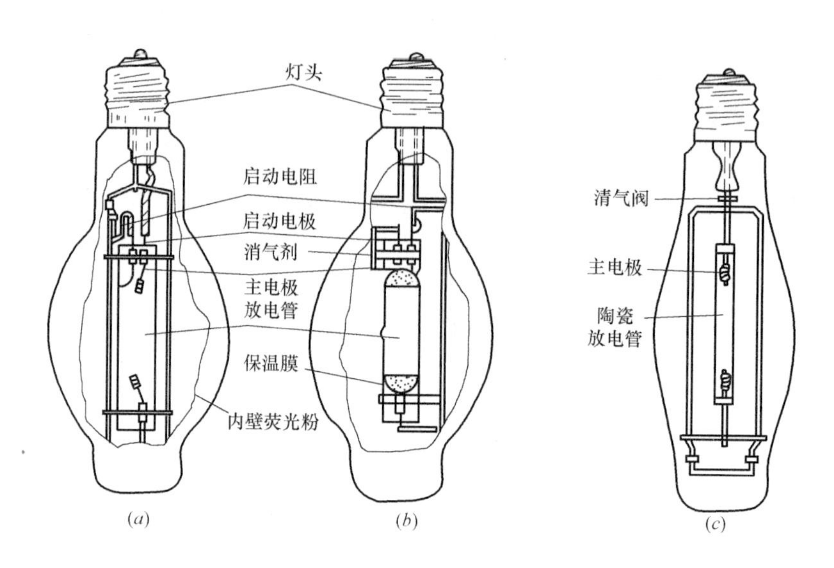

图 2-1　高强度气体放电灯

(a) 荧光高压汞灯；(b) 金属卤化物灯；(c) 高压钠灯

589nm 的黄光为主体，在这一谱线范围内人眼的光谱效率很高，所以低压钠灯光效很高，低压钠灯的寿命约为 2000～5000h，点燃次数对寿命影响大，且要求水平点燃。

2.3.2　照明灯具

灯具是一种控制光源发出的光进行再分配的装置，它与光源共同组成照明器，但在实际应用中，灯具与照明器并无严格的界限。

1. 灯具的作用

(1) 合理配光。即将光源发出的光通量重新分配，以达到合理利用光通量的目的。各种灯具配光通量的特性可用灯具的配光曲线来表示。

配光曲线：将光源在空间各个方向的光强用矢量表示，并把各矢量的端点连接成曲线，用来表示光强分布的状态，称为配光曲线。

(2) 限制眩光。在视野内，如果出现很亮的东西，会产生刺眼感，这种刺眼的亮光称为眩光，眩光对视力危害很大，会引起不舒适感觉或降低视力。限制眩光的方法是使灯具有一定的保护角，并配合适当的安装位置和悬挂高度或者限制灯具的表面亮度。

光源下端与灯具下檐边线同水平线之间的夹角称为保护角，灯具的保护角是为了保护眼睛不受光源下直射光的照射面设计的，所以在规定的灯具悬挂高度下，在其保护角范围内，使光源在强光视角区内隐蔽起来，避免直接眩光。对避免直接眩光要求较高的地方，可采用格栅式灯具。

(3) 提高灯具的效率。灯具的效率是反映灯具技术经济效果的指标，从一个灯具射出的光通量 F_2 与灯具光源发出的光通量 F_1 之比称为灯具的效率 n。因为 $F_2<F_1$，所以 $n<1$。各种灯具的效率，可查阅有关照明手册。

关于灯具的分类，由于照明灯具很难按一种方法来分类，故可从不同角度来分类，如按光源分类、根据安装方法分类等。

2. 按配光曲线分类

（1）直接配光（直射型灯具）。90%～100%的光通量向下，其余向上，即光通量集中在下半部，直射型灯具效率高，但灯的上半部几乎没有光线，顶棚很暗，与照亮灯光容易形成对比眩光，又由于某种原因它的光线集中，方向性强，产生的阴影也较重。

（2）半直接配光（半直射型灯具）。60%～90%的光通量向下，其余向上，向下的光通量仍占优势，它能将较多的光线照射到工作面上，又使空间环境得到适当的亮度，阴影变淡。

（3）均匀扩散配光（漫射型灯具）。40%～60%的光通量向下，其余向上，向上和向下的光通量大致相等，这类灯具采用漫射透光材料制成封闭式灯罩，造型美观、光线柔和，但光的损失较多。

（4）半间接配光（半间接型灯具）。10%～40%的光通量向下，其余向上，这种灯具上半部用透明材料、下半部用漫射透光材料做成，由于上半部光通量的增加，增加了室内反射光的照明效果，光线柔和，但灯具的效率低。

（5）配光（间接型灯具）。0～10%的光通量向下，其余向上，这类灯具全部光线都由上半球射出，经顶棚反射到室内，光线柔和，没有阴影和眩光，但光损失大，不经济，适用于剧场、展览馆等。

3. 按结构特点分类

（1）开启型。其光源与外界环境直接相通。

（2）闭合型。透明灯具是闭合型，透光罩把光源包合起来，但是罩内外空气仍能自由流通，如乳白玻璃球形灯等。

（3）密闭型。透明灯具固定处有严密封口，内外隔绝可靠，如防水、防尘灯等。

（4）防爆型。符合现行国家标准《爆炸性环境》GB 3836—2010 的相关要求，能安全地在有爆炸危险的场所中使用。

4. 按安装方式分类

分为吊式 X、固定线式 X_1、防水线吊式 X_2、人字线吊式 X_3、杆吊式 G、链吊式 L、座灯头式 Z、吸顶式 D、壁式 B 和嵌入式 R 等，如图 2-2 所示。

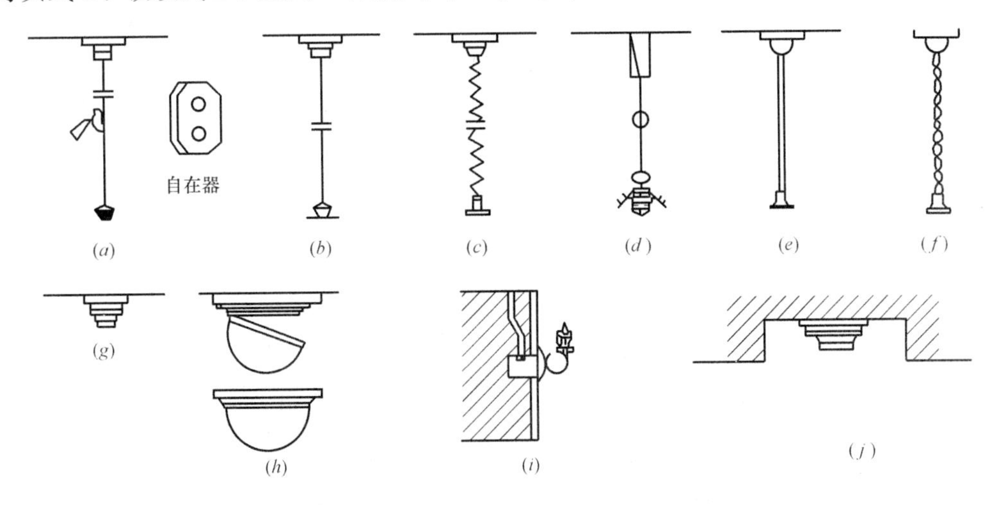

图 2-2　灯具的安装方式示意图

(a) X；(b) X_1；(c) X_2；(d) X_3；(e) G；(f) L；(g) Z；(h) D；(i) B；(j) R

5. 灯具的选择

（1）首先应根据建筑物各房间的不同照度标准、对光色和显色性的要求、环境条件（温度、湿度等）、建筑特点、对照明可靠性的要求，根据基建投资情况结合考虑长年运行费用（包括电费、更换光源费、维护管理费和折旧费等），根据电源电压等因素，确定光源的类型、功率、电压和数量。如可靠性要求高的场所需选用便于启动的白炽灯，高大的房间宜选用寿命长、效率高的光源，办公室宜选用光效高、显色性好、表面亮度低的荧光灯等。

（2）技术性主要指满足配光和限制眩光的要求。高大的厂房宜选深照型灯具，宽大的车间宜选广照型、配用型灯具，使绝大部分光线直照到工作面上。一般公共建筑可选半直射型灯具，较高级的建筑可选漫射型灯具，通过顶棚和墙壁的反射使室内光线均匀、柔和。豪华的大厅可考虑选用半反射型或反射型灯具，使室内无阴影。

（3）应从初投资和年运行费用方面考虑其经济性。满足照度要求而耗电最少即最经济，故应选光效高、寿命长的灯具。

（4）应结合环境条件、建筑结构情况等因素全面考虑其使用性。如环境干燥场所、清洁房间尽量选开启式灯具；潮湿处（如厕所、卫生间）可选防水灯头保护式灯具；特别潮湿处（如厨房、浴室）可选密闭式灯具（防水、防尘灯）；有易燃易爆物场所（如化学车间）应选防爆灯具；室外应选防雨灯具；易发生碰撞处应选带保护网的灯具；振动处应选卡口灯具。对于安装条件，应结合建筑结构情况和使用要求，确定灯具的安装方式，选用相应的灯具。如一般房间为线吊，门厅等处为杆吊，门口处为壁装，走廊为吸顶安装等。

（5）不同建筑有不同的特点和不同的功能，灯具的选择应和建筑特点、功能相适应。特别是临街建筑的灯光，应和周围的环境相协调，以便创造一个美丽和谐的城市夜景。根据不同功能要求选择灯具是比较复杂的，但对从事建筑设计的人员来说又是十分重要的一项工作。由于建筑的多样性、环境的差异性和功能的复杂性，决定了满足这些要求的灯具选型很难确定一个统一的标准。但一般来说应恰当考虑灯具的光、色、型、体和布置，合理运用光照的方向性、光色的多样性、照度的层次性和光点的连续性等技术手段，起到渲染建筑、烘托环境和满足各种不同需要的作用。如大阅览室中采用三相均匀布置的荧光灯，创造明亮、均匀而无闪烁的光照条件，以形成安静的读书环境；宴会厅采用以组合花灯或大吊灯为中心，配上高亮度的无影白炽灯具，产生温暖而明朗的光照条件，形成一种欢快热烈的气氛。

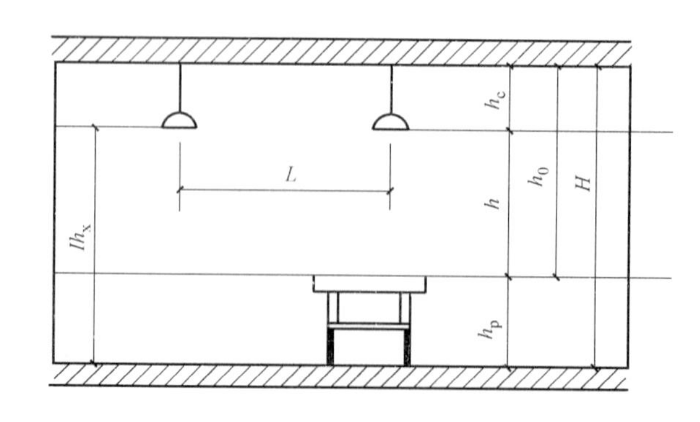

图 2-3 灯具的高度布置

6. 灯具的布置

包括确定灯具的高度布置和平面布置两部分内容，即确定灯具在房间内的具体空间位置。

（1）灯具的高度（竖向）布置

灯具的高度布置如图 2-3 所示，图中 h_c 为垂度，h 为计算高度，h_p 为工作面高度，h 为悬吊高度，单位均为 m。

确定灯具的悬吊高度应考虑如下因素：

1）保证电气安全

对于工厂的一般车间不宜低于 2.4m，对于电气车间可降至 2m。对于民用建筑一般无此项限制。

2）限制直接眩光

与光源种类、瓦数及灯具形式相对应，规定出最低悬吊高度，对于不考虑限制直接眩光的普通住房，悬吊高度可降至 2m。

3）便于维护管理

用梯子维护时不超过 6～7m。用升降机维护时，高度由升降机的升降高度决定。有行车时多装于屋架的下弦。

4）提高经济性

需满足合理的距高比。对于直射型灯具，应符合表 2-1 所规定的合理距高比 L/h 值。对于半直射型和漫射型灯具，除满足表 2-2 的要求外，还应考虑光源通过顶棚二次配光的均匀性。分别应满足：半直射型 $L/H<5\sim6$；漫射型 $h_c/h_0\approx0.25$。

合理距高比 L/h 值 **表 2-1**

灯具类型	L/h		单行布置时房间最大宽度
	多行布置	单行布置	
配照型、广照型	1.8～2.5	1.8～2.0	1.2h
深照型、镜面深照型、乳白玻璃罩灯	1.6～1.8	1.5～1.6	h
防爆灯、圆球灯、吸顶灯、防水防尘灯	2.3～3.2	1.9～2.5	1.3h
荧光灯	1.4～1.5		

5）相关因数

和建筑尺寸配合，如吸顶灯的安装高度即为建筑的层高。为防止晃动，垂度 h_c 一般为 0.3～1.5m，多取为 0.7m。

6）常用参考数据

一般灯具的悬挂高度为 2.4～4.0m；配照型灯具的悬挂高度为 3.0～6.0m；搪瓷探照型灯具的悬挂高度为 5.0m～10.0m；镜面探照型灯具的悬挂高度为 8.0m～20.0m；其他灯具的适宜悬吊高度见表 2-2。

灯具适宜悬吊高度 **表 2-2**

灯具类型	灯具距地高度(m)	灯具类型	灯具距地高度(m)
防水、防尘灯	2.5～5	软线吊灯	2 以上
防爆灯	2.5～5	荧光灯	2 以上
双照型配照灯	2.5～5	磷钨灯	7～15
隔爆型、安全型灯	2.5～5	镜面磨砂灯泡	2.5 以上
圆球灯、吸顶灯	2.5～5	裸露砂灯泡	4 以上
乳白玻璃吊灯	2.5～5	路灯	5.5 以上

（2）灯具的平面布置

灯具的平面布置对照明质量有重要的影响，主要反映在光的投射方向、工作面的照度、照明的均匀性、反射眩光和直射眩光以及视野内各平面的亮度分布、阴影、照明装置的安装功率和初次投资、用电的安全性、维修的方便性等方面。灯具的平面布置方式分为均匀布置和选择布置或两者结合的混合布置。选择布置易造成强烈阴影，一般不单独采用。

当实际布灯距高比等于或略小于相应合理距高比时，即认为布灯合理。灯具离墙的距离，一般取（1/3～1/2）L，当靠墙有工作面时取（1/4～1/3）L，其中 L 为灯距。灯具的平面布置确定后，房间内灯具的数目就可确定。由光源种类、灯具形式和布置等因素组成的照明系统也就可以确定。

2.4 照明线路的基本形式与敷设

2.4.1 照明线路的基本形式

由室外架空线路的电杆至建筑物外墙上支架的这段线路，称为引下线；由外墙上支架到总照明配电盘的这段线路，称为进户线；由总照明配电盘至各分配电盘的线路，称为干线；由各分配电盘引出的线路，称为支路。由总照明配电盘至各分配电盘的干线线路，其形式一般有三种，分别是放射式、树干式、混合式。

1. 放射式

放射式配电系统又可分为单电源单回路放射式和双电源双回路交叉放射式两种（见图 2-4（*a*））。

单电源单回路放射式是从配电母线上引出一回线路直接向用电设备配电，沿线不支接其他负荷。双电源双回路交叉放射式是从两个电源配电母线上引出两回线路直接向用电设备配电，沿线不支接其他负荷。

放射式配电系统的优点是线路敷设简单，配电设备集中，操作维护方便，保护容易，线路故障、停电影响范围小，供电可靠性较高，单电源单回路放射式可符合二级负荷供电要求，双电源双回路放射式，当电源相互独立时，可符合一级负荷供电要求。

放射式配电系统的缺点是母线出线回路较多，需要配电设备较多，有色金属消耗量也较多。放射式配电方式一般用于容量大，负荷集中或重要的用电设备。

2. 树干式

树干式配电系统又可分为直接连接树干式配电系统和链串型树干式配电系统两种（见图 2-4（*b*））。直接连接树干式配电系统是从配电母线引出一路配电干线，每个用电负荷从该干线上直接接出分支线供电的方式。这种配电方式的优点是配电系统出线回路减少，敷设简单，配电设备的数量较少，从而可减少有色金属消耗量，节省投资。其缺点是线路故障影响的停电范围大，供电可靠性差，一般只适用于二级负荷。

为了充分发挥树干式配电系统的优点，尽可能减轻其缺点所造成的影响，可以采用链串型树干式配电系统。这种改进后的树干式配电系统的特点是干线引入某一用电设备母线上，然后再引出走向另一个用电设备母线，在干线进出的两侧均安装开关设备。链串型树干式配电系统可以减少某一段线路故障而引起的停电范围，供电可靠性有所提高。实际运行经验表明，只要施工质量符合要求，干线上的分支点不超过 4～5 个，这种方式供电将是可靠的，且故障容易恢复。它适用于用电设备的布置比较均匀，容量不大，又无特殊要求的场合。

3. 混合式

混合式即为放射式和树干式相结合的配电方式（见图 2-4（*c*））。

综合而言，现代建筑电气的高压配电系统大多采用放射式配电方式，低压配电系统（特别是大型高层建筑）大多采用放射式和树干式相结合的混合式配电方式。建筑物地下设备层中大容量的用电设备较多，应采用电缆放射式对单台设备或设备组供电，电缆可沿电缆沟、电缆支架或电缆托盘敷设，如电缆数量较少、线路较短，则可采用穿管暗敷，这样可不影响地面使用。

建筑上部各层配电可采用分区树干式，所谓分区就是将整个楼层依次分为若干供电区，分区层数一般为 2～6 层，每个分区可以是一个配电回路，也可分为照明、一般动力等几个回路，如图 2-4 所示。

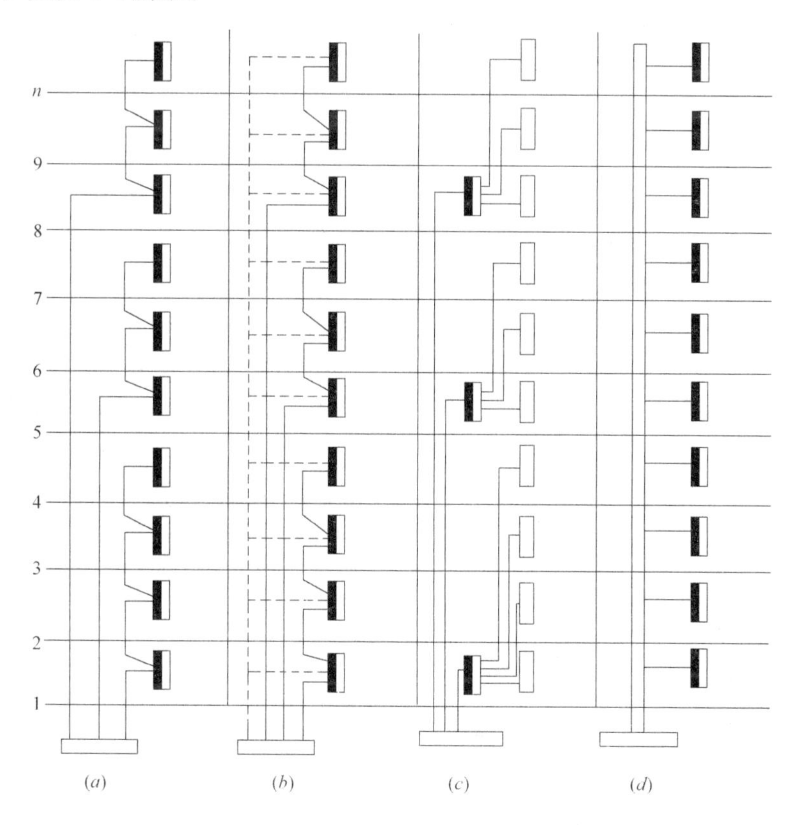

图 2-4　典型的低压配电系统

图 2-4 中（*b*）方式是在（*a*）方式中增加了一公用备用回路，（*c*）方式中增加了一个中间配电箱，各层分配电箱前有保护装置，提高了供电可靠性。建筑上部各层也可采用由底层到顶层垂直大树干式向所有层供电，如图 2-4（*d*）所示。

不论是分区树干式还是大树干式的垂直主干线，现在常用的有电缆、绝缘母线槽及大电流分支电缆三种形式。电缆一般用于楼层不多、负荷不太大的建筑物。绝缘母线槽电流大，插接方便，广泛用于大型或高层建筑。最近发展起来的大电流分支电缆因具有安装简单、供电可靠、投资省等优点，有取代绝缘母线槽之势。楼顶电梯回路不能同楼层用电回路共用，应由变电所低压母线引出单独回路供电。对于建筑内消防电梯、消防水泵、排烟风机、正压送风机、事故照明等重要的消防用电设备，应由两个回路供电，并在末级配电箱内实现自动切换。

2.4.2 照明线路的敷设

建筑电气电力线路除高压供电线路可能为高压架空线路外，建筑物内的配电线路若按构造区分，一般分为电缆和绝缘导线两大类，二者各有不同的敷设方式和要求，应根据建筑物的性质、要求、用电设备的分布及环境特征等因素来确定其线路敷设方式。

1. 电缆敷设

（1）电缆直埋敷设

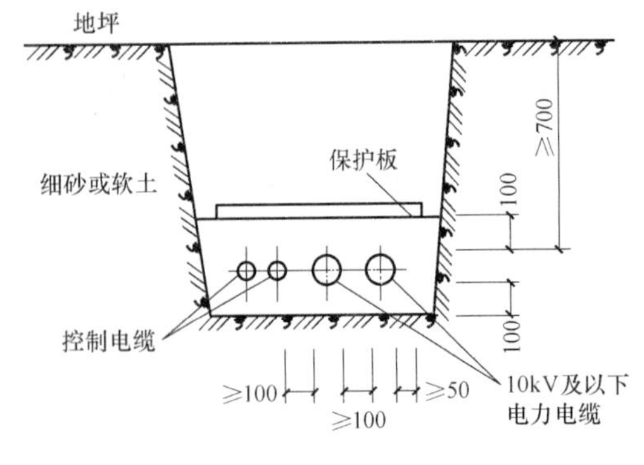

图 2-5　电缆直埋敷设

当沿同一路径敷设的电缆根数小于或等于 8 根时，可采用电缆直埋敷设，如图 2-5 所示。这种敷设方式施工简单，投资少，散热条件好，直埋深度不应小于 0.7m，上下各铺 100mm 厚的软土或细砂，然后覆盖保护层。由于电缆通电工作后温度会发生变化，土壤会局部突起或下沉，所以埋设的电缆长度要考虑余量。

（2）电缆在电缆沟或隧道内敷设

当沿同一路径敷设的电缆根数大于 8 根、小于等于 18 根时，宜采用电缆沟（见图 2-6）敷设；大于 18 根时，可采用电缆隧道敷设。电缆隧道和电缆沟应采取防水措施，其底部应做坡度不小于 0.5％的排水沟，在电缆隧道内要考虑通风和照明。

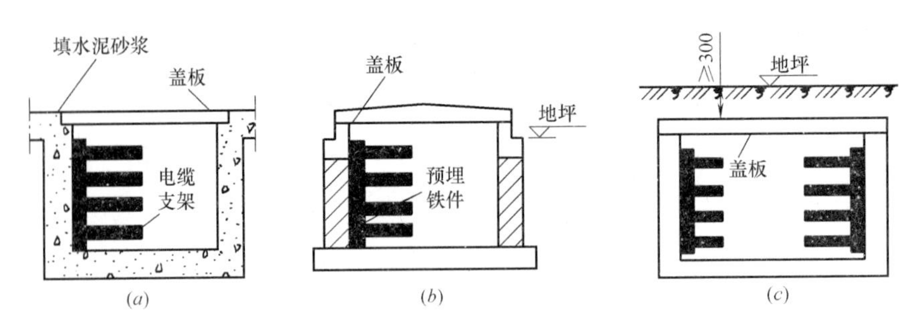

图 2-6　电缆沟

(a)、(b) 无覆盖层电缆沟；(c) 有覆盖层电缆沟

（3）电缆在排管内敷设

当电缆根数小于或等于 12 根，且道路交叉多、路径拥挤，不宜采用直埋或电缆沟敷

设时，可采用电缆在排管内敷设。排管可采用石棉水泥管或混凝土管，内径不能小于电缆外径的 1.5 倍。

2. 进户装置设置

室内电源若是从室外低压架空线路接入户内的，都要设置进户装置。进户装置包括横担（钢制或木制）、瓷瓶、引下线和进户线（从室外电杆引至横担的电线叫引下线，从横担通过进户管引至配电箱的电线为进户线）、进户管（保护过墙进户线的管子，多为瓷质）。横担如需要安装在支架上时，还应设置支架。

低压引入线从支持绝缘子起至地面的距离不应小于 2.5m；对于建筑物本身低于 2.5m 的情况，应将引入线横担加高。引入线接头应采用“倒人字”做法。多股导线禁止采用吊挂式接头做法。在接保护中性线系统中，引入线的中性线在进户线处应做好重复接地，其接地电阻应不大于 10Ω。

3. 配电箱安装

配电箱就是在铁制或木制的箱子内安装电气元件，并用电线按接线图相互连接，用以控制和分配电源用。进户线进户后，先经总刀开关，然后再分支供给分路负荷。总刀开关、分支刀开关和熔断器等均装在配电箱内。进户后设置的配电箱为总配电箱，控制分支电源的配电箱为分配电箱。

配电箱按用途可分为动力配电箱和照明配电箱；按制造方式可分为定型配电箱和非定型配电箱两种。定型配电箱由专业厂家制造，非定型配电箱由施工企业现场组装，在编制预算时应计算其制作费。另外，照明配电箱有标准型和非标准型两种。标准配电箱可向生产厂家直接购买，非标准配电箱可自行制作。照明配电箱型号繁多，但其安装方式不外乎悬挂式明装和嵌入式暗装两种。

（1）悬挂式明装配电箱的安装

悬挂式明装配电箱可安装在墙上或柱子上。直接安装在墙上时，应先埋设固定螺栓，或采用膨胀螺栓。螺栓的规格应根据配电箱的型号和质量选择，其长度应为埋设深度（一般为 120～150mm）加箱壁厚度以及螺帽和垫圈的厚度，再加 3～5 扣的余量长度。

配电箱安装在支架上时，应先将支架加工好，支架上钻好安装孔，然后将支架埋设固定在墙上或用抱箍固定在柱上，再用螺栓将配电箱安装在支架上，并调整使其水平和垂直。应注意在加工支架时，下料和钻孔严禁使用气割，支架焊接应平整、不能歪斜，并应除锈露出金属光泽，而后刷樟丹漆一道、灰色油漆两道。

照明配电箱的安装高度应符合施工图纸要求。若无要求时一般底边距地面为 1.5m，安装垂直误差不应大于 3mm，配电箱上应注明用电回路名称。

（2）嵌入式暗装配电箱的安装

配电箱嵌入式安装通常是配合土建砌墙时将箱体预埋在墙内。面板四周边缘应紧贴墙面，箱体与墙体接触部分应刷防腐漆：按需要砸下敲落孔压片；有贴脸的配电箱，应把贴脸揭掉。一般当主体工程砌至安装高度时就可以预埋配电箱，配电箱的宽度超过 300mm 时，箱上应加过梁避免安装后受压变形。预埋的电线管均应配入配电箱内，配电盘安装好后，安装地线，零线要直接接地，不应经过熔断器。暗装照明配电箱安装高度一般为底边距地面 1.5m，安装垂直误差不大于 3mm。导线引出盘面，均应套绝缘管。箱内装设螺旋式熔断器时，其电源线应接在中间触点的端子上，负荷线接在螺纹的端子上。

4. 配电线路敷设

敷设方式分明敷及暗敷两种。明敷，即导线直接（或者在管子、线槽等保护体内）敷设于墙壁、顶棚的表面及桁架、支架等处。暗敷，即导线在管子、线槽等保护体内，敷设于墙壁、顶棚、地坪及楼板的内部。金属管、塑料管及金属线槽、塑料线槽等内的布线，应采用绝缘导线和电缆，在同一根管或线槽内有几个回路时，所有绝缘导线和电缆都应具有与最高标准电压回路绝缘等级相同的绝缘等级。

（1）直接明敷

明敷的线路施工、改造、维修较为方便。直接明敷应采用护套绝缘线，其截面不宜大于 6mm^2，布线的固定点间距不应大于 0.3m，不得将绝缘线直接埋入墙壁、顶棚的抹灰层内。直接明敷线路敷设简单，适用于室内干燥环境中。

（2）穿管配线

穿管配线是将导线置于管子等保护体内，敷设于墙壁、顶棚、地坪及楼板的内部，比较美观、安全。这种敷设方式适用于易燃、易爆、潮湿或有腐蚀性的场所以及对建筑物美观要求较高的处所。明敷于潮湿场所或埋地敷设的金属管应采用水、煤气钢管，明、暗敷于干燥场所的布线可采用电线管，有腐蚀性的场所宜选用硬塑料管。

1）导线保护管的安装

保护管安装可分为明配和暗配。明配管是指沿墙壁、顶棚、梁、柱、钢结构支架等明敷设。暗配管是指在土建施工时，将管子预先埋设在墙壁、楼板或顶棚等内。暗配管可以不损坏建筑物，且美观、防水、防潮、使用寿命长。但施工周期长，且麻烦，不易维修。暗配管一般用于使用功能要求较高的楼、堂、馆，所以及工业生产装置区的仪表车间等。暗配管方式如图 2-7 所示。

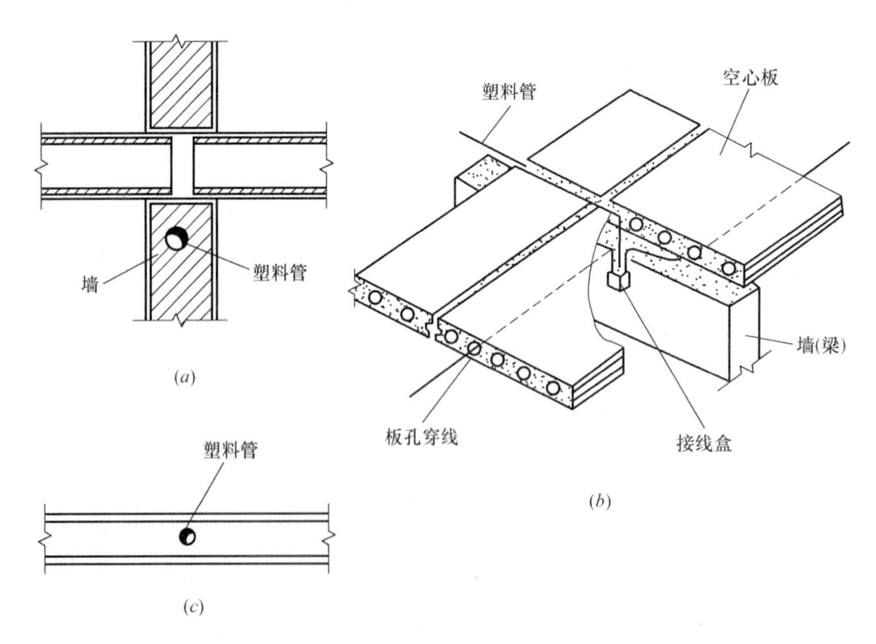

图 2-7　暗配管示意图

(a) 沿墙暗配；(b) 沿楼板暗配；(c) 沿地坪暗配

配管工程管子及敷设部位的分类如图 2-8 所示。

2）管内穿线

① 穿线前，应用破布或空气压缩机将管内的杂物、水分清除干净；

② 电线接头必须放在接线盒内，不允许在管内有接头和纽结，并有足够的余留长度；

③ 管内穿线应在土建施工喷浆粉刷之后进行；

④ 管内绝缘导线的额定电压不应低于 500V；

⑤ 不同回路、不同电压和不同电流的导线不得共管，工作照明和事故照明线路不得共管，互为备用的线路不得共管。可共管穿线的情况有：电压为 65V 以下的回路；同一设备的电机回路和无抗干扰要求的控制回路；照明花灯的供电回路；电压相等的同类照明支线，但不宜超过 8 根；同一交流回路的导线必须穿于同一管内；管内导线的截面积总和不应超过管子截面积的 40%；导线穿入钢管后，在管子出口处应装护线套保护导线，对于不进入盒内的垂直管口，穿入导线后，应将管子做密封处理。

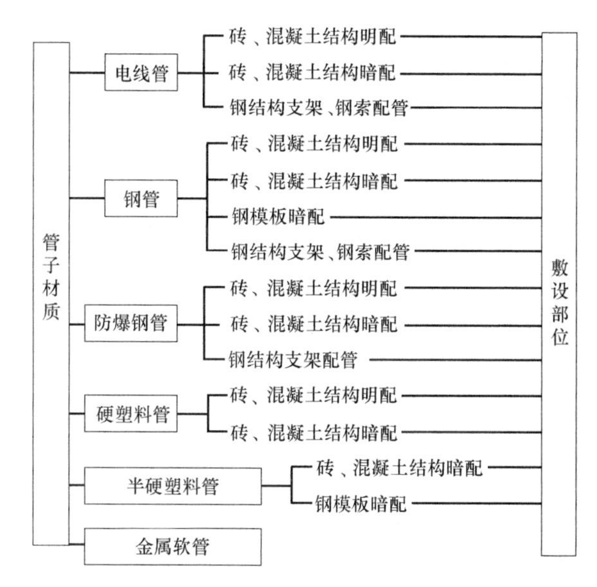

图 2-8　配管工程管理及敷设部位分类

（3）槽板配线

槽板配线包括木槽板配线和塑料槽板配线两种。木槽板和塑料槽板又分为二线式和三线式。槽板配线先将槽板的底板用木螺丝固定于顶棚、墙壁上，将电线放入底板的槽内，然后将盖板盖在底板上，并用木螺丝固定。具体要求如下：

1）塑料槽板及木槽板适用于干燥房间内明设，使用的额定电压不应大于 500V。

2）塑料槽板及木槽板安装要求相同。木槽板内外应光滑，无棱刺，刷有绝缘漆。

（4）护套线配线

塑料护套线是一种具有塑料保护层的双芯多芯绝缘导线，具有防潮、耐酸和耐腐蚀等性能。可以直接敷设在楼板、墙壁及建筑物上，用钢筋扎头作为导线的支持物。

1）护套线敷设。护套线敷设时，每隔 150～200mm 固定一个钢筋扎头。距开关、插座、灯具木台 50mm 处和导线转弯两边的 80mm 处都应用钢筋扎头固定。导线转角敷设时，其弯曲半径应小于导线宽度的 3 倍。导线穿过墙壁和楼板时应加保护管。护套线的接头最好放在开关、灯头盒、插座盒内，以求美观。如不能做到，则应加接线盒将导线接头放在接线盒内。

2）塑料护套线配线要求

① 不得直接埋入抹灰层内敷设，也不应在室外露天场所明配；

② 与接地导体及不发热的管道紧贴交叉时，应加绝缘保护管，敷设在易受机械损伤的场所应用钢管保护；

③ 暗配在空心楼板板孔内的导线，必须用塑料护套线或加套塑料护层的绝缘导线，并应符合下列要求：穿入导线前，应将管内的积水、杂物清除干净；穿入导线时，不得损伤导线的护套层，并便于更换导线；导线在板内不得有接头、分支接头，接头应放在接线盒内。

（5）其他配线

配线的方式较多，设计中常采用的还有：瓷夹板配线、瓷珠配线、鼓形绝缘子配线、针式绝缘子配线、蝶式绝缘子配线、铝卡配线等。图 2-9 是几种常见配线方式。

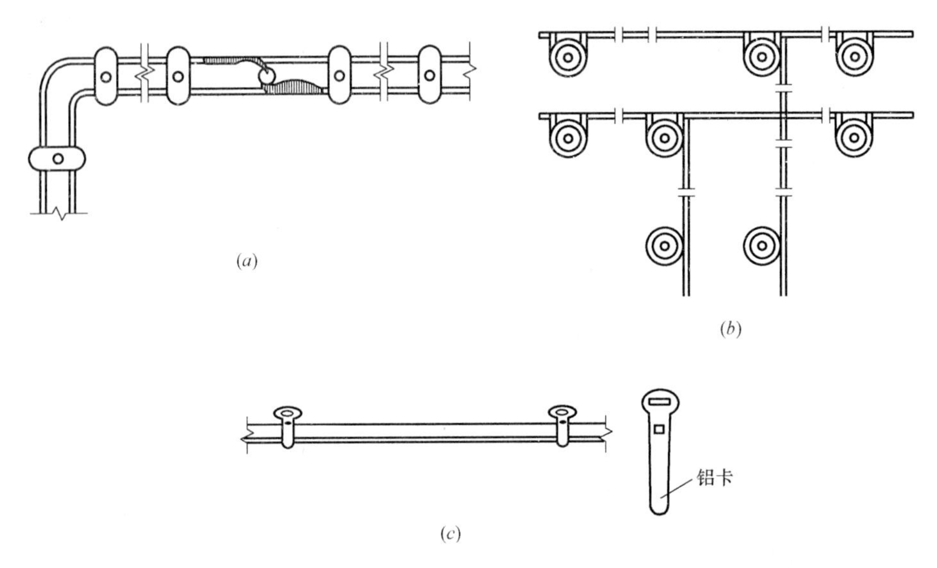

图 2-9　常见配线方式示意图

（a）夹板配线；（b）瓷珠配线；（c）铝卡配线

5. 开关和插座的安装

（1）开关的安装

1）开关安装位置应便于操作，开关边缘距门框边缘 0.15～0.2m，开关距地面高度 1.3m；拉线开关距地面高度 2～3m，层高小于 3m 时，拉线开关距顶板不小于 100mm，拉线出口垂直向下。

2）相同型号并列安装，同一室内开关安装高度一致，且控制有序不错位。并列安装的拉线开关的相邻间距不小于 2mm。

3）暗装的开关面板应紧贴墙面，四周无缝隙，安装牢固，表面光滑整洁，无碎裂、划伤，装饰帽齐全。

（2）插座的安装

1）当不采用安全型插座时，托儿所、幼儿园及小学等儿童活动场所安装高度不小于 1.8m。

2）暗装的插座面板紧贴墙面，四周无缝隙，安装牢固，表面光滑整洁，无碎裂、划伤，装饰帽齐全。

3）车间及试（实）验室的插座距地面高度不小于 0.3m；特殊场所暗装的插座不小于 0.5m；同一室内插座安装高度一致。

4）地插座面板与地面齐平或紧贴地面，盖板固定牢固，密封良好。

复习思考题

1. 说明光通量、光强、照度、亮度的定义和单位。
2. 什么是色温、显色性？它们用什么来表示？
3. 照明质量包括哪几部分？怎样评价一间教室的照明质量好坏？
4. 说明照明线路的敷设方式及其区别。
5. 照明设计时应考虑哪些问题？

第3章　电气施工图的识读

电气施工图是表示电力系统中的电气线路及各种电气设备、元器件、电气装置的规格、型号、位置、数量、装配方式及其相互关系和连接的安装工程设计图，它是指导施工、编制预算的主要依据。电气施工图的识读本领是做好电气工程计量与计价业务的必备基础技能。本章着重介绍有关电气施工图识读的基本知识。

3.1　电气施工图的一般规定与识读方法

电气施工图是土建工程施工图纸的主要组成内容。它将电气工程设计内容简明、全面、正确地标示出来，是施工技术人员及工人安装电气设施的依据，也是预算人员编制工程造价的依据。电气施工图设计文件以单项工程为单位编制，通常包括图纸目录，设计说明，平、立、剖面图，系统图，安装详图，主要设备材料表等内容。

3.1.1　电气施工图的一般特点

(1) 图形符号、文字符号和项目代号是构成电气施工图的基本要素。

一个电气系统、设备或装置通常由许多部件、组件、功能单元等组成，这些部件、组件、功能单元等被称为项目。为描述和区分这些项目的名称、功能、状态、特征、相互关系、安装位置、电气连接等，没有必要也不可能画出它们的外形结构，一般采用图形符号来表示。

然而，在一张图上，一类设备只能用一种图形符号表示，所以对于同类设备的不同型号，还必须在图形符号旁边标注文字符号以区别其名称、功能、状态、特征及安装位置等。为了更具体的区分，除了图形符号、文字符号、项目代号外，有时还要标注一些技术数据。因此，图形符号、文字符号和项目代号是电气施工图的基本要素，一些技术数据也是电气施工图的主要内容。

(2) 简图是电气施工图的主要形式。

简图是用图形符号、带注释的围框或简化外形表示系统或设备中各组成部分之间相互关系的一种图。电气施工图绝大多数都采用简图这种形式。这里的简图并不是指内容的"简单"，而是指形式的"简化"，它是相对于严格按几何尺寸、绝对位置等而绘制的机械图而言的。电气施工图中的系统图、电路图、接线图、平面布置图等都是简图。

(3) 元件和连接线是电气施工图描述的主要内容。

一种电气装置主要由电气元件和连接线构成，因此，无论是说明电气工作原理的电路图，表示供电关系的电气系统图，还是表明安装位置和接线关系的平面图及接线图等，都是用电气元件和连接线来描述的。电气元件在电路图中可用集中表示法、半集中表示法、分开表示法来表示，连接线在电路图中通常用多线表示法、单线表示法和混合表示法来表示，而为了表示出连接线的去向，又可用连续线表示法和中断线表示法。描述方法的不同就构成了电气施工图的多样性。

（4）功能布局法和位置布局法是电气施工图的两种基本布局方法。

功能布局法是指电气施工图中元件符号的布置，只考虑便于表达它们所表示的元件之间的功能关系而不考虑实际位置的一种布局方法。电气施工图中的系统图、电路图都是采用这种布局方法。各元件按动作原理排列，至于这些元件的实际位置怎样布置则不予表示。这样的图就是按功能布局法绘制的工程图。

位置布局法是指电气施工图中元件符号的布置对应于该元件实际位置的布局方法。电气施工图中的接线图、平面图通常采用这种布局方法。控制箱内各元件基本上都是按元件的实际相对位置布置和接线的，配电箱、电动机及其连接导线是按实际位置布置的。这样的图就是按位置布局法绘制的工程图。

（5）对能量流、信息流、逻辑流、功能流的不同描述方法，构成了电气施工图的多样性。

在某一个电气系统或电气装置中，各种元件、设备、装置之间的关系通常可利用四种物理流进行联系。这四种物理流是：

能量流——电能的流向和传递；

信息流——信号的流向、传递和反馈；

逻辑流——表征相互间的逻辑关系；

功能流——表征相互间的功能关系。

显然，这些物理流有的是实有的或有形的，如能量流、信息流等；有的则是从概念中抽象出来的，表示的是某种概念，如逻辑流、功能流等。

在电气技术领域内，往往需要从不同的目的出发，对上述四种物理流进行研究和描述，而作为描述这些物理流的工具之一——电气施工图当然也需要采用不同的形式。这些不同的形式，从本质上揭示了各种电气施工图内在的特征和规律，将电气施工图分成若干种类，从而构成了电气施工图的多样性。

3.1.2 电气施工图的一般规定

1. 绘图比例

一般地，各种电气的平面布置图使用与相应建筑平面图相同的比例。在这种情况下，如需确定电气设备的安装位置或导线长度时，可在图上用比例尺直接量取。

与建筑图无直接联系的其他电气施工图，可任选比例或不按比例示意性地绘制。

2. 图线使用

电气施工图的图线，其线宽应遵守建筑工程制图标准的统一规定，其线型与统一规定基本相同。各种图线的使用如下：

（1）粗实线（b）：电路中的主回路线。

（2）虚线（$0.35b$）：事故照明线、直流配电线路、钢索或屏蔽等，以虚线的长短区分用途。

（3）点划线（$0.35b$）：控制及信号线。

（4）双点划线（0.35*b*）：50V 及以下电力、照明线路。

（5）中粗线（0.5*b*）：交流配电线路。

（6）细实线（0.35*b*）：建筑物的轮廓线。

3. 标高

标高是表明被安装物体高度尺寸的术语，可分为绝对标高、相对标高两种。

在电气安装工程中，被安装物体的安装高度用标高表示。标高用符号▽表示。标高符号下面的横线为某处高度的界线，符号上面的横线处注明标高数值。总平面图上的室外地面标高用“▼”表示。安装或敷设高度计量单位用“米（m）”。

在我国，绝对标高的基准零点是青岛的黄海平均海平面，标注为“±0.000”。高于它的为正，但一般将正号省略；低于它的为负，必须在数字前加注负号。一般在设计说明中会说明相对标高与绝对标高的关系，如室内±0.000 相当于绝对标高 415.77m，即室内地面±0.000＝415.77m。电气安装一般取建筑物首层室内地面作为标高的零点，如灯具安装高度标注为“GCYM2－1 $\frac{2\times40}{3.5}$L”，表示该灯具安装高度距室内地面为 3.5m。

4. 索引符号与详图符号

电气施工图中的某一局部，如需另见详图，应以索引符号注明详图所在位置。索引符号由直径 10mm 的圆和水平直径组成，并以细实线绘制，如图 3-1 所示。

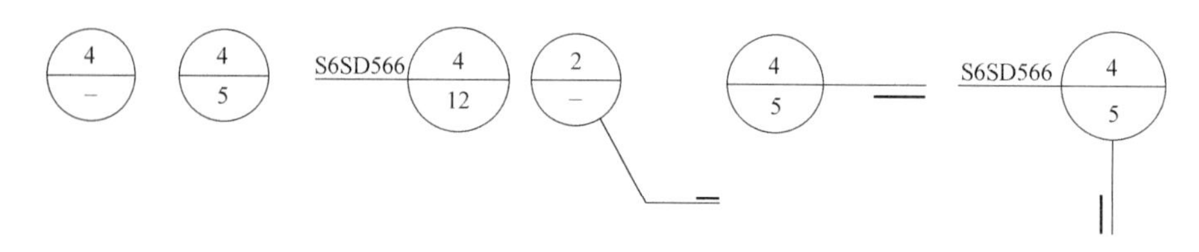

图 3-1　索引符号

若索引出的详图与被索引的图样在同一张图纸上，则应在索引符号的上半圆中用阿拉伯数字注明该详图的编号，并在下半圆中间画一段水平细实线；若索引出的详图与被索引的图样不在同一张图纸上，则在索引符号的下半圆中注明该详图所在图纸的编号；若索引出的详图采用标准图，则应在索引符号水平直径的延长线上加注该标准图册的编号。

索引符号如用于索引剖面详图，应在被剖切的部位绘制剖切位置线，并在剖切位置线的一侧以引出线引出索引符号，引出线所在的一侧应为投影方向。

详图的位置和编号，应以详图符号表示。详图符号如图 3-2 所示，用直径 14mm 的粗实线圆表示。

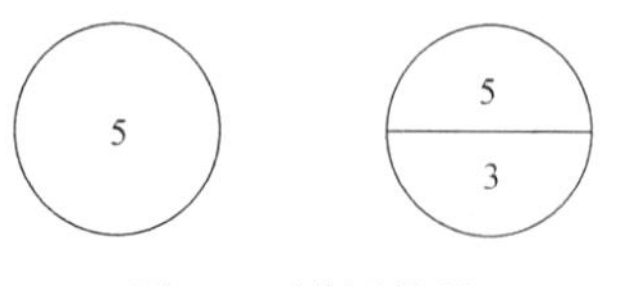

图 3-2　详图符号

详图与被索引图样在同一张图纸内时，应在详图符号内用阿拉伯数字注明详图的编号；详图与被索引图样不在同一张图纸内时，应用细实线在详图符号内画一水平直径，在上半圆中注明详图编号，在下半圆中注明被索引图纸的编号。

5. 照度

表示表面被照明程度的量称为光照度，简称照度。照度是单位面积上的光通量数，符

号为 E，单位为勒克斯（lx），1lx 即 1lm/m^2。

在直径 8mm 的单线圆圈内标明，并将其注写在该房间的平面图中。如 60，表示该房间的照度为 60 勒克斯（lx）。

6. 线路和设备的标注方法

在一些电气施工图上，如电气平面图，线路和设备不标注项目代号，而标注设备的编号、型号、规格、安装位置和敷设方式等。

（1）线路标注

电力和照明线路在平面图上采用图线和文字符号相结合的方法进行标注，表示线路的走向，导线的型号、规格、根数、长度，以及线路配线方式，常见的线路标注格式及相关代号如表 3-1 所示。

（2）用电及配电设备的标注

用电及配电设备的编号、型号、功率、安装方式等信息，通常也采用一定的标注格式进行表达，常见的用电及配电设备标注格式及相关代号如表 3-1 所示。比如，照明灯具标注格式为 $a-b\,\frac{c\times d}{e}f$，若施工图上出现 $4-Y\,\frac{2\times 40}{3.5}C$，则表示此处安装了 4 套灯具，每套灯具内有 2 盏 40W 的荧光灯，采用吊链式安装方法，安装高度为 3.5m。

常见的设备和线路的标注　　**表 3-1**

名称	符号	说明
配电线路标注法	a(b×c)d－e	a—导线型号；b—导线根数；c—导线截面；d—敷设方式及穿管管径；e—敷设部位
线路敷设方式	E	明敷
	C	暗敷
	M	用钢索敷设
	K	用瓷绝缘子敷设
	F	用金属软管敷设
	PL	用塑料线卡敷设
	AL	用铝皮线卡敷设
	PR	用塑料线槽敷设
	MR	用金属线槽敷设
	S	穿焊接钢管敷设
	T	穿电线管敷设
	P	穿塑料管敷设
线路敷设部位	B	沿梁下或屋架下敷设
	C	沿柱敷设
	W	沿墙敷设
	CE	沿天棚敷设
	SC	沿吊顶敷设
	F	沿地板敷设

续表

名称	符号	说明
照明灯具标注法	$a-b\frac{c\times d}{e}f$	a—灯具数量；b—型号；c—每盏灯的光源数；d—灯泡容量；e—安装高度；f—安装方式
常用照明灯具	J	水晶底罩灯
	T	圆筒型罩灯
	W	碗型罩灯
	P	乳白玻璃平盘罩灯
	S	搪瓷伞型罩灯
灯具安装方式	WP	线吊
	C	链吊
	P	管吊
	W	壁装
	R	嵌入灯
用电设备标注法	$\frac{a}{b}$或$\frac{a\mid c}{b\mid d}$	a—设备编号；b—额定功率(kW)；c—线路首端熔断片或自动开关释放的电流(A)；d—标高(m)
动力或照明配电设备标注法	$a\frac{b}{c}$或$a-b-c$	a—设备编号；b—型号；c—设备功率(kW)
动力或照明配电设备需标注引入线的规格时标注法	$a\frac{b-c}{d(e\times f)-g}$	a—设备编号；b—型号；c—设备功率(kW)；d—导线型号；e—导线根数；f—导线截面面积(mm^2)；g—导线敷设方式及部位
开关及熔断器标注法	$a\frac{b}{c/i}$或$a-b-c/i$	a—编号；b—型号；c—额定电流(A)；i—熔断电流(A)
开关及熔断器需标注引入线的规格时标注法	$a\frac{b-c/i}{d(e\times f)-g}$	a—编号；b—型号；c—额定电流(A)；i—熔断电流(A)；d—导线型号；e—导线根数；f—导线截面面积(mm^2)；g—导线敷设方式及部位

注：吸顶安装方式可在安装高度处打横线，不必注明符号。

3.1.3 电气施工图识读的一般方法

1. 电气施工图的组成与内容

电气施工图划分为室外和室内两部分。从变配电装置引出线至各单项工程电源引入装置的这一段，包括引出、引入装置，线路架设平面图、输电线类型以及规格、有关零件配件等，都属于室外电气部分。从单项工程电源引入装置开始，至各用电设备，属于室内电气部分。设备用电与照明用电由于要求不同而分段，有各自的施工图，即动力施工图和照明施工图。

电气施工图的组成包括：施工说明、系统图、平面图和详图。系统图是供电的分配图，一般有一次回路系统图、二次接线原理图、安装线路平面图等。这些施工图说明工程的供电方式并指导各种电气设备的内部和外部怎样连接，以及有关的技术要求等，以便正确地进行安装。平面图一般包括动力平面图、照明平面图、防雷平面图等，这是电气工程施工的主要图纸，表达了电源进户线的位置、高度与敷设方式，配电箱位置，线路敷设路径、规格和根数，动力或照明设备的安装位置及要求，开关、插座位置和型号等。详图表达电气工程中的具体安装要求和做法，若能选用通用图集来表示，一般不另绘制。

电气照明工程每一单项工程施工图的内容都不一样，但一般是由进户装置、配电箱、线路、插座、开关和灯具等基本内容组成的。

（1）进户装置

室内电源是从室外低压供电线路上接线入户的，室外引入电源有单相二线制、三相三线制和三相四线制。“相”，就是大家常说的“火线”。单相二线制是指一根火线一根零线，三相三线制是指三根火线没有零线，三相四线制是指三根火线一根零线。

为了安全地将室外电源引入室内，引入时一般都要设置进户装置。进户装置包括横担（钢制或木制）、瓷瓶、引下线和进户线，其中，引下线是从室外电杆引至横担的电线，进户线是从横担通过进户管引至配电箱的电线，而进户管则是保护进户线过墙的管子，一般多为瓷质。横担如果需要安装在支架上时，还需设置支架。低压引入线从支持绝缘子起至地面的距离不应小于 2.5m；个别建筑物本身低于 2.5m 时，应将引入线横担加高。引入线接头应采用“倒人字”做法。多股导线禁止采用吊挂式接头做法。在接零系统中，引入线的中性线在进户处应做好重复接地，其接地电阻应不大于 10Ω。进户装置的形式很多，图 3-3 是较为常见的一种（即三相四线制）。

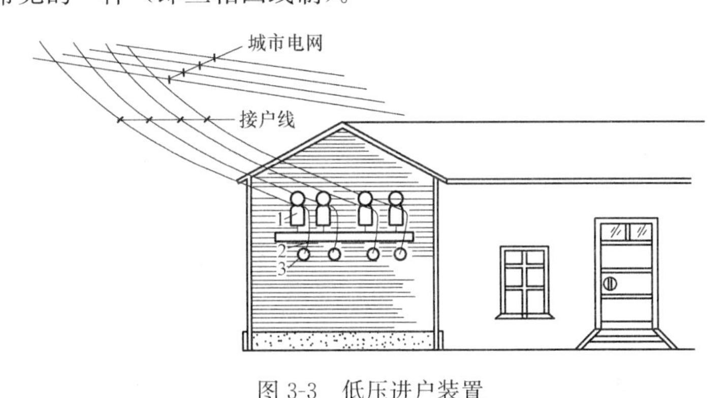

图 3-3　低压进户装置

1—针式绝缘子；2—进户线；3—进户管

（2）配电箱

用于放置电气元件，并用电线按接线图相互连接，以实现控制和分配电源的铁制或木制箱子，称为配电箱，它是控制室内电源的设施。进户后设置的配电箱为总配电箱，控制分支电源的配电箱为分配电箱。进户线入户后，先经总刀开关，然后再分支供给分路负荷。总刀开关、分支刀开关和熔断器等是配电箱中常用的电气元件。

配电箱（盘）按用途分为动力配电箱（盘）和照明配电箱（盘）；按制造方式分为定型配电箱和非定型配电箱。定型配电箱（盘）一般由专业制造厂生产，非定型配电箱则一般由施工企业现场组装。凡现场组装的配电箱（盘），在编制预算时应计算制作费项目，包括箱盘制作元件费及组装费、箱盘配线费等。

配电箱（盘）的安装方式有明装和暗装两种。明装凸出墙面；暗装嵌入墙内，箱门与墙面平齐。明装时箱盘底口距地面 1.2m，暗装为 1.4m。在 240mm 厚的墙上暗装配电箱时，其后壁需用 10mm 厚石棉板和直径为 2mm、网孔目为 10mm 的铅丝网钉牢固，并用 1∶2 的水泥砂浆抹平，以防开裂。配电箱外壁与墙有接触的部分均涂防腐漆，箱内壁及盘面均刷驼色油漆两道。低压配电箱（盘）门的颜色除设计另有要求外，照明配电箱常为

"浅驼色"，动力配电箱为"灰色"。配电盘上的配线要求排列整齐，绑扎成束，并用卡钉固定，盘中引出及引入的导线应留出适当余量，以便日后检修。

动力、照明配电箱（盘）的规格型号较多，常见的动力、照明配电箱型号解释如图3-4所示。

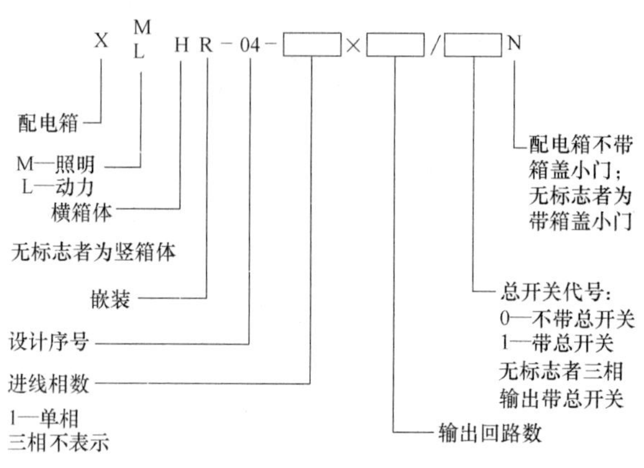

图3-4　常见的动力、照明配电箱型号

（3）线路

电能是通过电线输送给用电器具和设备的，从配电箱通向各种用电器具和设备的电线称为线路。电气线路安装需要构成回路，所以每个用电器具、设备的线路必须由火（相）线和零线构成闭合回路。

线路根据配线用途和安全用电的要求，可采用明敷和暗敷两种方式。在施工图中配电线路的标注形式及含义如图3-5所示。

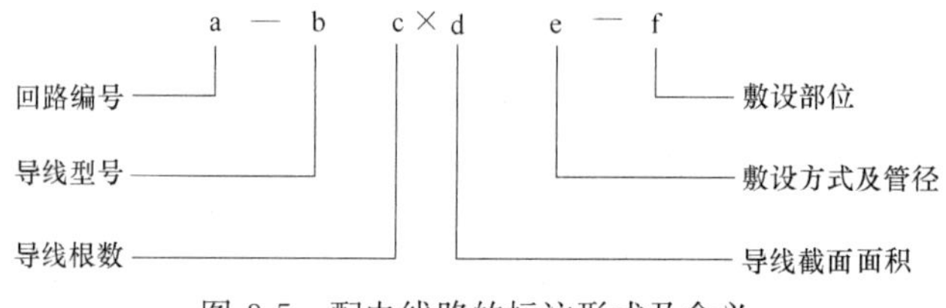

图3-5　配电线路的标注形式及含义

照明用电线按线芯材质划分为铜芯和铝芯；按绝缘材料分为塑料绝缘线、橡皮绝缘线两大类。

（4）插座、开关

为了控制电能的通、断，在线路上需要安装开关。开关种类很多，在民用建筑电气工程中，常用的有拉线开关、跷板开关、扳把开关、按钮开关等。开关的安装形式有明装和暗装两种。拉线开关通常采用明装，跷板开关、扳把开关多为暗装。按开闭电器的控制要求可分为单控开关、双控开关等。插座是供随时接通用电设备的装置，有单相二极、单相三极、三相四极等类型。其安装方式也有明装、暗装之分。开关、插座的安装高度如下：

1）拉线开关：距顶棚0.3m，距地面2.5～3.0m。

2）扳把开关：距地（楼）面1.3m。

3）按钮开关：距地面1.2～1.5m。

4）插座：安装中心距地面1.3m，少数为0.3～0.5m。

（5）用电设备

用电设备类型广泛，有照明设备、家用电器、电热设备、动力设备、弱电设备等，具体的安装要求和安装方式，需要根据实际情况来确定。

2. 电气施工图的识读方法

电气施工图不同于机械工程图，电气施工图中电气设备和线路是在简化的土建图上绘出，所以不但要了解电气施工图的特点，还需运用合理的方法进行识图，才能较快地看懂电气施工图。

识读电气施工图，不但要掌握电气施工图的一些基本知识，还应按合理的次序看图，才能较快地看懂电气施工图。

（1）首先要看图纸的目录、图例、施工说明和设备材料明细表。了解工程名称、项目内容、图例符号，以及工程概况、供电电源的进线和电压等级、线路敷设方式、设备安装方法、施工要求等主要事项。

（2）要熟悉国家统一的图形符号、文字符号和项目代号。构成电气工程的设备、元件和线路很多，结构类型各异，安装方法不同。在电气施工图中，设备、元件和线路的安装位置和安装方式是用图形符号、文字符号和项目代号来表达的。因此，识读电气施工图一定要掌握大量的图形符号、文字符号，并理解这些符号所代表的具体内容与含义，以及它们之间的相互关系。从文字符号、项目代号中了解电气设备、元件的名称、性能、特征、作用和安装方式。

（3）要了解图纸所用的标准。任何一个国家都有自己的国家标准，设计院采用的图例也并不一致。看图时，首先要了解本套图纸采用的标准是哪一个国家的，图例有什么特点，如“BS”为英国国家标准、“ANSI”为美国国家标准、“JIS”为日本工业标准、“DIN”为德国国家标准、“IEC”为国际电工委员会标准、“GB”为我国国家标准。其他的还有部级标准、企业标准，如“JG”为建筑工业标准、“DL”为电力工业标准。

（4）电气施工图是用来编制工程造价、准备材料、组织施工和指导施工的。而一些安装、接线及调试的技术要求在图纸上不能完全反映出来，也没有必要一一说明，因为某些技术要求在国家标准和规范中作了明确规定，国家也有专门的安装施工图集。因此，在电气施工图中一般写明“参照××规范，××图集”。所以还必须了解安装施工图册和国家规范。

（5）识读电气施工图时，各种图纸要结合起来看，并注意一定的顺序。一般来说，看图顺序是施工说明、图例、设备材料明细表、系统图、平面图、接线图和原理图等。从施工说明了解工程概况，本套图纸所用的图例符号，该工程所需的设备、材料的型号、规格和数量。电气工程中，电源、控制开关和电气负载是通过导线连接起来的，比较分散，有的电气设备装在 A 处，而其控制设备装在 B 处，所以识图时，平面图和系统图要结合起来看，在电气平面图上找位置，根据电气系统图找联系。安装接线图与电气原理图结合起来看，从安装接线图上找接线位置，从电气原理图中分析工作原理。

（6）电气施工要与土建工程及其他工程（工艺管道、给水排水、供暖通风、机械设备等）配合进行。电气设备的安装位置与建筑物的结构有关，线路的走向不但与建筑结构（柱、梁、门窗）有关，还与其他管道、风管的规格、用途、走向有关。安装方法与墙体、楼板材料有关，特别是暗敷线路，更与土建工程密切相关。所以看图时还必须查看有关土建施工图和其他工程图，了解土建工程和其他工程对电气工程的影响，掌握各种图纸的相互关系。

3.2 电气施工图常用的图例符号

3.2.1 电气施工图图例符号的构成

电气施工图的图例符号包括一般符号、符号要素、限定符号和方框符号。

（1）一般符号。是用以表示一类产品或此类产品特征的通用简单符号，如电阻、电机、开关、电容等。

（2）符号要素。是一种具有确定意义的简单图形，必须同其他图形结合以构成一个设备或概念的完整符号。例如：直热式阴极电子管的图形符号，它是由外壳、阳极、阴极和灯丝 4 个要素组成的。这些符号要素不能单独使用，只有按照一定方式组合才能构成完整的符号。

（3）限定符号。是一种加在其他符号上用以提供附加信息的符号。限定符号通常不会单独使用，由于限定符号的应用，大大扩展了图形符号的多样性。例如：在电阻的一般符号上分别附加上不同的限定符号，则可得到可变电阻器、滑线式变阻器、压敏电阻器等；在开关的一般符号上加不同的限定符号可分别得到隔离开关、断路器、接触器、按钮开关等。

（4）方框符号。用以表示元件、设备的组合及其功能，既不给出元件、设备的细节，也不考虑所有连接的一种简单的图形符号。方框符号在框图中使用最多，电路图中的外构件、不可修理件也可用方框符号表示。

3.2.2 图形符号

在电气施工图中，常见的图形符号如表 3-2 所示。

常用电气图形符号 **表 3-2**

序号	图例	名称	说明
1		变电所	
2		杆上变压器	
3		移动变压器	
4		控制屏、控制台	配电室及进线用开关柜
5		电力配电箱(板)	画于墙外为明装、墙内为暗装
6		工作照明配电箱(板)	画于墙外为明装、墙内为暗装

续表

序号	图例	名称	说明
7		多种电源配电箱(板)	画于墙外为明装、墙内为暗装
8	(1) (2) (3)	单极开关	(1)明装 (2)暗装 (3)保护或密闭
9		刀开关	断路器(低压断路器)
10	(1) (2) (3)	双极开关	(1)明装 (2)暗装 (3)保护或密闭
11	(1) (2) (3)	三极开关	(1)明装 (2)暗装 (3)保护或密闭
12		拉线开关	
13	(1) (2)	双控开关(单线三级)	(1)明装 (2)暗装
14		接地或接零线路	
15		接地或接零线路(有接地极)	
16		接地、重复接地	
17		熔断器	除注明外均为 RCIA 型瓷插式熔断器
18		交流配电线路	铝(铜)芯时为 2 根 2.5(1.5)mm^2,注明者除外
19		交流配电线路	3 根导线
20		交流配电线路	4 根导线
21	n	交流配电线路	n 根导线
22		避雷线	
23		灯具一般符号	
24		单管荧光灯	每管附装相应容量的电容器和熔断器
25		壁灯	
26		吸顶灯(天棚灯)	
27		球形灯	
28		深照型灯	
29		广照型灯	

续表

序号	图例	名称	说明
30		防水防尘灯	
31		局部照明灯	
32		安全灯	
33		隔爆灯	
34		花灯	
35		平底灯座	
36		避雷针	
37	(1) (2) (3) (4)	单相插座	(1)一般(明装) (2)保护或密闭 (3)防爆 (4)暗装
38	(1) (2) (3) (4)	单相插座带接地插孔	(1)一般(明装) (2)保护或密闭 (3)防爆 (4)暗装
39	(1) (2) (3) (4)	三相插座带接地插孔	(1)一般(明装) (2)保护或密闭 (3)防爆 (4)暗装
40		双绕组变压器	
41		电缆交接间	
42		架空交接箱	
43		落地交接箱	
44		壁龛交接箱	
45		分线箱	可加注$\frac{A-B}{C}D$ A:编号 B:容量 C:线序 D:用户数
46		室内分线盒	可加注$\frac{A-B}{C}D$ A:编号 B:容量 C:线序 D:用户数
47		室外分线盒	可加注$\frac{A-B}{C}D$ A:编号 B:容量 C:线序 D:用户数
48		壁龛分线箱	可加注$\frac{A-B}{C}D$ A:编号 B:容量 C:线序 D:用户数

续表

序号	图例	名称	说明
49		壁龛分线盒	可加注$\frac{A-B}{C}D$ A:编号 B:容量 C:线序 D:用户数
50		电源自动切换箱(屏)	
51		电阻箱	
52		鼓形控制器	
53		自动开关箱	
54		刀开关箱	
55		带熔断器的刀开关箱	
56		熔断器箱	
57		组合开关箱	
58		差温感温探测器	
59	N	点型离子感烟探测器	
60		带电话插孔手动报警器	
61		手动报警器	
62	M	输入模块	
63	C	控制模块	
64		墙装式防火喇叭	
65		嵌入式防火喇叭	
66		声光报警器	
67	1804	双切换盒	
68	DG	短路隔离模块	
69		火灾显示盘	
70		接线端子箱	

续表

序号	图例	名称	说明
71		消防电话	壁挂式(自定)
72		单孔信息插座	超五类
73		双孔信息插座	超五类
74		网络组机	
75	>	电视前端箱	
76		电视分支器箱	
77	T	电视插座	
78		消火栓按钮	
79	L	水流指示器	
80		信号碟阀	
81	P	水力报警阀压力开关	

3.2.3 文字符号

在电气设备、装置和元器件旁边，常用文字符号标注表示电气设备、装置和元器件的名称、功能、状态和特征。文字符号可以作为限定符号与一般图形符号组合，以派生出新的图形符号。

文字符号分为基本文字符号和辅助文字符号。

1. 基本文字符号

基本文字符号有单字母符号和双字母符号。单字母符号是用拉丁字母将各种电气设备、装置和元器件划分为23大类，每一大类用一个专用单字母符号表示。如“R”表示电阻器类，“C”表示电容器类，如表3-3所示。单字母符号应优先采用。

双字母符号是由一个表示种类的单字母符号与另一个字母组成，其组合形式应是单字母符号在前，另一个字母在后。只有当单字母符号不能满足要求需要进一步划分时，才采用双字母符号，以便较详细地表述电气设备、装置和元器件。如“F”表示保护类器件，而“FU”表示熔断器，“FR”表示具有延时动作的限流保护器件。双字母符号的第一位字母只允许按表3-3中的单字母所表示的种类使用，第二位字母通常选用该类设备、装置和元器件的英文名词的首位字母，或常用缩略或约定俗成的习惯用字母。例如，“G”为电源单字母符号，“Synchronous generator”为同步发电机的英文名，“Asynchronous generator”为异步发电机的英文名，则它们的双字母符号分别为“GS”和“GA”。

电气设备采用的基本文字符号 **表 3-3**

设备、装置和元器件种类	举例		基本文字符号		IEC
	中文名称	英文名称	单字母	双字母	
组件、部件	分离元件放大器	Amplifier using Discrete components	A		=
	激光器	Laser			
	调节器	Regulator			
	本表其他地方未能提及的组件、部件				
	电桥	Bridge		AB	
	晶体管放大器	Transistor amplifier		AD	=
	集成电路放大器	Integrated circuit amplifier		AJ	=
	磁放大器	Magnetic amplifier		AM	=
	电子管放大器	Valver amplifier		AV	=
	印制电路板	Printed circuit board		AP	=
	抽屉柜	Drawer		AT	=
	支架盘	Rack		AR	=
非电量到电量变换器或电量到非电量变换器	热电传感器	Thermoelectric sensor	B		=
	热电池	Thermocell			
	光电池	Photoelectric			
	测功计	Dynamometer			
	晶本换能器	Crystal transducer			
	送话器	Microphone			
	拾音器	Pick up			
	扬声器	Lond speaker			
	耳机	Earphone			
	自整角机	Synchro			
	旋转变压器	Resolver			
	模拟和多极数字	Analogue & multip-le-tep digital			
	变换器或传感器(用作指示和测量)	transducers or sensors(as used indicating or measuring purposes)			
	压力变换器	Pressure transducer		BP	=
	位置变换器	Position transducer		BQ	=
	旋转变换器(测速发电机)	Rotation transducer(tachogenerator)		BR	=
	温度变换器	Temperature transducer		BT	=
	速度变换器	Velocity transducer			
电容器	电容器	Capacitor	C	=	
二进制元件延迟器件存储器件	数字集成电路和器件	Digital integrated circuits and devices	D		=
	延迟线	Delay line			
	双稳态元件	Bistable element			
	单稳态元件	Monostable element			
	磁芯存储器	Core storage			
	寄存器	Registor			
	磁带记录机	Magnetic tape recorder			
	盘式记录机	Disk recorder			

续表

设备、装置和元器件种类	举例		基本文字符号		IEC
	中文名称	英文名称	单字母	双字母	
其他元器件	本表其他地方未规定的器件		E		=
	发热器件	Heating device		EH	=
	照明灯	Lamp for lighting		EL	=
	空气调节器	Ventilator		EV	=
保护器件	具有瞬时动作的限流保护器件	Current threshold protective device with instantaneous action	F	FA	=
	具有延时动作的限流保护器件	Current threshold protective device with time lag action		FR	=
	具有延时和瞬时动作的限流保护器件	Current threshold protective device with instantaneous and time lag action		FS	=
	熔断器	Fuse		FU	=
	限压保护器件	Voltage threshold protective device		FV	=
发生器发电机电源	旋转发电机	Rotating generator	G		
	振荡器	Oscillator			
	发生器	Generator		GS	=
	同步发电机	Synchronous generator			
	异步发电机	Asynchronous generator		GA	=
	蓄电池	Battery		GB	=
	旋转式或固定变频机	Rotating or static frequency converter		GF	=
信号器件	声响指示器	Acoustical indicator	H	HA	=
	光指示器	Optical indicator		HL	=
	指示灯	Indicator lamp		HL	=
继电器接触器	瞬时接触继电器	Instantaneous contactor relay	K	KA	=
	瞬时有或无继电器	Instantaneous all or nothing relay		Ka	=
	交流继电器	Alternating relay		KA	=
	闭锁接触继电器(机械闭锁或永磁铁式有或无继电器)	Latching contactor relay(all or nothing relay with mechanical latch or permanent magnet)		KA	=
	双稳态继电器	Bistable relay		KL	=
	接触器	Contactor		KM	=
	极化继电器	Polarized relay		KP	=
	簧片继电器	Reed relay		KR	=
	延时有或无继电器	Time-delay all-or nothing relay		KT	=
	逆流继电器	Reverse current relay		KR	=
电感器电抗器	感应线圈	Induction coil	L		=
	线路陷波器	Line trap			
	电抗器(并联和串联)	Reactors(shunt and series)			

续表

设备、装置和元器件种类	举例		基本文字符号		IEC
	中文名称	英文名称	单字母	双字母	
电动机	电动机	Motor	M		=
	同步电动机	Synchronous motor		MS	
	可作发电机或电动机用的电机	Machine capable of use as a generator or motor		MG	
	力矩电动机	Torque motor		MT	
模拟元件	运算放大器	Operational amplifier	N		=
	混合模拟/数字	Hybrid analogue/digital			
	器件	Device			
测量设备试验设备	指示器件	Indicating devices	P		=
	记录器件	Recording devices			
	积算测量器件	Integrating measuring devices			
	信号发生器	Signal generator			
	电流表	Ammeter		PA	=
	(脉冲)计数器	(Pulse)Counter		PC	=
	电度表	Watt hour meter		PJ	=
	记录仪器	Recording instrument		PS	=
	时钟、操作时间表	Clock、Oprating time meter		PT	=
	电压表	Voltmeter		PV	=
电力电路的开关器件	断路器	Circuit breaker	Q	QF	=
	电动机保护开关	Motor Protection		QM	=
	隔离开关	Disconnector(isolator)		QS	=
电阻器	电阻器	Resistor	R		=
	变阻器	Rheostat			=
	电位器	Potentiometer		RP	=
	测量分路表	Measuring shunt		RS	=
	热敏电阻器	Resistor with inherent variability dependent on the temperature		Rt	=
	压敏电阻器	Resistor with inherent variabillity dependent on the voltage		RV	=
控制、记忆、信号电路的开关器件选择器	拨号接触器	Dial contact	S		=
	连接级	Connecting stage			
	控制开关	Control switch		SA	=
	选择开关	Selector switch		SA	=
	按钮开关	Push-button		SB	=
	机电式有或无传感器(单级数字传感器)	All-or-nothing sensors of mechanical and eletronic nature(one-step digital sensors)			
控制、记忆、信号电路的开关器件选择器	液体标高传感器	Liquid level sensor	S	SL	=
	压力传感器	Pressure sensor		SP	=
	位置传感器(包括接近传感器)	Position sensor(including proximity sensor)		SQ	=
	转数传感器	Rotation sensor		SR	=
	温度传感器	Temperature sensor		ST	=

续表

设备、装置和元器件种类	举例		基本文字符号		IEC
	中文名称	英文名称	单字母	双字母	
变压器	电流互感器	Current transformer	T	TA	=
	控制电路电源用变压器	Transfomer for control circuit supply		TC	=
	电力变压器	Power transformer		TM	=
	磁稳压器	Magnetic stabilizer		TS	=
	电压互感器	Voltage transformer		TV	=
调制器变换器	鉴频器	Discriminator	U		=
	解调器	Demodulator			
	变频器	Frequency changer			
	编码器	Coder			
	逆变器	Converter			
	整流器	Inverter			
	电板译码	Rectiffer telegraph translator			
电子管晶体管	气体放电管	Cas-discharge tube	V		=
	二极管	Diode			
	晶体管	Transistor			
	晶闸管	Thyristor			
	电子管	Electronic tube		VE	
	控制电路用电源的整流器	Rectifier for control circuit supply		VC	=
传输通道波导天线	导线	Conductor	W		=
	电缆	Cable			
	母线	Busbar			
	波导	Wave guide			
	偶极天线	Waveguide directional couper			
	抛物天线	Dipole parbolie aerial			
端子插头插座	连接插头和插座	Connecting plug and socket	X		=
	接线柱	Clip			
	电缆封端和接头	Cable seaing and joint			
	焊接端子板	Soldering terminal strip			
	连接片	Link		XB	=
	测试插孔	Test jack		XJ	=
端子插头插座	插头	Plug	X	XP	=
	插座	Socket		XS	=
	端子板	Terminal board		XT	=
电气操作的机械器件	气阀	Pneumatic	Y		=
	电磁铁	Electromagnet		YA	=
	电磁制动器	Electromagnetic ally operated brake		YB	=
	电磁离合器	Electromagnetic ally operated clutch		YC	=
	电磁吸盘	Magnetic chuck		YH	=
	电动阀	Motor operated valve		YM	=
	电磁阀	Electromagnetic ally operated valve		YV	=

续表

设备、装置和元器件种类	举例		基本文字符号		IEC
	中文名称	英文名称	单字母	双字母	
终端设备 混合变压器 滤波器 均衡器 限幅器	电缆平衡网络	Cable balancing network	Z		=
	压缩扩展器	Compandor			
	晶体滤波器	Crystal filter			
	网络	Network			

注："="表示文字符号与IEC相一致。

2. 辅助文字符号

辅助文字符号是用来表示电气设备、装置和元器件以及线路的功能、状态和特征的，如"SYN"表示同步，"L"表示限制，常用辅助文字符号参见表3-4。

常用辅助文字符号　　表3-4

序号	文字符号	名称	英文名称	IEC
1	A	电流	Current	
2	A	模拟	Analog	
3	AC	交流	Alternating current	=
4	A AUT	自动	Automatic	
5	ACC	加速	Accelerating	
6	ADD	附加	Add	
7	ADJ	可调	Adjustability	
8	AUX	辅助	Auxiliary	
9	ASY	异步	Asynchronizing	
10	B BRK	制动	Braking	
11	BK	黑	Black	=
12	BL	蓝	Blue	=
13	BW	向后	Backward	
14	C	控制	Control	
15	CW	顺时针	Clockwise	
16	CCW	逆时针	Counter clockwise	
17	D	延时(延迟)	Delay	
18	D	差动	Differential	=
19	D	数字	Digital	
20	D	降	Down,lower	
21	DC	直流	Direct current	
22	DEC	减	Decrease	
23	E	接地	Earthing	=
24	EM	紧急	Emergency	
25	F	快速	Fast	
26	FB	反馈	Feedback	
27	FW	正、向前	Forward	
28	GN	绿	Green	=

续表

序号	文字符号	名称	英文名称	IEC
29	H	高	High	=
30	IN	输入	Input	
31	INC	增	Increase	
32	IND	感应	Induction	
33	L	左	Left	
34	L	限制	Limiting	
35	L	低	Low	=
36	LA	闭锁	Laching	
37	M	主	Main	
38	M	中	Medium	
39	M	中间线	Mid-wire	=
40	M MAN	手动	Manual	
41	N	中性线	Neutral	=
42	OFF	断开	Open,off	
43	ON	闭合	Close,on	
44	OUT	输出	Output	
45	P	压力	Pressure	
46	P	保护	Protection	
47	PE	保护接地	Protective earthing	=
48	PEN	保护接地与中性线共用	Protective earthing neutral	=
49	PU	不保护接地	Protective unearthing	=
50	R	记录	Recording	
51	R	右	Right	
52	R	反	Reverse	
53	RD	红	Red	
54	R RST	复位	Reset	
55	RES	备用	Reservation	
56	RUN	运转	Run	
57	S	信号	Signal	
58	ST	启动	Start	
59	S SET	置位、定位	Setting	
60	SAT	饱和	Saturate	
61	STE	步进	Stepping	
62	STP	停止	Stop	
63	SYN	同步	Synchronizing	
64	T	温度	Temperature	
65	T	时间	Time	
66	TE	无噪声(防干扰)接地	Noiseless earthing	
67	V	真空	Vacuum	

续表

序号	文字符号	名称	英文名称	IEC
68	V	速度	Velocity	
69	V	电压	Voltage	
70	WH	白	White	
71	YE	黄	Yellow	

注："＝"表示文字符号与 IEC 相一致。

辅助文字符号一般放在基本文字符号单字母的后边，合成双字母符号，如"Y"是表示电气操作的机械器件类的基本文字符号，"B"表示制动的辅助文字符号，两者组合成"YB"，则成为电磁制动器的文字符号。若辅助文字符号由两个以上字母组成时，允许只采用其第一位字母进行组合，如"SYN"为同步，"M"表示电动机，"MS"表示同步电动机。辅助文字符号也可以单独使用，如"ON"表示闭合，"OFF"表示断开，"PE"表示保护接地等。

3.3 电气照明系统图

电气照明系统图是表明照明供电方式、配电回路的分布和相互联系情况的示意图，一般以如同表格形式绘制，但无比例。电气照明系统图对电气施工图的作用，相当于一篇文章的提纲要领，看了就能了解建筑物内配电系统的全貌，便于施工时统筹安排。

3.3.1 电气照明系统图的主要内容

照明系统图上一般包含有：

（1）电源类型，引入线的导线类型、敷设方式；

（2）总配电箱、分配电箱的类型编号，配电箱内设备元件，各配电箱之间的连接方式；

（3）房屋楼层数；

（4）房屋各层供电回路编号、导线型号、装接容量等；

（5）整栋建筑总装接容量、需要系数、计算容量和计算电流等。

3.3.2 电气照明系统图的识读

照明系统图虽然不具体标明灯具设备的具体位置、规格和数量，但是简明扼要地表达了整个建筑的配电系统概况，对于识读电气照明平面图具有指导作用。

图 3-6 所示为某住宅电气照明系统图。识读电气照明系统图，一般按从电源进线到用电设备的顺序进行。其步骤如下：

交流电源采用三相四线制，进户线采用 VV29 型护套电缆（该电缆适用于额定电压 6kV 及以下的输配电线路），暗敷在地面以下 1m 处进入照明配电箱 1MX 内。经过总电表、30A 总自动开关，分出向上配线［型号为 BV(3×4＋3×2.5)-PVCϕ20-WC］进入二层配电箱（2MX）；同时分出 A、B、C 相各经过 15A、5A、10A 单相自动保护开关，A、

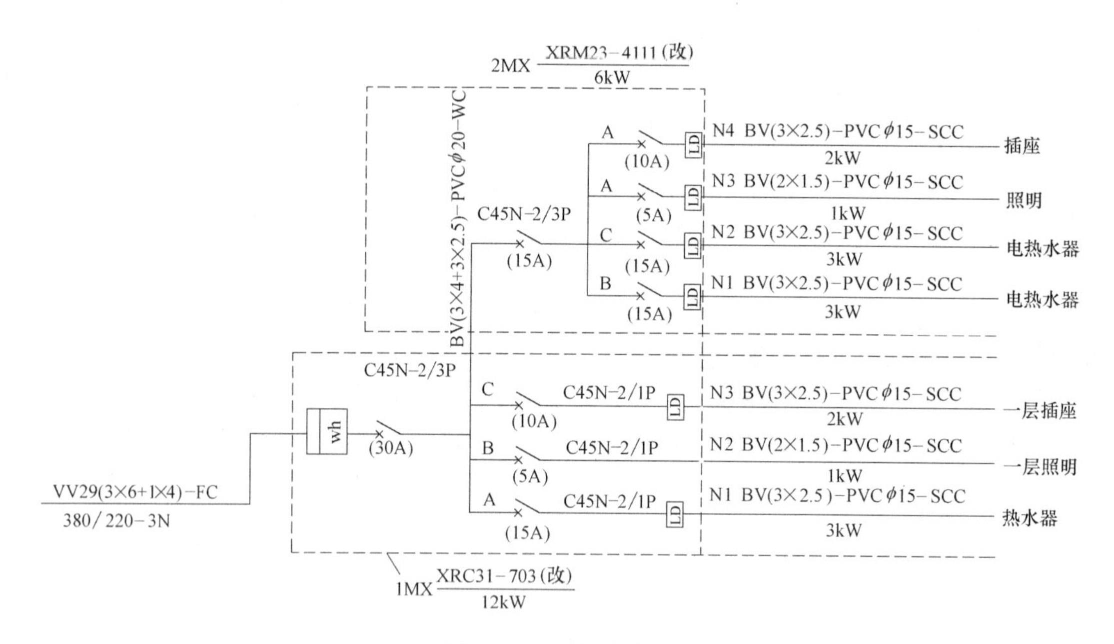

图 3-6 电气照明系统图

C 相还接有漏电器，再用 2.5mm² 的塑料铜芯线从电源引出 N1、N2、N3 支路。N1 支路[BV(3×2.5)-PVCϕ15-SCC]用 3 根 2.5mm² 的塑料铜芯线，穿 ϕ15 阻燃塑料管暗敷在吊顶内，在卫生间 2m 处与 1.4m 处和热水器等插座连接，使用功率为 3kW，3 根导线分别为火线、地线、零线。N2 支路[BV(2×1.5)-PVCϕ15-SCC] 用 2 根 1.5mm² 的塑料铜芯线，敷设方式与 N1 支路相同，用于照明线路，使用功率为 1kW。N3 支路 [BV(3×2.5)-PVCϕ15-SCC] 用 3 根 2.5mm² 的塑料铜芯线，敷设方式与 N1 支路相同，用于底层插座，使用功率为 2kW。

第二层配电系统图的识读方法与底层配电系统的识读方法相同。另外，在图纸上还有施工说明，把有关规定和图中未详细表达之处进一步用文字加以说明。

3.4 电气照明平面图

电气照明平面图是表达电源进户线、配电箱、配电线路及电气设备平面位置、型号、规格和安装要求的图样。电气照明平面图是在建筑平面图的基础上绘制而成的，如图 3-7、图 3-8 所示。

3.4.1 电气照明平面图的主要内容

照明平面图上一般包含有：

(1) 电源进户线具体的平面位置，导线型号、规格和敷设方式；

(2) 配电箱的编号、型号、规格、平面布置、安装方式及位置要求；

(3) 各配电线路的编号、走向、型号、规格和敷设方式；

(4) 各种用电器具设备的型号、规格、数量、安装位置及要求，开关、插座等控制设备的型号、规格、安装位置及要求等。

3.4.2 电气照明平面图的识读

根据电气照明平面图所表达的主要内容可知，识读电气照明平面图要循“线”而下，也就是说，识图要循着电线走过的“路线”来看。具体讲，识读的顺序是：引下线→配电箱→引出线→用电设备。

在识图过程中，应注意了解导线根数、敷设方式，灯具的类型、数量、安装高度及方式，插座、开关的相数、极数、安装形式及高度。为了正确了解设备器具安装和线路敷设位置，还要对照查阅建筑施工图。

图 3-7 所示为某住宅底层电气照明平面图。进户线标有 VV20(3×6+1×4)-FC 参数，表示该线采用聚氯乙烯护套电缆，有 3 根截面积为 $6mm^2$ 的相线、一根截面积为 $4mm^2$ 的

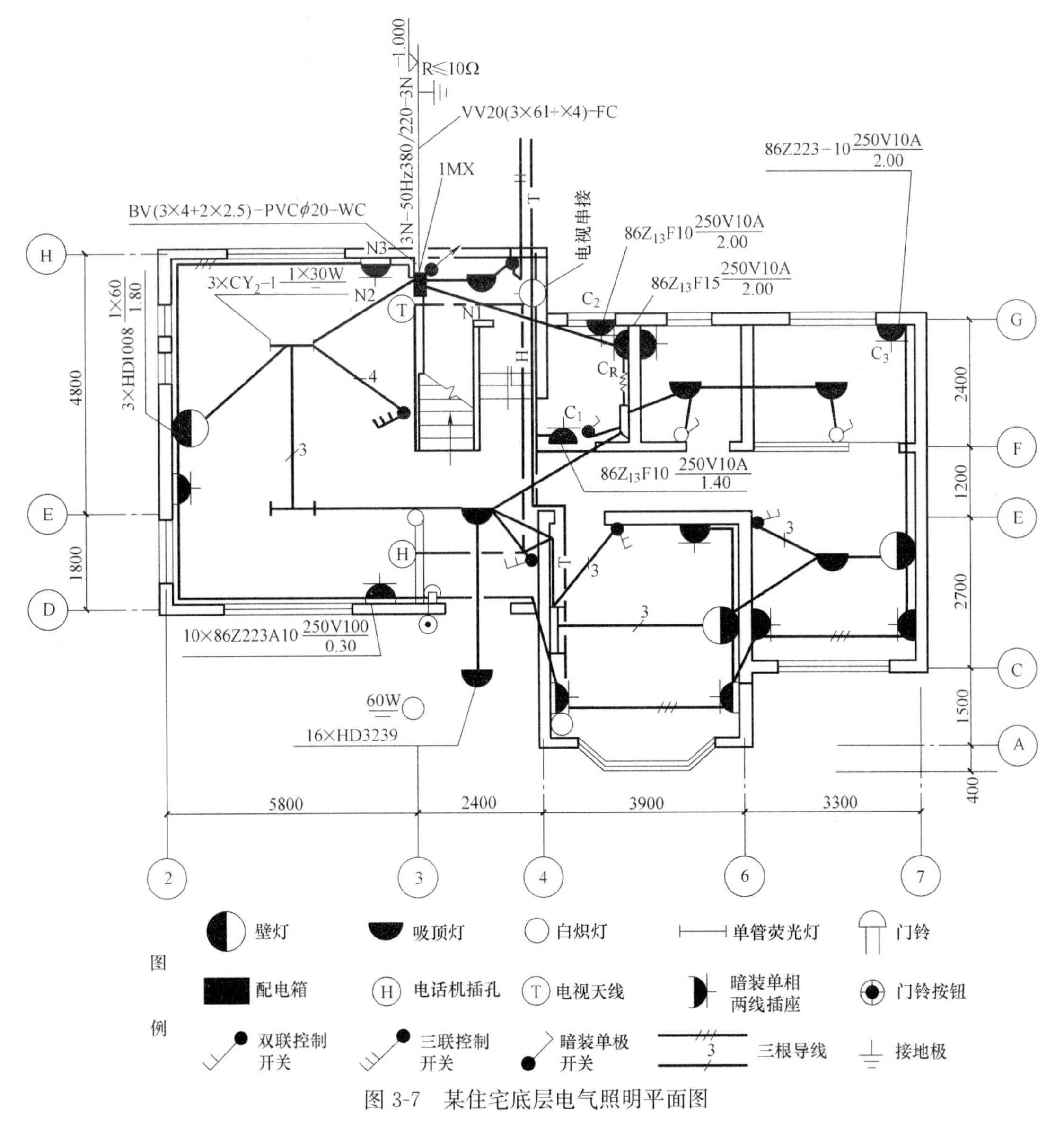

图 3-7 某住宅底层电气照明平面图

零线，暗敷在地面下（1m 处）进入“XRC31-703（改）”型照明配电箱 1MX 内。进户线处重复接地极，进户线还标有 3N-50Hz 380/220-3N，表示电源为三相四线制，频率 50Hz，电压为 380V/220V。在配电箱 1MX 处还有向上配线的图形符号，标注有 BV(3×4+2×2.5)-PVCϕ20-WC 参数，表示采用 3 根截面积为 $4mm^2$ 和 2 根截面积为 $2.5mm^2$ 的塑料铜芯导线，穿直径 20mm 的阻燃塑料管，暗敷在墙内进入二楼配电箱（2MX）。

由配电箱 1MX 引出 3 条支路，各支路用 N1、N2、N3 表示，分别与底层各电气元件相连。N1 连接卫生间的热水器插座、洗衣机插座和排气扇插座；N2 与灯具、开关连接，底层共有 3 盏 HD1008 型 60W 的壁灯，距地面 1.8m，3 套 CY_2-1 型 30W 的吸顶荧光灯，6 盏 HD3239 型 60W 的吸顶灯；N3 连接各厅室插座，大门口装有门铃，室内装有电视天线插座、电话插座等设施。

图 3-8 所示为某住宅二层电气照明平面图，其阅读方法与底层电气照明平面图相同。

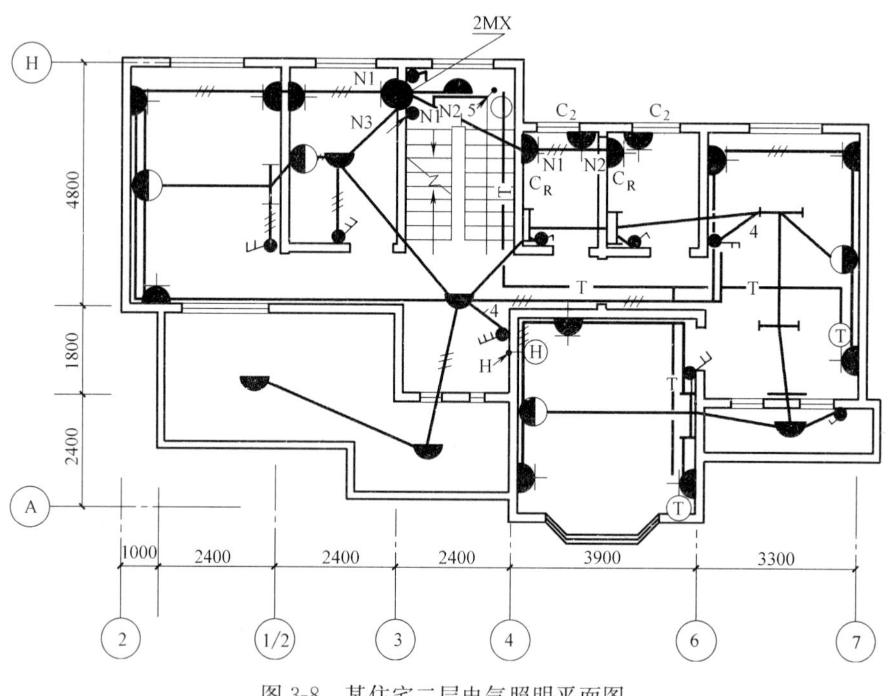

图 3-8　某住宅二层电气照明平面图

3.5　电气照明详图

电气照明详图是表示电气照明安装工程某一局部或某一配件详细尺寸、构造和做法的图样。按照详图的使用性质可分为标准详图和非标准详图两类。

如果电气设计人员打算将某一局部或某一配件采用标准图集中某个详图，只需要在平面图中采用索引号将其对应的详图编号标出即可，不用另行绘制。图 3-9 所示为绝缘电线穿墙时的做法，凡有电线穿过墙体的位置，砌墙时应预先埋入一根瓷质套管，以便安装电气线路时，顺利穿过电线。

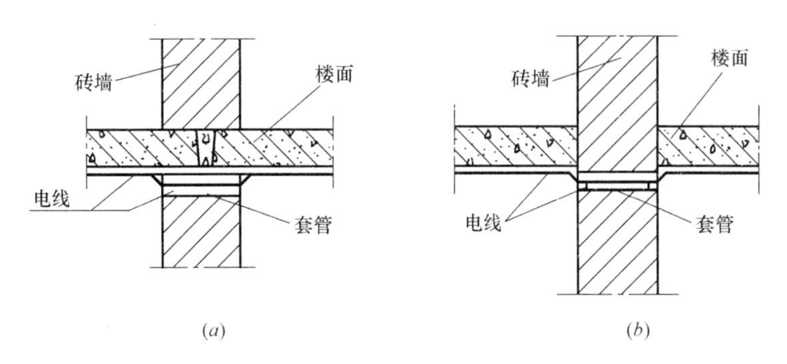

图 3-9　电气照明详图

(a) 承重墙；(b) 非承重墙

由于我国电气产品品种繁多、规格多样，因而电气施工详图的内容也相当广泛，在识图或编制预算时，一定要注意认真查阅有关的施工图大样和产品样本说明，避免漏项或重计工程量以及有助于正确选套定额单价。

复习思考题

1. 电气照明工程施工图由哪些图纸组成？各有什么特点？
2. 电气施工图的基本布局方法是什么？
3. 简述电气照明系统图的识读方法。
4. 简述电气照明平面图的识读方法。

第二篇　给水排水与供暖工程

第4章　室外给水排水工程

室外给水排水工程的任务是为了满足人们生活、生产、消防等的用水需要，并将以上各种活动中所产生的污水有组织地按一定的系统汇集起来，处理到可排放标准后再排至水体，而修建的一系列给水排水构筑物的综合体，分别称为室外给水系统和排水系统。本章主要介绍室外给水排水系统的组成、布置方式以及主要构筑物等内容。

4.1　室外给水系统

室外给水工程是为了满足城镇居民生活或工业生产等用水需要而建造的工程设施，它供给的水在水量、水压和水质方面应适合各种用户的不同要求。因此室外给水工程的任务是自水源取水，并将其净化到所要求的水质标准后，经输配水管网系统送往用户。

4.1.1　室外给水系统的组成

室外给水系统一般包括取水工程、净水工程、输配水工程及泵站等，如图4-1所示。

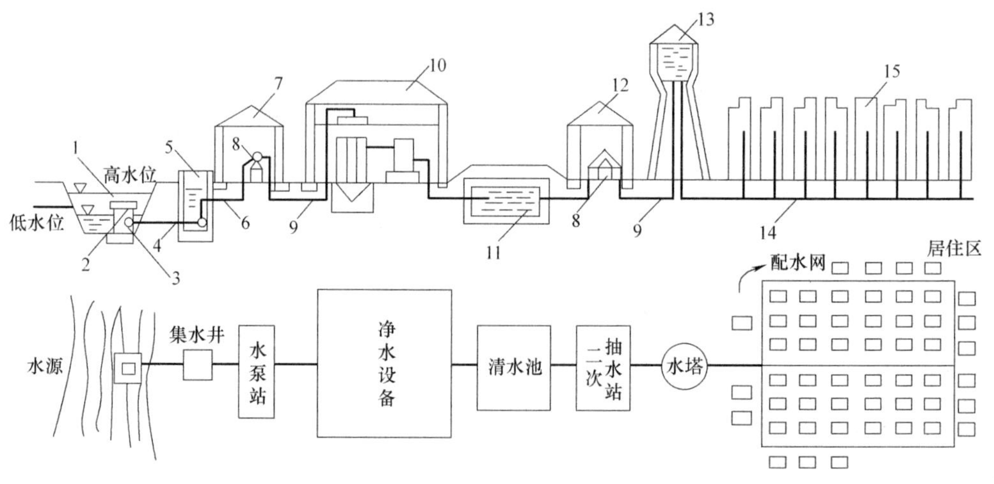

图4-1　室外给水系统组成形式

1—水源；2—取水头部；3—吸水口；4—自流管；5—集水井；6—吸水管；7—一级泵站；8—水泵；9—扬水管；10—净化设备；11—清水池；12—二级泵站；13—水塔；14—配水管网；15—居住区

下面对室外给水系统中的几个主要组成部分及其作用加以简略地介绍。

1. 水源及取水工程

（1）水源

水源是能提供足够水量的地方。给水水源可分为两大类：一类为地面水，如江水、河水、湖水、水库水及海水等；另一类为地下水，如井水、泉水、溶洞水等。

一般来说，地下水的物理、化学性质等均较地面水为好，细菌含量亦较地面水少，作为生活饮用水的水源应首先考虑采用地下水。

（2）取水工程

取水工程是用于集取地下水和地面水的构筑物。

由于水源分为地下水和地面水，因而取水设施也可分为地下取水设施和地面取水设施。地下取水设施有管井、大口井、渗渠三种形式。地下取水构筑物的形式与地下水埋深、含水层的厚度等水文地质条件有关。管井用于取水量大、含水层较厚而且埋藏较深的情况；当含水层较薄而且埋藏较浅时，则可采用大口井；当含水层很薄而且埋藏浅时，则采用渗渠。

地面取水构筑物的形式很多，常见的有河床式、岸边式以及缆车式、浮船式等。

2. 净水工程

水源中往往含有各种杂质，如地下水常含有各种盐类，而地面水常含有泥沙、水草腐殖质、溶解性气体、各种盐类、细菌甚至病原菌等。由于用户对水质都有一定的要求，故未经净化处理的水不能直接送往用户。净水工程的任务，就是要解决水的净化问题。水的净化方法和净化程度根据原水的水质和用户对水质的要求而定。生活用水净化需达到的标准应符合我国现行的生活饮用水标准，如表 4-1 所示。

生活饮用水水质标准 **表 4-1**

指　　标	限　　值
1. 微生物指标[①]	
总大肠菌群(MPN/100mL 或 CFU/100mL)	不得检出
耐热大肠菌群(MPN/100mL 或 CFU/100mL)	不得检出
大肠埃希氏菌(MPN/100mL 或 CFU/100mL)	不得检出
菌落总数(CFU/100mL)	100
2. 毒理指标	
砷(mg/L)	0.01
镉(mg/L)	0.005
铬(六价,mg/L)	0.05
铅(mg/L)	0.01
汞(mg/L)	0.001
硒(mg/L)	0.01
氰化物(mg/L)	0.05
氟化物(mg/L)	1.0
硝酸盐(以 N 计,mg/L)	10 地下水源限制时为 20
三氯甲烷(mg/L)	0.06
四氯化碳(mg/L)	0.002

续表

指　　标	限　　值
溴酸盐(使用臭氧时,mg/L)	0.01
甲醛(使用臭氧时,mg/L)	0.9
氯酸盐(使用复合二氧化氯消毒时,mg/L)	0.7
亚氯酸盐(使用二氧化氯消毒时,mg/L)	0.7
3. 感官性状和一般化学指标	
色度(铂钴色度单位)	15
浑浊度(NTU——散射浊度单位)	1 水源与净水技术条件限制时为 3
臭和味	无臭、异味
肉眼可见物	无
pH 值	不小于 6.5 且不大于 8.5
铝(mg/L)	0.2
铁(mg/L)	0.3
锰(mg/L)	0.1
铜(mg/L)	1.0
锌(mg/L)	1.0
氯化物(mg/L)	250
硫酸盐(mg/L)	250
溶解性总固体(mg/L)	1000
总硬度(以 $CaCO_3$ 计,mg/L)	450
耗氧量(COD_{Mn}法,以 O_2 计,mg/L)	3 水源限制,原水 耗氧量>6mg/L 时为 5
挥发酚类(以苯酚计,mg/L)	0.002
阴离子合成洗涤剂(mg/L)	0.3
4. 放射性指标②	指导值
总 α 放射性(Bq/L)	0.5
总 β 放射性(Bq/L)	1

① MPN 表示最可能数；CFU 表示菌落形成单位。当水样检出总大肠菌群时，应进一步检验大肠埃希氏菌或耐热大肠菌群；水样未检出总大肠菌群，不必检验大肠埃希氏菌或耐热大肠菌群。

② 放射性指标超过指导值，应进行核素分析和评价，判定能否饮用。

工业用水的水质标准和生活饮用水不完全相同，如锅炉用水要求水质具有较低的硬度；纺织工业对水中的含铁量限制较严；而制药工业、电子工业则需要含盐量极低的脱盐水或高纯水。因此，工业用水应按照生产工艺对水质的不同要求来具体确定水质标准。

城市自来水只满足生活饮用水的水质标准。对水质有特殊要求且用水量很大的工业企业，常单独建造生产给水系统；用水量不大且允许从城市给水管网取水的工业企业，若水质不能满足生产要求通常自行加以处理。

地面水的净化过程应根据原水的水质和用户对水质的要求来确定，其工艺流程有很多种，图 4-2 为一般生活用水的净水工艺流程。在各种不同的净水工艺流程中，主要工艺过程为澄清（包括沉淀和过滤）和消毒。

澄清的目的在于除去水中的悬浮物质和胶体物质。一般来说，水中的悬浮杂质可用沉

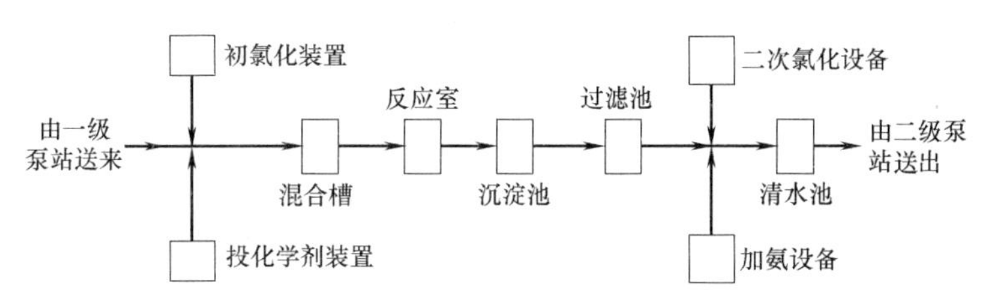

图 4-2　一般生活用水净水工艺流程图

淀池以自然沉淀的方法除去，但由于细小的悬浮杂质沉淀甚慢，而胶体物质则根本不能自然沉淀，所以在原水进入沉淀池之前常加入混凝剂，以加速悬浮杂质的沉淀并达到除去胶体物质的目的。

沉淀池的形式很多，常用的有平流式、竖流式等。近年来由于浅池理论的应用和发展，斜板或斜管式的上向流、同向流沉淀池也逐渐被广泛使用，各类澄清池的使用也很普遍。

一般情况下，水的澄清总是先用沉淀池处理，然后再用滤池作进一步处理，以达到饮用水水质标准所规定的浊度要求。常用滤池有快滤池、虹吸滤池、无阀滤池等。

水源为地下水时，因其水质较好而往往不进行澄清处理，一般只需消毒即可。

在水被澄清的过程中，水中所含的细菌虽然大部分被除去，但由于地面水中细菌含量较高，尚未被除去的细菌仍然很多，并且有些还是病原菌，故一般都必须进行消毒处理。

消毒的目的有二：一是消灭水中的病原菌，以满足饮用水水质标准的有关要求；二是保证净化后的水在输送到用户之前不致被再次污染。消毒的方法有物理法和化学法两种。物理法有紫外线法、超声波法、加热法等；化学法有加氯或氯氨法及臭氧法等，我国目前广泛采用的是加氯或氯氨法。

3. 输配水工程

净水工程只解决了水质问题，输配水工程则是解决如何把净化后的水输送到用水地区并分配到各用水点的问题。

输配水工程通常包括输水管道、配水管网及用以调节水压、水量的构筑物等。输水管道是把净水厂和配水管网联系起来的管道，其特点是只输水而不配水。允许间断供水的给水工程或多水源供水的给水工程，一般可只设一条输水管道；不允许间断供水的给水工程，一般应设两条或两条以上的输水管道，在条件许可时，输水管道最好沿现有道路或规划道路敷设，并应尽量避免穿越河谷、山脊、沼泽、主要铁路线及洪水泛滥淹没的地方。

配水管网的任务是将输水管道送来的水分配到用户。配水管网是根据用水地区的地形及大用水户的分布情况并结合城市规划来进行布置的，其干管线路应通过用水量较大的地区并以最短的距离向最大的用户供水。在城市规划设计中，应把最大用户置于管网的始端，以减小其配水管的管径，从而降低工程造价。配水管网应均匀地布置在整个用水地区，其形式有环状与枝状两种，为了减少初期的建设投资，新建居民区或工业区初始阶段可采用枝状管网，将来扩建时可发展成环状管网。

调节构筑物主要指水塔、高地水池和清水池等。

4. 泵站

泵站是把整个给水系统连为一体的枢纽，是保证给水系统正常运行的关键部分。

在给水系统中，通常把从水源集取原水的泵站称为一级泵站，而把连接清水池和输配水系统的送水泵站称为二级泵站。

一级泵站的任务是把水源的水抽吸上来并将其送入净化构筑物。

二级泵站的任务是把净化后的水由清水池抽吸上来并将其送入输配水管网而供用户使用。

泵站的主要设备有水泵及其引水装置，与水泵配套的电机及其配电设备以及起重设备等。

4.1.2 室外给水管网的布置

给水管网的作用是将净化后的水从净水厂输送到用户。它是给水系统的重要组成部分，并且和其他构筑物（如泵站、水池或水塔等）有着密切的联系。因此，给水管网的布置应满足以下几个方面：

1. 给水管网布置的基本要求

（1）应符合城市总体规划的要求，考虑供水的分期发展，并留有充分的余地；

（2）管网应布置在整个给水区域内，并能在适当的水压下，向所有用户供给足够的水量；

（3）无论在正常工作或在局部管网发生故障时，应保证不中断供水；

（4）管网的造价及经营管理费用应尽可能低，因此，除了考虑管线施工时有无困难及障碍外，必须沿最短的路线将水输送到各用户，使管线敷设长度最短。

给水管网的布置形式，根据城市规划、用户分布及对用水的要求等，有枝状（单向供水）管网和环状（双向供水）管网。

2. 布置形式

（1）枝状管网

图 4-3 为枝状管网布置示意图，管网的布置呈树枝状，向供水区域延伸，管径随用户的减少而逐渐变小。这种管网的管线敷设长度较短，构造简单，投资较省。但当某处发生故障时，其下游部分要断水，供水可靠性差，又因枝状管网终端水流停顿，成为死水端，会使水质变坏。一般情况下，小城镇的给水管网或城市给水管网的边远地区采用枝状管网，或城镇管网初期先采用枝状管网，逐步发展后，形成环状管网。

（2）环状管网

图 4-4 为环状管网布置示意图，给水干管间用联络管相互连通起来，形成许多闭合回路。环状管网供水安全可靠。一般而言，对于大、中城市的给水系统或对给水要求较高、不能断水的给水管网，均应采用环状管网。环状管网还能减轻管内水锤的威胁，有利管网

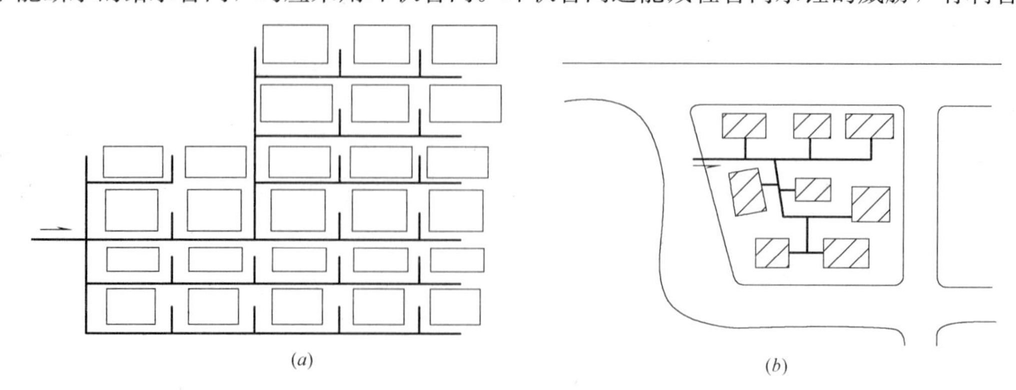

图 4-3 枝状管网布置示意图

（a）小城镇枝状管网；（b）街坊枝状管网

安全。总之，环状管网的管线较长，投资较大，但供水安全可靠。

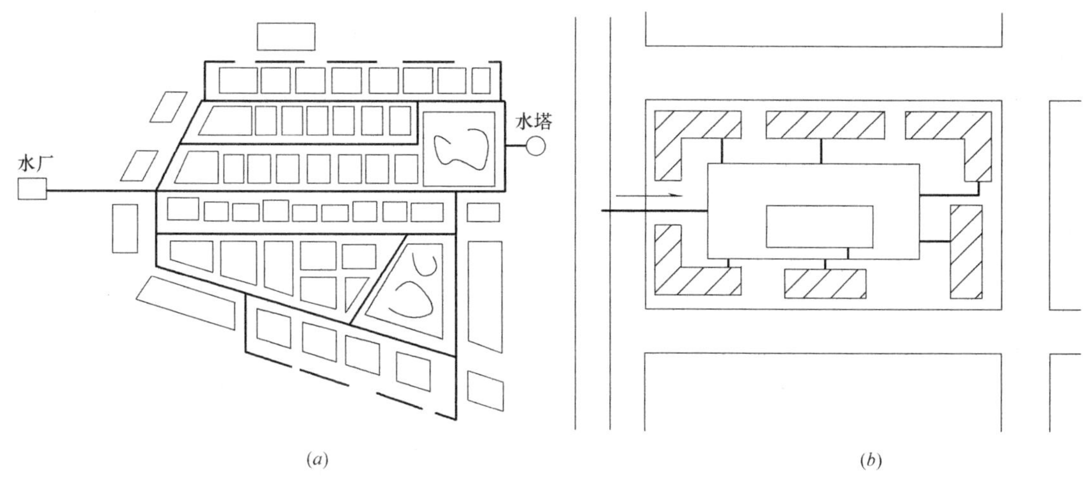

图 4-4　环状管网布置示意图

（a）城市环状管网；（b）街坊环状管网

在实际工程中，为了发挥管网的输配水能力，达到供水既安全可靠又经济实用，常用枝状与环状相结合的管网。一般城市建设初期采用枝状管网，市中心地区逐步发展成为环状管网，城市边缘地区先以枝状管网向外扩展。

3. 管道布置及定线的原则

（1）管道的干管布置主要方向应按供水主要流向延伸，而供水的流向取决于最大用户和水塔等调节构筑物的位置。

（2）为了保证供水安全可靠，按照主要流向布置几条平行的干管，它们之间用连通管连接，这些管线要以最短的距离到达用水量大的主要用户。干管间距视供水区的大小和供水情况而定，一般为 500～800m。

（3）管道的干管一般沿规划道路布置，尽量避免从高级路面或重要道路下通过。管线在道路下的平面位置和标高，应符合城市地下管线综合设计要求。

（4）管道的干管应尽可能布置在高地，这样可以保证用户附近配水管中有足够的压力和降低干管内压力，提高管道的安全性。

（5）干管的布置应考虑远期发展和分期设置的要求，并留有余地。

因此，城市供水主干管网通常由一系列邻接的环组成，并且较均匀地分布在整个供水区域。

4.1.3　室外给水系统构筑物

室外给水系统构筑物有很多，这里介绍常见的水塔和高地水池。水塔和高地水池是贮存水、调节水量及保持管网有一定压力的构筑物。

1. 水塔的种类及构造

（1）水塔的种类

根据建造塔身所用材料的不同，水塔可分为以下四种类型：

1）木制水塔：适用于小型及临时性供水系统。由于水位不断起落，木制水塔的水柜容易腐蚀，使水产生不良气味，故极少使用。

2）钢筋混凝土水塔：适用于永久性、固定性供水系统，其特点是坚固耐久、水质好，但造价高。这种水塔采用较广泛。

3）钢制水塔：其特点同钢筋混凝土水塔。钢制水塔制作施工方便，但如果平时维修不及时容易锈蚀，影响水质，且耗用钢材较多，通常用水量较小的单位采用。

4）砖砌水塔：塔身用砖砌筑，施工方便，取材容易，节省钢材、木材及水泥，采用较广泛。

（2）水塔的构造

以上几种水塔，均由基础、塔身、水柜（也称水槽）和配管系统四大部分组成，如图4-5所示。

1）基础：有环式、板式及壳式等结构形式，用以支承整个水塔。

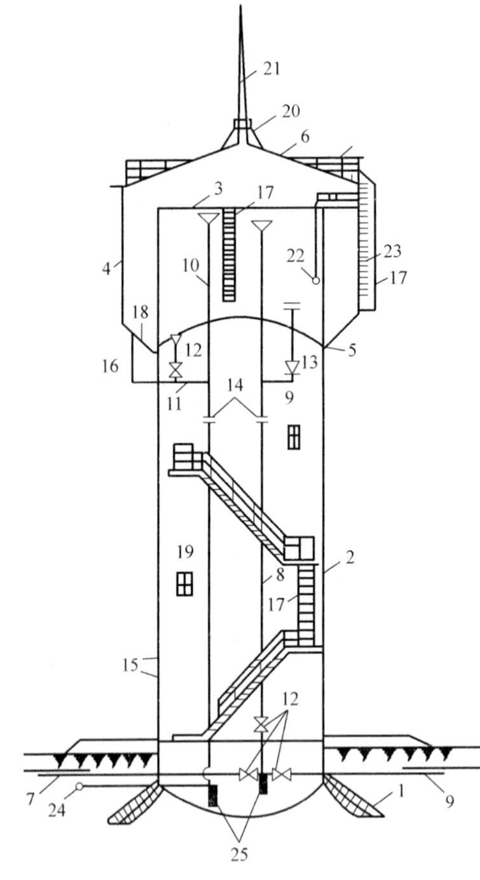

图4-5　水塔构造示意图（防寒）

1—基础；2—塔身；3—水槽；4—护壁；5—下环梁（大锥）；6—顶盖；7—扬水管；8—扬配水管；9—配水管；10—溢流管；11—排水管；12—闸阀；13—止回阀（单向阀）；14—伸缩管；15—大门；16—窗；17—扶梯；18—进入孔；19—栏杆；20—通气孔；21—避雷针；22—浮标；23—水位指示针；24—下水道；25—弯管支座

2）塔身：有圆筒式和立柱式两种，用以支承水槽。有的水塔还设有地下室。

3）水槽：有防寒水槽和不防寒水槽两种，作贮水之用，槽底四周有下环梁，上面有顶盖。

4）各种配管

① 扬水管：水经它进入水槽。

② 配水管：水经它送到用水点。

一般水塔内的扬水管和配水管合并成一根，此管称为扬配水管。

③ 溢流管：为了防止水槽内的水溢出槽外，冲刷基础，塔内设有溢流管，使多余的水排入下水道。溢流管的直径应等于或大于扬水管的直径，同时，溢流管上不允许装任何阀门。

④ 排污管：是为了清洗水槽时放空槽内存水和排除槽内污泥及其他杂物而设置的管道。排污管应设在槽底的最低处，并与溢流管连接。

由于水塔内各竖管受冷热的影响会产生缩胀，同时因水塔的沉陷还会产生竖向移动，为了避免因此而使塔内竖管遭到破坏并为检修竖管提供方便，在竖管上装有套筒式伸缩器。各竖管的底部设有带底座的弯管和弯管支座，以支承竖管的重量。当各竖管穿过水槽底板时，应考虑防水做法，预埋刚性或柔性防水套管。各配管上应根据需要装设闸阀或单向阀，如图4-5所示。

5）其他装置

浮标与水位尺：是显示水位高低的装置，水位尺设在护壁外表面上。

避雷针：是防止水塔被雷击的必要装置。

栏杆：是防止维修人员从塔上摔下来的安全设施。

扶梯与进人孔：主要是供上下水塔之用。

门窗：供管理维修人员出入和采光通风之用。

2. 高地水池配管及其连接

利用地形将水池建在适当高度的地方，便成为高地水池。高地水池的作用与水塔相同，与水塔相比其特点是：结构简单、施工方便、因地制宜、就地取材、省工省料，同时因埋在地下比较隐蔽，有利防空。

在有地形可以利用的地区和单位，建造高地水池符合因地制宜、经济实用的原则，因而目前采用比较广泛。

（1）高地水池配管

高地水池主要配有进水管、出水管、溢流管及排污管。

进出水管主要是供水池进出水用的；溢流管的作用是当池内水位超过最高水位时，将多余的水从溢流管排走；排污管用来排除池内污水或放空水池。

（2）配管连接方法

1）进出水管连接在一根管子上。当水泵直接向用户供水时，其多余水量通过进水管流入水池贮存起来；当用水量不足时，水池的水通过出水管流向用户加以补充，如图 4-6 所示。

2）进出水管分别设置。水泵直接向水池送水，然后水经出水管送往用户。以该种形式连接，配水管路中的水压较稳定，如图 4-7 所示。

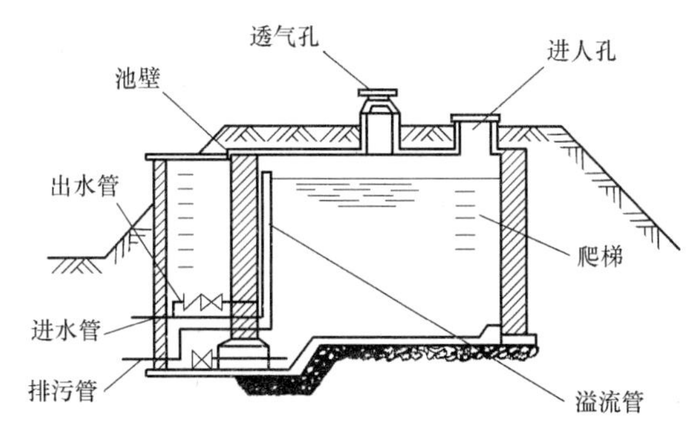

图 4-6　半地下水池（进出水管连接在一根管子上）

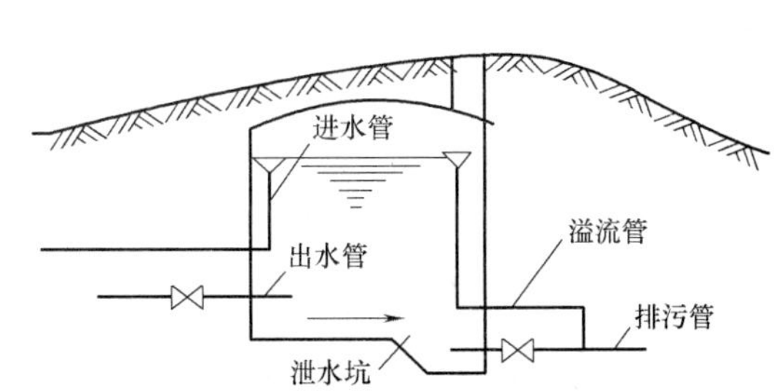

图 4-7　半地下水池（进出水管分别设置）

3）进出水管有分有合。该种形式为前两种形式之综合，适用于用水区域广而且分散，以及有些区域用水量需要重点保证的供水情况，如图 4-8 所示。

配管时应注意：出水管及排污管上应安装阀门，溢流管上不允许安装阀门，若进出水管连接在一起时，出水管上应安装单向阀。

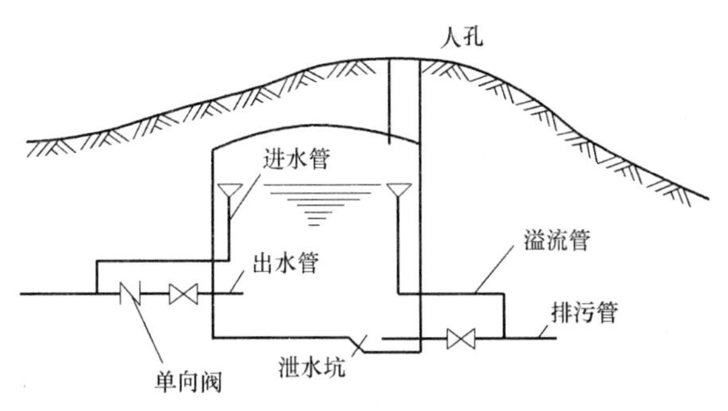

图 4-8　半地下水池（进出水管有分有合）

3. 水塔水槽和高地水池容积的确定

水塔水槽及高地水池容积的大小，主要根据最大日用水量及开泵次数来确定。

(1) 当水泵均匀供水（水泵终日不停）时

水槽的容积 V 可按最大日用水量的 20%～40%来确定，即：

$$V = (20\% \sim 40\%) q_{max} \tag{4-1}$$

式中 V——水槽的容积，m^3；

q_{max}——最大日用水量，m^3/d。

(2) 当水泵间断供水时

水槽容积等于最大日用水量除以每日开泵次数，即：

$$V = q_{max}/n \tag{4-2}$$

式中 V——水槽容积，m^3；

q_{max}——最大日用水量，m^3/d；

n——每日开泵次数。

4. 水塔、高地水池高度的确定

在实际工程中，确定水塔及高地水池的高度主要依据下列三个因素：

(1) 最不利用水区域的自由水头 H_1。

最不利用水区域一般是离水塔最远、标高最高或工作压力要求最大的地方。对于供给生活用水的水塔或高地水池来说，应满足最不利用水区域自由水头 8～10m 的要求，以保证最不利用水区域的用水。

(2) 向最不利用水区域供水时管路中的水头损失 H_2。

供水管路中的水头损失等于沿程水头损失与局部水头损失之和。

(3) 最不利用水区域与水塔（高地水池）处地形的高差 H_3。

水塔或高地水池的高度应等于上述三个数据之和，即：$H=H_1+H_2+H_3$。

4.2 室外排水系统

将城市污水、降水有组织地排除与处理的工程设施称为排水系统。

4.2.1 污水类型与排水体制

人们在生活和生产中，会产生大量的污水。污水中所含的污染物按其性质可分为有机污染物和无机污染物两种，在卫生方面危害大的是有机污染物，它是病原菌繁殖和传播的最好介质，因此对含有有机污染物的污水的排放，应予以高度重视。

1. 污水类型

污水按其来源可分为以下几种类型：

(1) 生活污水

由建筑物内的卫生器具中排出，这些污水中含有有机污染物及无机污染物以及各种细菌，其中包括病原菌，所以这种污水在卫生方面是很有害的。

(2) 生产污水

由各种生产过程所排出的污水或废水。

(3) 大自然降水

主要指雨水及雪水。

生活污水的成分一般比较稳定，污染物的浓度主要取决于排水量标准。生产污水的成分及浓度是多种多样的，主要根据生产工艺过程及所用原料的性质而定。

污水中的污染物其物理状态有以下三种：不溶解状态、胶体状态和溶解状态。

2. 排水体制

所谓排水体制是指对污水所采用的排除方式，即对于不同性质的污水是分别加以排除还是采用混合的方式加以排除。根据污水排除方式的不同，排水体制可分为合流制和分流制两大类。

(1) 合流制

合流制是指由一套管网共同排除各种污水的排水方式。合流制因为只设置一根干管，干管数量少，在道路断面上所占位置小，容易布置，容易施工，而且造价低。但是合流制是以各种污水的合流量来计算干管的断面，故干管的断面尺寸大，晴天流量小，水力条件不好，容易发生沉淀，雨天因雨水和污水合流，污水处理厂的污水处理量陡然增大，致使污水难以得到全部处理。因此，合流制不能完全消除污水对环境的污染，故不宜普遍采用。

(2) 分流制

分流制是指将各类污水分别排除的排水方式。这种排水方式又可分为两类，即：完全分流制和不完全分流制。

1) 完全分流制：同时分设两个（或两个以上）排水系统，分别排除生活污水及雨水，而生产污水根据其所含污染物的性质及浓度的大小，可与生活污水或雨水一同排除，或专门修建生产污水排水系统，将其单独排除。

2) 不完全分流制：只修建一条完整的排水系统，将生活污水和生产污水一起排除，而使雨水单独无组织地流入自然水体。

分流制管路中污水流量不受晴雨天影响，水流平稳，可保持自净流速，水流中的污染物不易发生沉淀，同时因污水和雨水分流，减少了污水量，使得污水能全部得到处理。此外，分流制还能分期修建，可节约初期投资。但分流制管道数量多，难以布置，施工亦较困难，且总投资要超过合流制。

总的说来，分流制系统比较灵活，污水处理质量好，符合环境卫生标准的要求，因而应用较广泛。

4.2.2 室外排水系统的组成

不同类型的污水，排水系统的组成不尽相同。

1. 污水排水系统的组成

(1) 内部排水设施：包括各种接纳污水的卫生器具、室内排水管道等。

(2) 室外排水管网：是由庭院管道和埋设在城市街道下面的污水管道组成的、用来汇集和排除室内污水管道所排出的污水的管网。

污水在管道中的流动一般均为重力流，即依靠重力从直径较小的管道逐渐汇入直径较大的管道，亦即由支管到干管，然后再进入总干管。

（3）污水泵站

在室外排水系统中设置污水泵站的原则是：排水系统的规模大、污水量大；污水浓度大、污染严重，必须经过处理方能排除；地形平缓或污水干管长，污水不能靠重力流排除。

目前，在我国大、中城市的排水系统中设置污水、污泥处理和利用设施的为数不多，其原因主要有以下两点：

其一是受经济力量的限制。因为污水的处理是一个十分复杂的过程，处理设施比较多，要建立这样的设施就必须投入大量的资金。

其二是人们对污水污染环境的严重性认识不足。

随着我国经济的发展和人们认识的提高，城市污水处理设施将会越来越完善。

（4）污水、污泥处理与利用构筑物

较完整的污水处理过程分为三级，分别使用三种不同的处理方法和一些不同的处理设施：

一级处理：也称机械处理。

使用的是物理方法，如重力分离法、过滤法等，利用物理作用除去污水中的非溶解性物质。处理设施包括滤筛、格栅、沉淀池、沉砂池等。

二级处理：亦即生物处理。

这种方法就是在供氧充分的条件下，利用好氧细菌的作用将污水中的有机物分解为稳定的无机物，使污水得到净化。处理设施包括：曝气池、生物塘及生物滤池等。

三级处理：也称化学处理。

利用化学反应的方法来处理与回收污水中的溶解物质或胶体物质，这种方法多用于工业中的废水处理。处理设施主要有：投药装置、混合槽、沉淀池等。

（5）接受污水的农田、池塘或其他水体。

经过适当处理后达到排放标准的污水，自排水系统中的污水出口或灌溉渠流出以后，其去向是灌溉农田、排入池塘或流入江河、湖泊等较大的水体。

2. 雨水排水系统的组成

雨水排水系统一般由以下几部分组成：房屋排除雨水的设施、室外雨水管网（包括雨水口、庭院雨水沟道和街道雨水沟道系统）、排洪沟、出水口等。

雨水主要来自两个地方：一是来自屋面，二是来自地面。屋面上的雨水通过天沟和立管流至地面，随地面雨水一起经雨水口或明沟排入室外雨水管网。

4.2.3 室外排水管网的布置

室外排水管网的布置取决于地形、土壤条件、排水体制、污水处理厂位置及排入水体的出口位置等因素。此外，尚应遵循下述原则：污水应尽可能以最短的距离并以重力流的方式排送至污水处理厂；管道应尽可能平行于地面自然坡度以减少埋深；干管及主干管常敷设于地势较低且较平坦的地方；地形平坦处的小流量管道应以最短路线与干管相接；当管道埋深达最大允许值，继续挖深对施工不便及不经济时，应考虑设置提升污水泵站，但泵站的数量应力求减少；管道应尽可能避免或减少穿越河道、铁路及其他地下构筑物；当城市排水系统分期建造时，第一期工程的主干管内应有相当大的流量通过，以避免初期因流速太小而影响正常排水。

排水管网（主要是干管和主干管）常用的布置形式有截流式、平行式、分区式、放射式等数种（见图 4-9）。

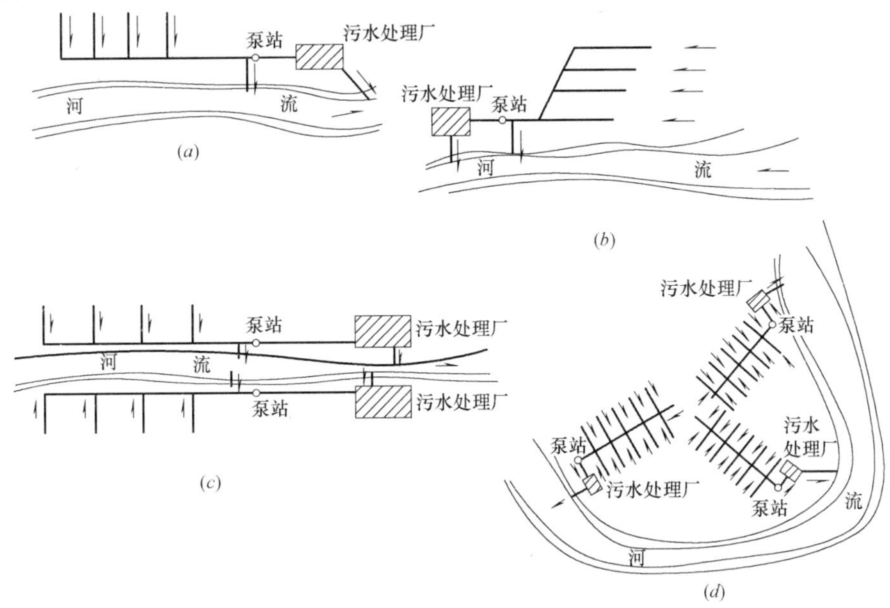

图 4-9　排水管网主干管布置形式示意图

(a) 截流式；(b) 平行式；(c) 分区式；(d) 放射式

为了便于检查及清通排水管网，在管道坡度改变、转弯、管径改变以及支管接入等处应设置排水检查井。直线段内排水检查井的距离与管径大小有关，对于污水管道，当管径 $D<700$mm 时，最大井距为 50m；当管径 $D=700\sim1500$mm 时，最大井距为 75m；当管径 $D>1500$mm 时，最大井距为 120m。

图 4-10 所示为室外给水排水管网总平面图中的一部分。

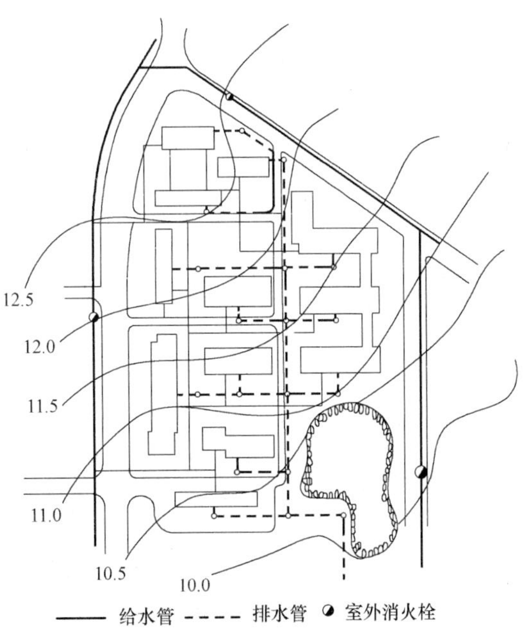

图 4-10　室外给水排水管网总平面图（局部）

给水自城市干管引入，在小区内以枝状管网接入用户，且在进户前均须设阀门。污水则在小区内集中后接入城市排水管网，并排至污水处理厂处理。妥善地布置各种管道，并合理地确定它们之间的水平、垂直距离是总图设计的任务之一。这样处理不仅对节约投资、维护管理以及工程扩建等具有重要意义，而且也可以依此大致决定各建筑物之间的间距。地下管线之间或与构筑物之间的最小净距如表 4-2 所示。

地下管线之间或与构筑物之间的最小净距　　表 4-2

管线或构筑物名称	给水管		污水管		雨水管	
	水平(m)	垂直(m)	水平(m)	垂直(m)	水平(m)	垂直(m)
给水管	0.5～1.0	0.1～0.15	0.8～1.5	0.1～0.15	0.8～1.5	0.1～0.15
污水管	0.8～1.0	0.1～0.15	0.8～1.5	0.1～0.15	0.8～1.5	0.1～0.15
雨水管	0.8～1.5	0.1～0.15	0.8～1.5	0.1～0.15	0.8～1.5	0.1～0.15
低压煤气管	0.5～1.0	0.1～0.15	1.0	0.1～0.15	1.0	0.1～0.15
直埋式热水管	1.0	0.1～0.15	1.0	0.1～0.15	1.0	0.1～0.15
热力管沟	0.5～1.0		1.0		1.0	
乔木中心	1.0		1.5		1.5	
电力电缆	1.0	直埋 0.5 穿管 0.25	1.0	直埋 0.5 穿管 0.25	1.0	直埋 0.5 穿管 0.25
通信电缆	1.0	直埋 0.5 穿管 0.15	1.0	直埋 0.5 穿管 0.15	1.0	直埋 0.5 穿管 0.15
通信及照明电杆	0.5		1.0		1.0	

注：净距指管外壁距离，管道交叉设套管时指套管外壁距离，直埋式热水管指保温管壳外壁距离。

此外，在总设计图中尚需注意：埋地管道一般宜布置在道路两侧，如不能满足水平间距要求时，则检修较少的给水排水管道及雨水管道也可布置在道路下面；管道的埋设深度即指管道内底到地面的深度，无保温措施的生活污水管道或水温与它接近的工业废水管道，管内底可埋设在冰冻线 0.15m 以上，并应保证管顶的最小覆土厚度；建筑小区内的给水排水管道应平行于建筑物轴线敷设，可以考虑给水管距轴线 5m，排水管距轴线 3m；有建筑分期的工程，第一期工程最好布置在地势较低处，即排水管的第一期工程可以从整个工程的下游段开始施工，以便为二期工程的顺利接管创造良好条件。

4.2.4 室外排水构筑物

为了顺利地排除各类污水，室外排水系统除设有沟管外，在沟管上还要设置一些构筑物，如检查井、雨水口、化粪池等设施。

1. 检查井

污水中常常带有砂粒、其他固体物质和悬浮物，容易沉积造成沟管堵塞，影响污水排除。检查井的作用是便于检查和清通沟管，同时还起连接沟段的作用。

检查井通常设置在下列地方：

沟管改变方向处，沟管改变管径、坡度、高程处和沟管交汇处。

检查井在直线管段上的最大间距，一般按表 4-3 的规定采用。

检查井的最大间距　　表 4-3

管　　别	管径或暗渠净高(mm)	最大间距(m)
污水管道	<700	50
	700～1500	75
	>1500	120
雨水管道和合流管道	<700	75
	700～1500	125
	>1500	200

检查井的尺寸大小应根据检查井所在管道管径的大小和管道埋设的深度来确定，砌筑材料常为砖、石及水泥等，形状一般为圆形。

检查井位于车行道上时，应采用重型铸铁井盖；在道路以外，经常开启的检查井，可采用普通铸铁井盖；一般的检查井则采用高出地面的混凝土井盖。

2. 跌水井

在排水系统中，在沟管内的水流速度需要缓冲和沟管高程急剧变化的地点，应设置跌水井来降低水流速度和连接高程相差较大的沟管，具体要求是：当管道跌水水头大于 1m 时，必须设置跌水井；当跌水井的进水管管径不大于 200mm 时，一次跌水高度不宜大于 6m；当管径为 250～400mm 时，一次跌水高度不宜大于 4m。跌水井的跌水方式一般有直线内跌式和直线外跌式两种。

3. 雨水口

雨水通过雨水口流入沟管。通常只在雨水沟管和合流沟管上设置雨水口。雨水口的设置位置应能保证迅速有效地收集地面雨水。一般设在交叉路口处、道路边沟的低洼处，沿路侧边沟每隔一定距离也应设置雨水口，以防雨水漫过道路或造成道路及低洼地区积水，妨碍交通。

4. 化粪池

（1）化粪池的作用

对室内排出的粪便污水进行沉淀，沉淀下来的粪便及污水在池中分解腐化。污水流经化粪池的时间一般为 6～12h，沉淀物积存于池底的时间可更长，有的达半年之久。经化粪池处理过的污水，一般可供农田灌溉。

（2）化粪池的构造

化粪池常见的形状有圆形及矩形两种，容积小的一般采用圆形，容积大的一般采用矩形。化粪池根据其排量的大小可采用二室式或三室式，如图 4-11 所示。

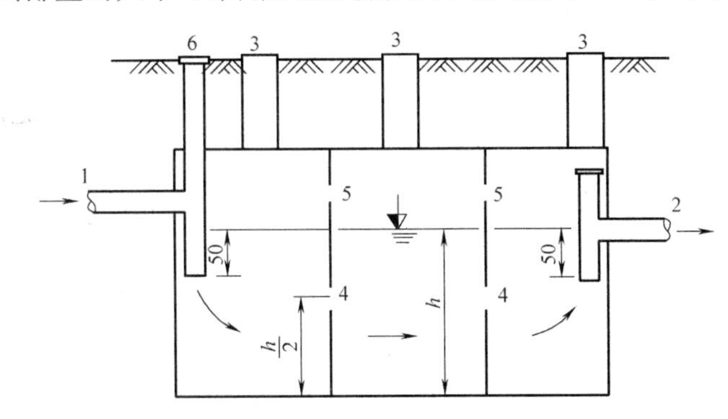

图 4-11　三室化粪池示意图

1—进水管；2—出水管；3—检查孔；4—污水流通孔；5—通气孔；6—清通孔

污水首先注入第一室，经第二室、第三室流出，排入管网或水体。由于污泥在第一室沉淀最多，故第一室较大。

化粪池一般采用砖结构或钢筋混凝土结构，在隔墙上距水面 $0.5h$ 处设有污水流通孔，使污水均匀地依次由一室经二室流入三室。在水平面以上的隔墙上留有通气孔，使各室间的气压相等。进水管、出水管均应接上三通管，主要是为了防止浮渣堵塞管道，并便于管道清通。进水管的三通管接至自然地面，并接上清通孔，为维护清通提供方便。

进水管、出水管要严格按照设计标高安装。进水管要高于出水管，避免进水管涌水、悬浮物聚集堵塞管道及冬季冻坏管道。

复习思考题

1. 室外给水管网有哪些布置形式？简述各种形式的特点。
2. 室外给水系统通常由哪几部分组成？各部分的作用是什么？
3. 室外排水系统通常由哪几部分组成？各部分的作用是什么？
4. 室外排水管网有哪些布置形式？选择时应遵循什么原则？
5. 室外排水构筑物包括哪些？各自的作用是什么？

第5章　室内给水排水工程

室内给水系统的任务是根据各类用户对水质、水量和水压的要求，将室外给水管网中的水输送到室内各个用水点，如各种配水龙头、生产机组和消防设备等。本章主要介绍室内给水排水系统的分类、给水排水方式、组成以及管道的布置、敷设。

5.1　室内给水排水系统概述

5.1.1　室内给水系统的分类

室内给水系统按其供水对象不同，基本上可分为三类：

1. 生活给水系统

生活给水系统是指供给居住建筑、公共建筑和工业企业建筑内的饮用、盥洗、淋浴等生活用水的给水系统。生活饮用水的水质必须符合国家规定的饮用水水质标准。

2. 生产给水系统

由于工业生产种类繁多，工艺复杂，因而生产给水系统的供水对象是多种多样的。归纳起来，生产给水系统主要是供给以下几方面的生产用水：生产设备的冷却水、原料与产品的洗涤水、生产锅炉用水及某些工业原料本身所需的水等。生产用水对水质、水量及水压的要求差异较大，具体由生产工艺来决定。

3. 消防给水系统

供给层数较多的居住建筑、大型公共建筑及某些生产车间消火栓及其他消防装置的用水。消防用水对水质要求不高，但是按照建筑防火规范的要求，必须保证有足够的水量和水压。

在实际工程中以上三种给水系统并非都要单独设置，根据建筑物的具体性质，用水对象对水质、水量和水压的要求以及室外给水系统的情况，通过技术经济比较可以相互组成不同的共用给水系统，如生活、生产、消防共用给水系统；生活、生产共用给水系统；生活、消防共用给水系统以及生产、消防共用给水系统。

5.1.2　室内给水系统的给水方式

室内给水系统的基本给水方式有如下几种：

1. 简单给水方式

简单给水方式如图5-1所示，即室内给水系统直接接在室外给水管网上，室内给水系统直接在室外管网压力的作用下工作。当室外给水管网的水量、水压在一天内任何时刻均能满足室内最不利配水点的用水需要时，常采用此种给水方式。

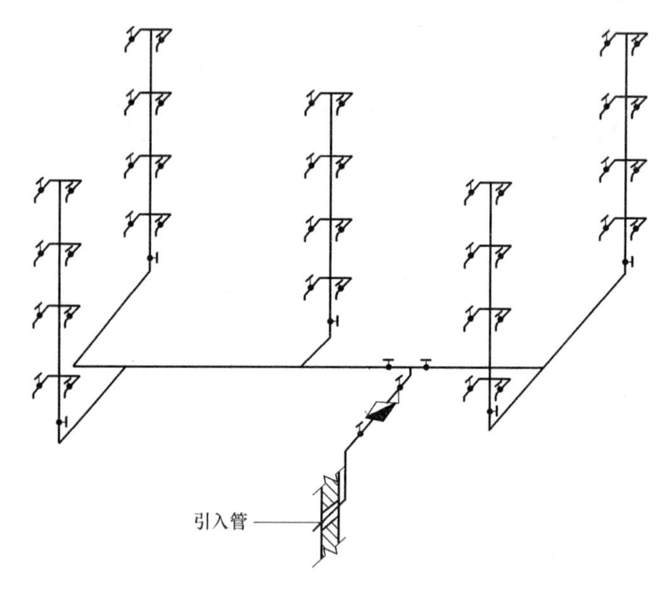

图 5-1　简单给水方式

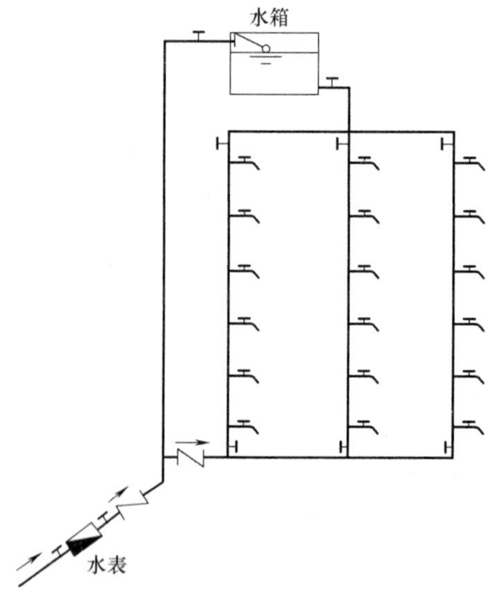

图 5-2　设置水箱的给水方式

2. 设置水箱的给水方式

当室外给水管网的水压在一天内的大部分时间能够满足室内给水系统的水压要求，只是在用水高峰时不能保证建筑物上层用水时，采用这种给水方式（见图 5-2）。

水箱通常设在平屋顶上或顶层的设备层内。当室外给水管网的水压大于室内给水系统所需水压（一般在夜间）时，水进入水箱，此时水箱充水；当室外给水管网的水压小于室内给水系统所需水压时（一般在白天用水高峰时），水箱便开始向室内管网供水。

设置水箱的给水方式能够合理利用室外给水管网的压力贮存一定的备用水量，在室外给水管网压力不足时可不中断室内的用水，但是在这种给水方式中，由于设有较大质量和较大容积的水箱，需增大相关建筑结构的断面尺寸，因而提高了建筑造价，同时对建筑物的美观也有一定的不良影响。

3. 设水泵和水箱的联合给水方式

当室外给水管网中的压力经常性或周期性不足，而室内用水量又很不均匀时，宜采用这种给水方式（见图 5-3）。这种给水方式由于水泵可及时向水箱充水，使水箱容积大为减小，又由于水箱的调节作用，水泵出水量稳定，可以使水泵在高效率下工作；在水箱内如装设浮球继电器等装置，还可以使水泵的启闭自动化。这种给水方式因其经济上合理、技术上可靠，故在多层民用建筑中得到了广泛的应用。

4. 分区供水的给水方式

对于一些高层建筑来说，室外给水管网的压力往往不能满足室内给水系统的水压要求，为了保证建筑物高层的用水，在室内给水系统中通常都要采用水泵、水箱或气压给水装置等加压设备，同时还常采用分区供水的给水方式（见图 5-4）。在高层建筑物中，采用分区供水方式比采用整体式供水方式具有明显的优越性：采用分区供水方式可以使建筑物低层房间的供水系统直接在室外给水管网压力的作用下工作，使室外给水管网的压力得到充分的利用；采用分区供水方式，还可避免低层房间给水系统中的配水附件和管道接头等因静水压力过大而损坏的现象，同时也可以避免电能消耗过大的问题。

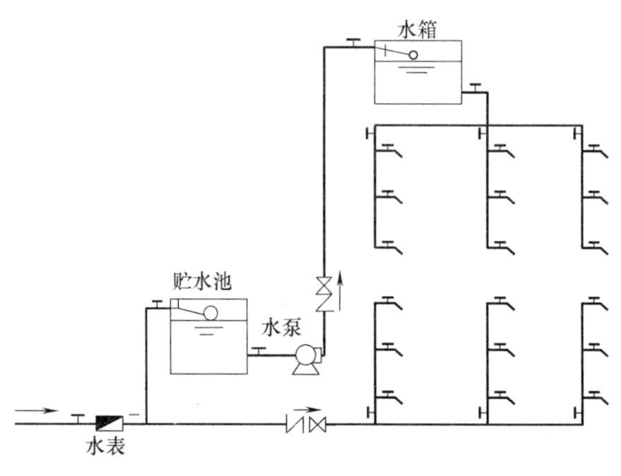

图 5-3　设水泵和水箱的联合给水方式

这种给水方式对于低层设有澡堂、洗衣房、大型餐厅、厨房等用水量大的设施或房间的高层建筑物，有着更大的实际意义。

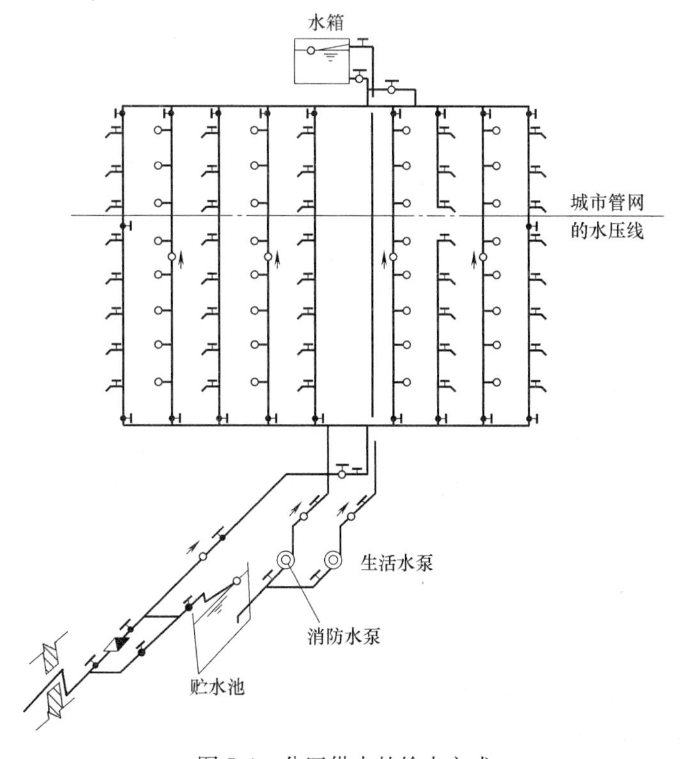

图 5-4　分区供水的给水方式

5.1.3　室内给水系统的管路图式

在进行室内给水系统设计时，常将上述几种给水方式设计成下列的管路图式：

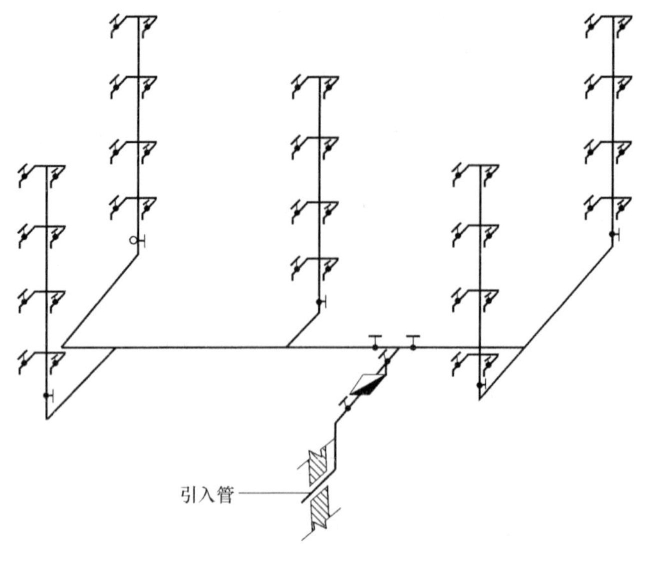

图 5-5　下行上给式

1. 下行上给式

如图 5-5 所示。给水系统自下向上供水，水平干管敷设在地下室的顶棚下、底层的管沟中，或在底层作直接埋地敷设。对于直接依靠室外给水管网的压力来进行供水的一般民用建筑物内的给水系统，大多采用下行上给式这种图式。

下行上给式具有管路系统简单，明装时安装维护方便，管材消耗较少等优点。但是在这种管路系统中也存在着最高层的配水点流出水头低，埋地管道检修不便等缺点。

2. 上行下给式

如图 5-6 所示。给水系统自上向下供水，水平干管敷设于顶层顶棚下、平屋顶上或吊顶层内。

在进行室内给水系统设计时，对于下述情况的给水系统可采用上行下给式的管路图式：

(1) 对于多层居住建筑或公共建筑（如旅馆、医院等）中设有屋顶水箱的给水系统；

(2) 对于地下管线较多或地面设备较多的工业厂房内的给水系统；

(3) 对于大型公共浴室内的给水系统。

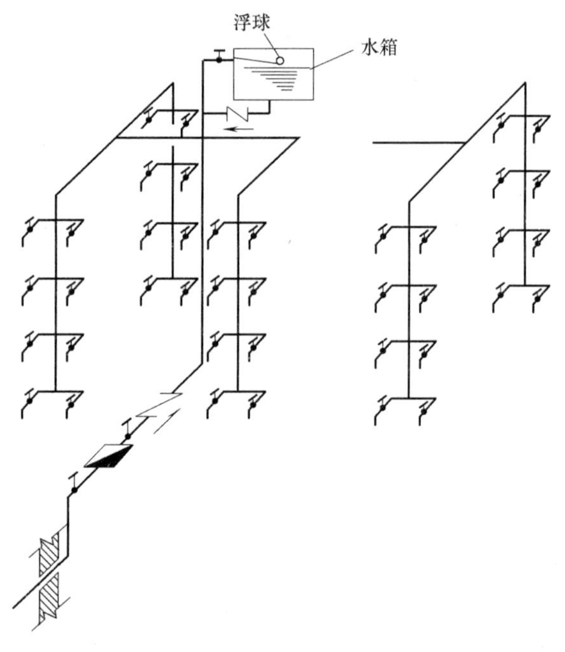

图 5-6　上行下给式

采用上行下给式管路图式，对于设有屋顶水箱的给水系统能够使最高层的配水点获得较大的流出水头。但是这种给水系统存在如下一些缺点：在寒冷地区干管内的水容易冻结，因而必须采取保温措施；干管表面产生凝结水时或干管损坏漏水时，将损坏顶棚和墙面；管路施工质量要求高，管材消耗较多，而且维修困难，因此在没有特殊要求的给水系统中，一般不宜采用这种管路图式。

3. 中分式

水平干管设在建筑物底层的楼板下或中层的走廊内，给水系统向上、下两个方向供水。中分式管路图式适用于低层建筑物中依靠室外给水管网的压力直接供水而水平供水干管又不宜直接埋地敷设的给水系统。

此外，根据用户对供水可靠程度要求的不同，将室内给水系统的管路图式设计成枝状式或环状式。

一般建筑物内的给水系统均采用枝状式，只是对于任何时候都不允许间断供水的大型公共建筑物、高层建筑物和某些生产车间的给水系统才采用环状式。

5.1.4 室内排水系统的分类

室内排水系统的功能是将自卫生器具和生产设备中排出来的污水及降落到屋面上的雨、雪水迅速地排到室外排水管道中去，防止室外排水管道中的有毒或有害气体进入室内，并为污水的处理和综合利用提供便利的条件。

按系统接纳的污废水类型不同，室内排水系统可分为：

1. 生活排水系统

生活排水系统用于排除居住建筑、公共建筑及工厂生活间的污废水。有时，由于污废水处理、卫生条件或杂用水水源的需要，把生活排水系统又进一步分为排除冲洗便器的生活污水排水系统和排除洗漱洗涤废水的生活废水排水系统。此类污废水多含有有机物及细菌，经过处理后，可作为杂用水，用来冲洗厕所、浇洒绿地和道路、冲洗汽车等。

2. 工业污废水排水系统

工业污废水排水系统用于排除工艺生产过程中产生的污废水。为了便于污废水的处理和综合利用，按污染程度可分为生产污水排水系统和生产废水排水系统，生产污水是指污染严重、水的物理性质或化学性质发生了变化，或其内含有对人体有害的物质，如氰等有害元素或酸类、碱类等物质的生产排水；生产废水是指仅含少量无机杂质而不含有毒物质，或只是水温升高经简单处理即可循环利用或重复使用的生产排水，如冷却用水、空调制冷用水等。

3. 屋面雨水排水系统

屋面雨水排水系统用于收集排除降落到建筑物屋面的雨水和融化的雪水，通过系统将这类污水直接排至室外雨水管道或地面雨水排水沟。

5.1.5 室内排水体制及其选择

为了便于污水处理利用，室内排出的废水可以利用不同的排水体制来进行处理。室内排水体制可分为分流制和合流制。

1. 分流制

是将生活污水、工业污废水及雨水等性质不同的污废水通过分别设置的管道来加以排放的排水方式。

优点：为污水的处理和综合利用提供了有利条件。

缺点：存在管道多、工程量大、造价高以及维修困难等问题。

2. 合流制

是将生活污水、工业污废水及雨水等性质不同的污废水中的任意两种或几种，通过一条管道来加以排放的排水方式。

优点：管道少、工程量小、造价低以及维修容易等。

缺点：为污水的处理和综合利用带来了不便。

在选择室内排水体制时，需要考虑如下几个因素：①污废水的性质；②污废水的污染程度；③室外排水体制；④污水处理与综合利用情况等。

依据上述因素，在设置室内排水系统时必须使污废水的处理和综合利用成为可能，并尽量为其创造有利条件，应尽可能做到清、浊分流，减少有害物质和有用物质的污水排放量，以保证污废水的处理效果以及对污水中有用物质的回收和综合利用。为了达到这些目的，在选择室内排水体制时，应遵循以下原则：

（1）在民用建筑物内，应设置生活污水和雨水的分流系统，特别是粪便不得与雨水合流。

（2）不含泥沙和有机杂质的生产废水可与雨水合流。生产污水如果只含泥沙或矿物质而不含有机物时，经沉淀处理后可与雨水合流。

（3）被有机物污染过的生产污水，如符合净化标准，容许与生活污水合流。

（4）当含有一些化学成分的工业废水与生活污水或其他污水混合后，对排水管道有害时，应分别排放。

（5）含有大量油脂的污水应经过除油；呈酸、碱性的污水应经过中和；高温污水应将其温度降至40℃以下；含有大量固体杂质的污水应用格栅阻流清除或做沉淀处理，然后才容许排入室外排水管道。

5.2 室内给水排水系统的组成

5.2.1 室内给水系统的组成

室内给水系统通常由下述各部分组成，如图5-7所示。

1. 引入管

对于一幢独立的建筑物而言，引入管是室外给水管网与室内给水管网之间的联络管段，也称为进户管；对于一个建筑群体、一个建筑小区来说，引入管是指总进水管。

2. 水表节点

水表节点是对引入管上装设的水表及在其前后设置的闸门、泄水装置等的总称。水表前后设置的闸门是用来关闭室内外管网的，以便于水表的检修和拆换。设置泄水装置是为了在检修水表或室内管路时放空室内管网，便于平时检测水表的精度及测定进户点处水的压力值。

3. 管道系统

室内管道系统由水平的或垂直的干管、立管及横支管等组成。干管将水自引入管沿水平方向或竖直方向输送到各个立管；立管将水自干管沿竖直方向输送到各个用水房间内的横支管；横支管将立管输送来的水送至各个配水点。

4. 给水附件

给水附件是指管路上装设的闸阀、止回阀及各式配水龙头等。它们的主要功用是控制管网中的水流，以便满足使用要求，并便于对室内给水系统进行检修。

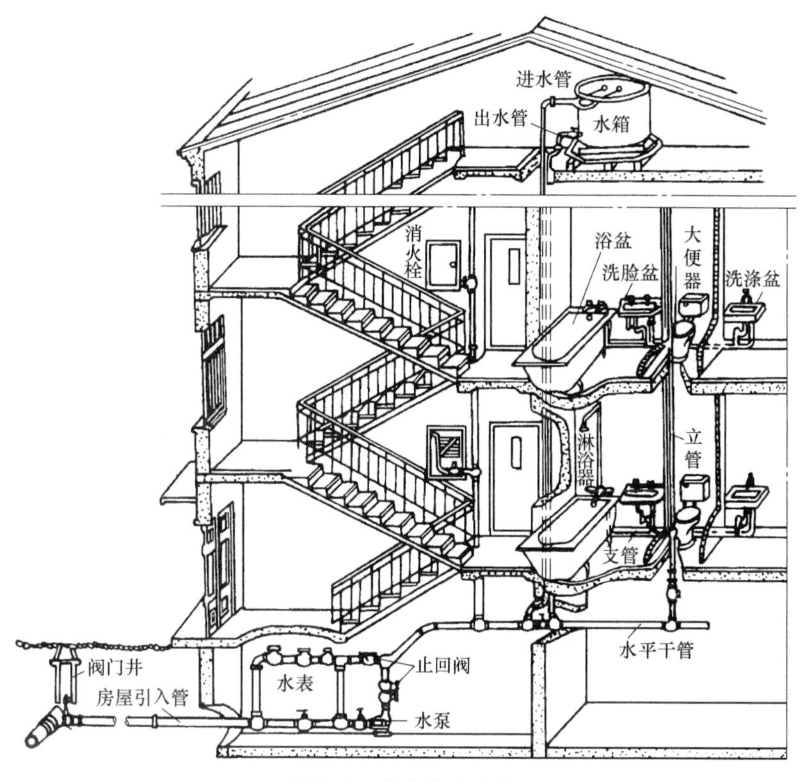

图 5-7　室内给水系统

5. 升压和贮水装置

在室外给水管网压力不足或室内用水对象对水压的稳定性及供水的可靠性有较高要求的情况下，在室内给水系统中需设置水箱、水泵、气压装置及水池等升压和贮水设备。

6. 室内消防设备

按照《建筑设计防火规范》GB 50016—2014 的要求，在需要设置消防给水的建筑物中，常用的消防设备是消火栓；在对防火有特殊要求的建筑物中，还另设有自动喷洒消防装置或者水幕消防装置。

5.2.2　室内排水系统的组成

室内排水系统主要由以下几部分组成，如图 5-8 所示。

1. 污废水收集器

包括各种卫生器具、排放工业废水的设备及雨水斗等。

2. 排水管道

包括器具排水管（包括存水弯）、排水横支管、立管、埋地干管和排出管。

（1）横支管

横支管用于连接卫生器具与排水立管。

安装要求：

1）要有一定的排水坡度，常取 2%～3%；

2）不宜过长，太长容易堵塞；

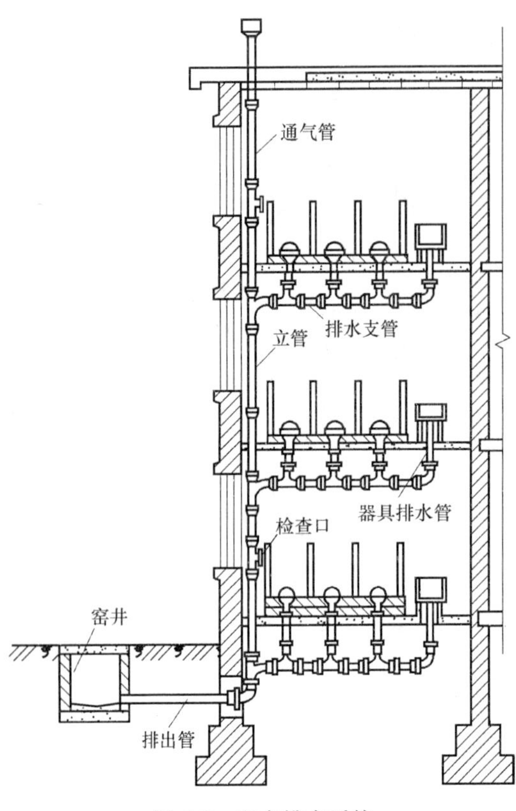

图 5-8　室内排水系统

3）与大便器相连的横支管直径不小于100mm。

（2）立管

安装要求：

1）管径不小于50mm；同时不得小于与之相连的任一横支管管径；

2）放在排水量最大的位置。

（3）排出管（出户管）

安装要求：

1）管径不小于与之相连的任一立管管径；

2）长度通常取2.5～3m，不宜大于10m，太长容易堵塞。

3. 通气管

建筑物内排水系统中通气管的作用是：①将排水管道中的有害气体排出；②减小排水管路中的气压变化，防止卫生器具的水封遭到破坏。

通气管分为普通通气管和辅助通气管。在一般建筑物内的排水系统中只设普通通气管，即将排水立管的上端延伸出屋面而形成的通气管。

4. 清通设备

清通设备主要有清扫口、通塞口、检查口、地漏及室内检查井等。其中，通塞口在横管端部；检查口在立管上，并且每层都应设置。在室内排水管路中，检查口装设于排水立管或较长排水横管的起端（见图5-9）。图5-10所示为一清扫口，是一端部带有罩盖的90°弯头，在排水管路中装设于吊装在楼板下面的较长横管的起端。室内检查井的构造如图5-11所示，它常设置于工业性建筑物内排水管道的转弯、变径或变坡处。这些清通设备的功用是检查、疏通室内的排水管路。

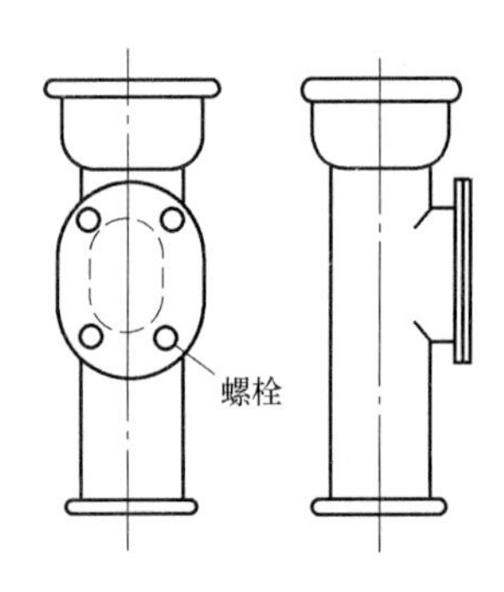

图 5-9　检查口

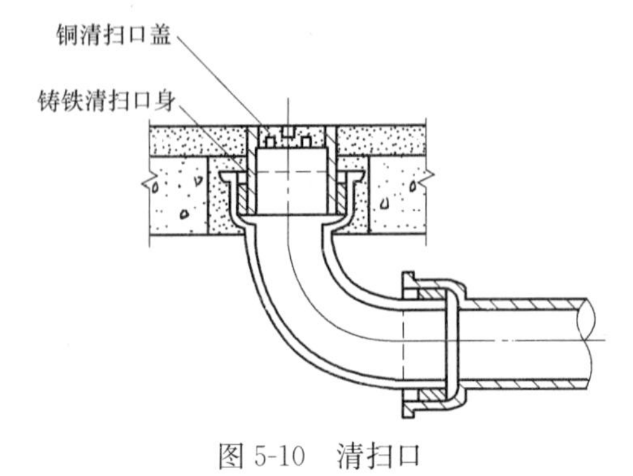

图 5-10　清扫口

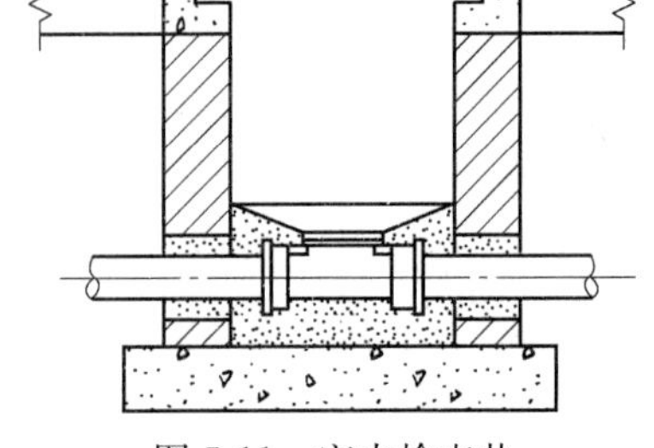
图 5-11　室内检查井

5.3 室内消防系统

为了保护国家和人民的财产，保证人们的生命安全，在进行建筑设计时必须考虑建筑物的防火问题，要认真贯彻“以防为主，以消为辅”的方针，采取适当的防火措施以便减少火灾的损失。在建筑物内设置消防给水系统来扑灭一般物质的火灾，是一种经济有效的方法。

5.3.1 设置室内消防给水系统的一般原则

从我国的实际情况出发，在下列建筑物内应设置室内消防给水系统：

（1）厂房、库房（存有与水接触能引起爆炸或助长火势蔓延的物品除外）；

（2）超过 800 个座位的剧院、电影院、体育馆和超过 1200 个座位的礼堂；

（3）体积超过 5000m^3 的火车站、展览馆、商店、医院等；

（4）超过六层的单元式住宅和六层的其他民用建筑。

此外，随着我国社会主义建设事业和国防事业的迅速发展，一些地下建筑物如地下旅馆、地下商店、地下工厂、地下仓库以及地下指挥所等日益增多，在进行这些地下建筑物的设计时，也应考虑消防给水系统的设置问题。

5.3.2 室内消防给水系统的类型和组成

室内消防给水系统可分为普通消防给水系统、自动喷洒消防给水系统和水幕消防给水系统三种类型。

1. 普通消防给水系统

普通消防给水系统也就是室内的消火栓系统，在低层建筑物中应用较为广泛，用于扑灭建筑物内的初期火灾。一般建筑物内的消火栓给水系统通常是与生活、生产给水系统合并的一个联合给水系统，但是在联合给水系统中，必须用独立的消防立管与消火栓连接，以满足灭火时的供水要求。当共用一个系统不经济或在技术上不可能时，或当建筑物对消防有更高要求时，则需设置独立的消防给水系统。

（1）室内消火栓系统的组成

室内消火栓系统由水枪、水龙带、消火栓、消防管道和水源等组成。室内消火栓系统的水源一般是室外给水管网。当室外给水管网压力不足时，在室内消防给水系统中需设置消防水泵和水箱。通常所说的室内消火栓实际上是指由水枪、水龙带和消火栓阀三部分共同组成的统一体，它被装在消火栓箱内，见图 5-12。

水枪是直接用来扑灭火焰的有力工具，其制造材料常为铝或塑料。室内消火栓所用的水枪均为直流式渐缩形的，其作用是收缩水流，增大流速，以便产生灭火所需要的充实水柱。水枪出流的一端称为喷嘴，喷嘴口径有 13mm、16mm、19mm 三种；另一端称为接口，接口的口径有 50mm 和 65mm 两种。

水龙带有麻织的和橡胶的两种。橡胶的对水流阻力小，麻织的易于折叠，室内消火栓均采用麻织的帆布水龙带。常用水龙带的直径有 50mm、65mm 两种，其长度分别为

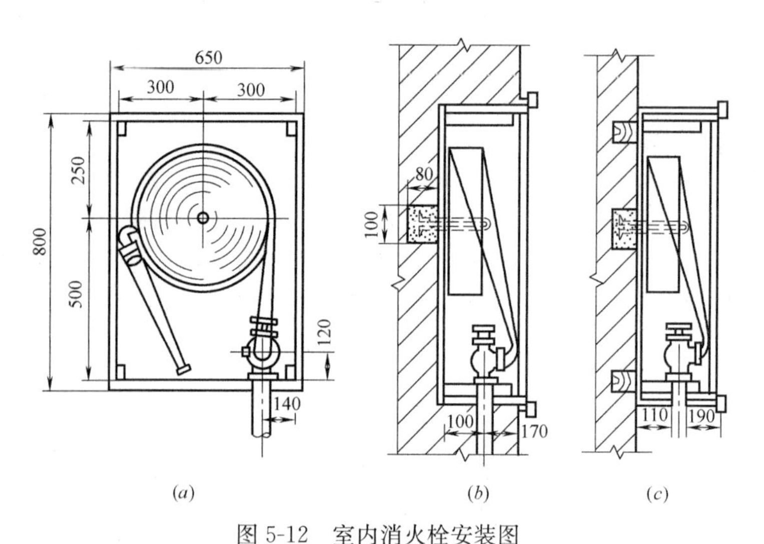

图 5-12　室内消火栓安装图

（a）消火栓安装立面图；（b）暗装时Ⅰ—Ⅰ剖面图；（c）明装时Ⅰ—Ⅰ剖面图

10m、15m、20m 和 25m。

消火栓阀习惯上称为消火栓，它是一种角形阀门，一端为内螺纹，与消防立管连接，另一端为内扣式接头，与水龙带连接。消火栓阀的直径也分为 50mm、65mm 两种，当流量小于 3L/s 时，采用 50mm 的；当流量大于 3L/s 时，采用 65mm 的。双出口消火栓的直径不应小于 65mm。为了便于维护管理，同一建筑物内应采用同一规格的水枪、水龙带和消火栓。

（2）室内消火栓布置

消火栓应当分布在建筑物的各层之中，并且应当布置在经常有人过往、显而易见以及取用方便的地方，例如在多层居住建筑中，宜设于耐火的楼梯间内；在公共建筑中，宜设于耐火的楼梯间内、走廊内及大厅的出入口处；在生产厂房中，宜设于出入口处。在布置室内消火栓时，必须保证所要求的水柱的股数能同时射到建筑物内的任何地方，不允许有任何死角。

消火栓保护半径可按下式计算：

$$R_f = l_d + h \tag{5-1}$$

式中　R_f——消火栓保护半径，m；

l_d——水龙带使用长度（考虑使用时水龙带的弯曲，按实际长度的 80%～90%计算），m；

h——当水枪射流上倾角为 45°时，为建筑物内地板至最高点的高度，m。

当要求有一股水柱能射到建筑物内任何地方时，消火栓的布置间距见图 5-13，可按下式计算：

$$L_f \leqslant 2\sqrt{R_f^2 - b_f^2} \tag{5-2}$$

式中　L_f——消火栓布置间距，m；

R_f——消火栓保护半径，m；

b_f——消火栓最大保护宽度，m。

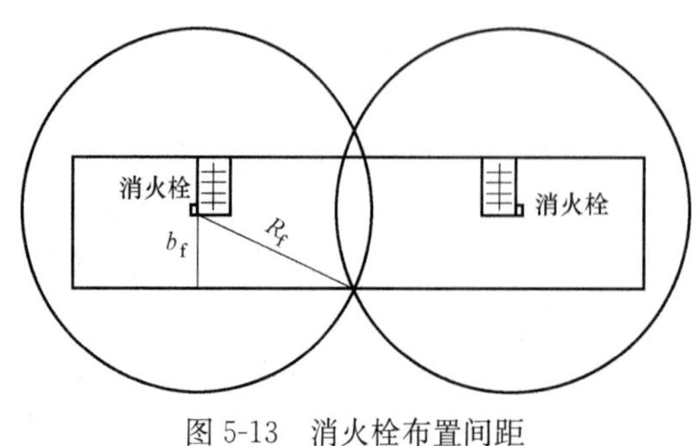

图 5-13　消火栓布置间距

对于超过六层的单元式住宅、六层的

其他民用建筑及超过四层的库房，还应在平屋顶上设置试验和检查用的消火栓。

消火栓口距地面的高度应为1.2m，栓口出水方向宜与设置消火栓的墙面成90°。

（3）室内消防给水管道

室内消防给水管道的布置形式与室外给水管网的形式及室内消火栓的数量有关。当室外给水管网为环状，室内消火栓的数量又在10个以上时，至少应设置两条引入管与室外环状管网连接，并且应将室内管道连成环状，或将两条引入管与室外管道连成环状。

对于超过六层的单元式住宅、六层的其他民用建筑及超过四层的库房，如果室内的消防立管在两条以上时，要求至少每两条立管相连组成环状管道。每一立管的管径至少应按相邻两层中两个消火栓同时出水来进行计算。

要求在每一消防立管的底部及其余消防管路的适当位置上装设阀门，将管路分成若干独立的管段，以保证在进行管路检修时停止使用的消火栓的数量在一层中不超过5个。阀门应经常开启，并有明显的开闭标志。

2. 自动喷洒消防给水系统

自动喷洒消防给水系统，是一种既能自动喷水灭火，同时又能够发出火警信号的消防给水系统。由于这种系统灭火及时、效果好，故宜设置在火灾危险性大、起火蔓延快、火灾损失大的场所，或设置在容易自燃而无人管理的仓库内以及对消防要求较高的一些建筑物内。如设置在纺织厂、木材加工厂、易燃与可燃物仓库、大型百货商店、大型影剧院以及一些高层建筑物内。

自动喷洒消防给水系统由洒水喷头、管网、控制信号和水源等部分组成，如图5-14所示。其工作原理是：当在喷头的保护区域内发生火灾时，由于火焰和热气流的作用，喷头周围的气温上升，当温度上升到预定限度时，易熔合金锁片上的焊料熔化，锁片分离，八角支撑失去作用，于是管路中的水依靠自身的压力冲开阀片，从喷口喷射在布水盘上，形成散射水流以利于灭火。

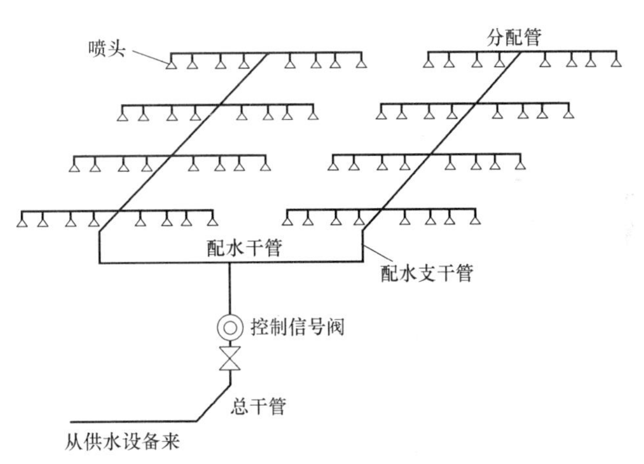

图5-14　自动喷洒消防给水系统

为了保证在火灾发生时，消防给水管路能自动供水并同时发出火警信号，在自动喷洒消防给水系统中均装有控制信号阀。控制信号阀通常设置在建筑物的出入口处或消防值班室内。目前，有些国家在防火要求高、火灾危险性大的建筑物内都采用了比较先进的火灾报警装置，如感温式报警器，温、烟、光三种信号的综合报警装置等。

自动喷洒消防给水系统可为独立的管道系统，也可以和消火栓系统合并为一个共用系统，不允许与生活给水系统合用。为了保证消防供水的可靠性，一般采用环状管网。

3. 水幕消防给水系统

水幕消防给水装置是能够将水喷成幕状，用来隔离火灾地区或冷却防火隔断物，防止火灾蔓延，保护火灾邻近地区的建筑物的一种消防装置。例如，在工厂的两个车间之间，当由于生产工艺的要求或其他一些原因不允许设置防火墙时，则常设置由一些轻便耐火材料制成的防火隔断物，同时在隔断物的火灾危险性较大的一侧装设水幕消防装置。又如在剧院舞台上方防火幕靠台内的一侧装设水幕消防装置，在一定时间内可有效阻止火势向观众蔓延。

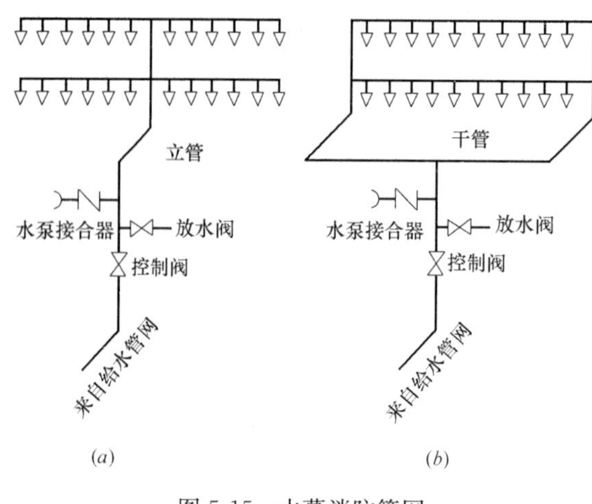

图 5-15 水幕消防管网

（a）枝状水幕消防管网系统；（b）环状水幕消防管网系统

水幕消防给水系统亦由喷头、管网、控制设备和水源四部分组成，如图 5-15 所示。水幕喷头有两种形式，一种是用于保护墙、门、窗和帷幕等立面的喷头，称为窗户水幕喷头；另一种是用于保护天棚、屋檐等上方平面的喷头，称为檐口水幕喷头。

水幕消防给水系统的管网形式有枝状（中央立管式）和环状（两边立管式）两种，水幕消防给水系统的启闭一般采用手动阀门来控制。对于不能保证经常有人驻守或火势蔓延速度极快的场所，应采用自动启闭装置，如采用电传感温器、易熔锁闸头等装置。

5.4 室内给水排水系统的安装

5.4.1 室内给水系统的安装

1. 室内给水管道的布置

设计室内给水系统时，在选定室内给水系统的给水方式之后，还必须根据建筑物的性质、结构形式、用水要求和用水设备的类型及位置等因素，合理地进行管网的布置和确定管道的敷设方式。室内给水管道布置的总原则是：力求管线短、阀件少、敷设简便，注意美观，便于安装和维修。

（1）引入管

室外与室内给水管网的联络管称为引入管。对于一般性建筑物内的给水系统，只设置一根引入管；对于用水量大且不允许断水，或室内消火栓总数在 10 个以上的大型或多层建筑物内的给水系统，才设置两根或两根以上的引入管。需要说明的是，只有当室外给水管网为环状管网时，设置两根引入管才能较大地增加室内供水的可靠性。两根引入管通常应从室外环状管网的不同侧引入，如图 5-16 所示；如不可能时，也可由环状管网的同侧引入，但是两根引入管间的距离不得小于 10m，并应在两接点间设置阀门，如图 5-17 所示。

引入管应沿着与外墙垂直的方向从建筑物用水量最大处接入室内，对于用水设备或卫生器具分布较均匀的建筑物，亦可从建筑物的中央接入，以便缩短给水管网向不利用水点输水的长度，减少管网中水流的水头损失。

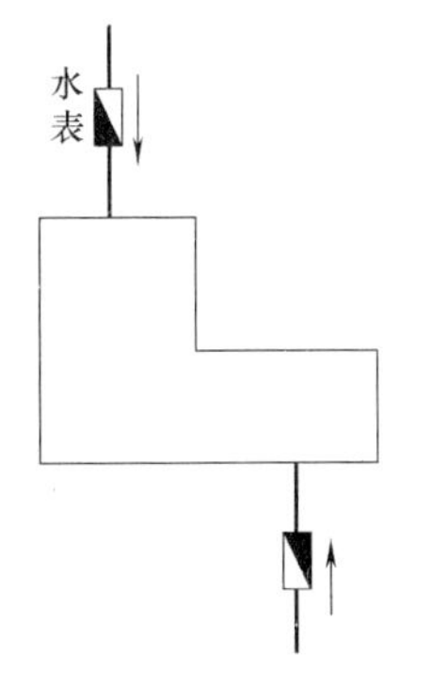

图 5-16　引入管异侧引入

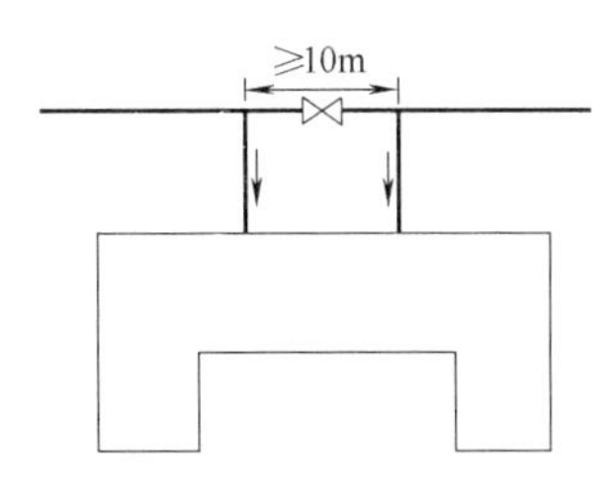

图 5-17　引入管同侧引入

（2）室内管道

室内给水管网的供水干管宜靠近用水量大的设备或不允许断水的用水点布置，以保证供水可靠，并减少管道的转输流量，使大口径管道长度最短。

工厂车间内的给水管道采用架空布置时，管道不得妨碍生产操作、交通运输和室内空间的使用；不允许把管道布置在遇水能引起爆炸、燃烧或损坏的原料、产品和设备上面；尽量避免管道从设备上面通过。

给水管道采用直接埋地敷设时，应避免将管道布置在可能被重物压坏或被设备震坏的地方；不允许管道穿越生产设备的基础，必须穿越时，应与有关专业协商处理。

室内给水管道不允许敷设在排水沟、烟道及风道内；不允许穿过大小便槽、橱窗、壁柜、木装修；应尽量避免穿过建筑物的沉降缝，如果必须穿过时要采取必要的技术措施。

2. 室内给水管道的敷设

根据建筑物在卫生、美观方面要求的不同，室内给水管道的敷设分为明装和暗装两种方式。

（1）明装

明装即给水管道沿墙、梁、柱等的表面裸露装设。

给水管道明装，施工、维修简便，管路造价低。但是明装给水管道由于其表面容易产生凝结水，并会积聚灰尘，因而对室内卫生有着不良影响，同时也有碍于室内美观。

明装方式主要适用于建筑标准不高的一般民用建筑内部和生产厂房内部的给水管道。

（2）暗装

暗装即将给水管道敷设在地下室的顶棚下或吊顶内，或是在管井、管槽、管沟中隐蔽敷设。

给水管道暗装的优点是室内卫生、整洁、美观；但是存在管路施工复杂、维修困难及造价高等缺点。

暗装方式主要适用于建筑标准高的居住建筑、大型公共建筑及生产工艺有特殊要求的车间内的给水管道，如高级宾馆、精密仪器生产车间内的给水管道。

当建筑物内管道种类较多时，给水管道可以和其他管道同路敷设。对于同路敷设的管道，应根据各类管道的性质按照有关设计规范的要求，正确确定它们的相互位置及相互间的距离。给水引入管常作埋地敷设，其室外部分的埋设深度应根据土壤冰冻线的深度及地面荷载情况来决定，通常低于冰冻线 20mm，自管顶算起覆土深度不得小于 0.7m。

引入管穿越外承重墙或基础时，应注意保护管道。若基础埋设较浅，则管道可以从基础底部穿过（见图 5-18）；若基础埋设较深，则引入管将穿越承重墙或基础本体（见图 5-19），此时在承重墙或基础上应预留直径大于引入管直径 200mm 的孔洞。

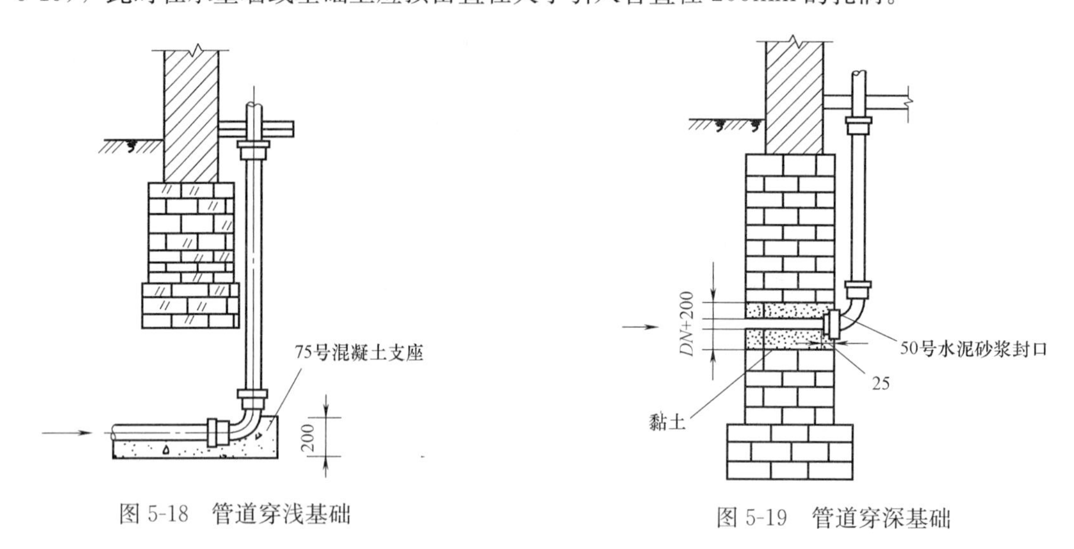

图 5-18 管道穿浅基础

图 5-19 管道穿深基础

在引入管上必须装设阀门和必要的泄水装置，同时引入管应以不小于 0.003 的坡度坡向室外管网，以便在检修时将室内管网中的水泄出。

3. 室内给水管道的安装顺序

室内给水管道应按引入管、水平干管、立管、水平支管的顺序安装，亦即按给水的水流方向安装。

（1）引入管的安装

每条引入管上应装设阀门和水表、止回阀。当生活和消防共用给水系统，且只有一条引入管时，应绕水表旁设旁通管，旁通管上设阀门。

给水管道室内外界限划分：以引入管阀门为界，或以水表井为界，或以建筑物外墙皮 1.5m 为界。

（2）干管的安装

给水横干管宜敷设在地下室、技术层、吊顶内，宜设 0.2%～0.5%的坡度，坡向泄水装置。

给水管与其他管道共架或同沟敷设时，给水管应敷设在排水管、冷冻水管上面或热水管、蒸汽管下面。给水管与排水管平行埋设时管外壁的最小允许距离为 0.5m，交叉埋设时为 0.15m。如果给水管必须敷设在排水管的下面时，应加设套管，其长度不应小于排水管管径的 3 倍。

给水管道穿过地下室外墙或构筑物墙壁时，应采用防水套管。穿过承重墙或基础时，应预留洞口并留足沉降量，一般管顶上部净空不宜小于 0.1m。

（3）立管、支管的安装

给水管道的布置不得妨碍生产操作、交通运输和建筑物的使用。不应布置在遇水会引起燃烧、爆炸或损坏的设备上方，如配电室、配电设备、仪器仪表上方。给水管道不得穿越设备基础、风道、烟道、橱窗、壁柜、木装修，不得穿过大便槽、小便槽等。当给水立管距小便槽端部小于或等于 0.5m 时，应采用建筑隔断措施。不得敷设在排水沟内，不得穿过伸缩缝、沉降缝。如必须穿过时应采取以下措施，如预留钢套管、采用可曲挠配件、上方留有足够的沉降量等。给水立管可以敷设在管道井内。给水立管明装时宜布置在用水量大的卫生器具或设备附近的墙角、墙边或立柱旁。

冷、热给水管上、下并行安装时，热水管在冷水管的上面；垂直并行安装时，热水管在冷水管的左侧。

（4）塑料管的安装

塑料管道一般宜明装，在管道可能受到碰撞的场所，宜暗装或采取保护措施。给水聚丙烯管宜暗装，暗装的方式分为直埋和非直埋两种。直埋是指嵌墙和地坪面层内敷设，非直埋是指管道井、吊顶内或地坪架空层内敷设。

塑料管应远离热源，立管距灶边净距不得小于 400mm；当条件不具备时，应采取隔热防护措施，但最小净距不得小于 200mm。塑料管与供暖管道的净距不得小于 200mm。塑料管与其他金属管道平行时，应有一定的保护距离，净距离不宜小于 100mm，且塑料管布置在金属管的内侧。

塑料管道穿越楼板、屋面时，必须设置钢套管，套管高出地面、屋面 100mm。

采用金属管卡固定管道时，金属管卡与塑料管之间应用塑料带或橡胶物隔垫。

室内地坪±0.00 以下的塑料管道敷设宜分两段进行，先进行地坪±0.00 以下基础墙外管段的敷设，土建施工结束后再进行户外连接管的敷设。室内地坪以下管道敷设应在土建回填土夯实后重新开挖进行。

水箱的进出水管、排污管、自水箱至阀门间的管道不得采用塑料管，公共建筑、车间内的塑料管长度大于 20m 时应设伸缩节。

4. 管道防护及水压试验

（1）管道防腐

为防止金属管道锈蚀，在敷设前应进行防腐处理。管道防腐包括表面清理和喷刷涂料。表面清理一般分为除油、除锈和酸洗三种。喷刷的涂料分为底漆和面漆两类，涂料一般采用喷、刷、浸、洗等方法附着在金属表面上。

埋地的钢管、铸铁管一般采用涂刷热沥青绝缘防腐，在安装过程中某些未经防腐的接头处也应在安装后进行以上防腐处理。

（2）管道防冻、防结露

在寒冷地区，对于设置在屋顶的水箱及敷设在不供暖房间内的或受室外冷空气影响较大的门厅、过道内的给水管道，需要采取保温措施，以避免其内的水冬季结冰。保温的通常做法是：在管道或设备的表面先刷防锈漆，然后采用矿渣棉、玻璃棉或膨胀蛭石等保温材料，或者用泡沫水泥瓦、珍珠岩瓦等制品作保温层，再外包玻璃丝布并在其上涂刷油漆或抹石棉水泥作保护层。各种保温层的具体做法参见有关国家标准图集。在温度较高、湿度较大的房间内，如在厨房、洗涤间及某些车间内，给水系统中的管道与设备的外表面有可能结露，产生凝结水，这样会损坏墙面并影响室内卫生，因此必须采取防结露措施，通常是做防潮层。防潮层的做法一般与保温层的做法相同。

（3）水压试验

给水管道安装完成确认无误后，必须进行系统的水压试验。室内给水管道试验压力为工作压力的1.5倍，但不得小于0.6MPa。

（4）管道冲洗、消毒

生活给水系统管道试压合格后，应将管道内的存水放空。各配水点与配水件连接后，在交付使用之前必须进行冲洗和消毒。冲洗方法应根据对管道的使用要求、管道内表面污染程度确定。冲洗顺序为先室外，后室内；先地下，后地上。室内部分的冲洗应按配水干管、配水管、配水支管的顺序进行。

管道冲洗宜用清洁水进行。冲洗前，应将不允许冲洗的设备和管道与冲洗系统隔离，应对系统的仪表采取保护措施。节流阀、止回阀阀芯和报警阀等应拆除，已安装的孔板、喷嘴、滤网等装置也应拆下保管好，待冲洗后及时复位。冲洗前，还应考虑管道支架、吊架的牢固程度，必要时还应该进行临时加固。

饮用水管道在使用前用每升水中含20～30mg游离氯的水灌满管道进行消毒，水在管道中停留24h以上。消毒完后再用饮用水冲洗，并经有关部门取样检验，符合国家标准《生活饮用水卫生标准》GB 5749—2006后方可以使用。

5.4.2 室内排水系统的安装

1. 室内排水管道的布置原则

室内排水管道的布置，应使室内排水系统具有良好的水力条件，不易损坏，便于管理，并且能满足使用安全和经济美观的要求。布置室内排水管道应遵循以下主要原则：

（1）排出管应尽可能短。因为污水中杂质含量高，污水在排水管路中的流动是重力流，排出管过长易堵塞且不易清通；同时，由于排出管必须具备一定的坡度坡向室外，排出管过长必然会增大室外排水管道的埋深，这样很不经济合理。

（2）污水立管应设置在最脏、杂质最多及排水量最大的排水点处，一般设置在墙角、柱角或沿墙、柱设置，但应避免穿越卧室、办公室和其他对卫生、安静要求较高的房间，生活污水立管应避免靠近与卧室相邻的内墙。

（3）排水管道要尽量作直线连接，注意减少不必要的转折。排水立管在竖直方向必须转弯时，应用“乙”字管或两个45°弯头连接。

（4）尽量减少排水管与其他管道或设备相互交叉、穿越。埋地敷设的排水管道应避免布置在可能被重物压坏或被设备震裂的地方，因此管道不宜穿越设备基础，若必须穿越时，应与有关专业协商，在技术上作特殊处理。

（5）明装的室内排水管道应尽量与墙、梁、柱的表面平行敷设，以保持室内的美观；当建筑物对美观及卫生要求较高时，管道可暗装，但要尽量利用建筑装修使管道隐蔽，这样不仅美观而且经济。

（6）管道应尽量避免穿越伸缩缝、沉降缝，若必须穿越时，应采取相应的技术措施。

（7）排水架空管道不得敷设在遇水能引起爆炸、燃烧或损坏的原料、产品及设备的上方；也不得敷设在有特殊卫生要求的生产厂房、食品及贵重物品仓库、通风小室和变配电间内。

（8）在层数较多的建筑物内，为了防止由于立管底部出现过大正压而造成污水沿底层卫生器具外溢的现象，底部的生活污水管道可采用单独的方式设置。

（9）布置室内排水管道时，在管道的安装位置应留有足够的空间，以利于拆换管件和清通维护工作的进行。

2. 室内排水管道的敷设

室内排水管道的敷设方式有两种：明装和暗装。

（1）明装和暗装优缺点比较

明装：造价低，施工维护方便，但是卫生条件差，欠美观。由于排水管道的管径较大，且需要经常清通维修，所以应以明装为主。

暗装：室内卫生条件好，较美观，但造价高。因此，对美观和卫生要求较高的建筑物，如高级宾馆、住宅、大型公共建筑等，常采用这种方式。

（2）敷设要求

1）间距要求：排水立管管壁与墙、柱等的表面净距常为25～30mm；排水管道与其他管道一起埋设时，管间水平方向的净距为1.0～3.0m，竖向净距为0.15～0.2m。

2）埋深要求：为了避免埋地敷设的水管遭受机械损坏，管道必须具有一定的埋深。不同地面对应的不同材质排水管道的最小埋深见表5-1。

排水管道的最小埋深 **表5-1**

管材	地面至管顶的距离(m)	
	素土夯实、碎石、砾石、大卵石、缸砖、木砖地面	水泥、混凝土、沥青混凝土、菱苦土地面
排水铸铁管	0.7	0.4
混凝土管	0.7	0.5
带釉陶土管	1.0	0.6

注：1. 在铁轨下采用钢管、给水铸铁管，管道的埋深从轨底至管顶的距离不得小于1.0m；
2. 在管道有防止机械损坏措施或不受机械损坏的情况下，其埋深可小于表5-1及注1所示值；
3. 在工业企业生活间和其他不可能受机械损坏的房间内，管道的埋设深度可减少0.1m。

3）预留孔洞要求：排水立管需穿过楼层时，预留孔洞的尺寸一般较管径大50～100mm，见表5-2；排水管穿越承重墙或基础时，应预留孔洞，孔洞尺寸见表5-3，且管顶上部净空高度一般不小于0.15m。

排水立管穿楼板预留孔洞尺寸（mm） **表5-2**

管径	50	75～100	125～150	200～300
孔洞尺寸	100×100	200×200	300×300	400×400

排水管穿基础预留孔洞尺寸（mm） **表5-3**

管径 d	50～75	>100
孔洞尺寸(高×宽)	300×300	$(d+300)\times(d+300)$

4）固定措施要求：排水管的固定措施较简单，立管用管卡固定，其间距不得超过3m，管卡应设在管道承接头处的承口端；横管一般用管卡、支吊架固定，支点间距不得超过每根铸铁管的长度，且应将支点设在承插接头处的承口端。

3. 室内排水管道的安装顺序

室内排水管道一般按排出管、立管、通气管、支管和卫生器具的顺序安装，也可以随土建施工的顺序进行排水管道的分层安装。

（1）排出管的安装

排出管一般敷设在地下室或地下。排出管穿过地下室外墙或地下构筑物的墙壁时应设置防水套管；穿过承重墙或基础处应预留孔洞，并做好防水处理。

排出管与室外排水管连接处设置检查井。一般检查井中心至建筑物外墙的距离不小于3m，不大于10m。排出管在隐蔽前必须做灌水试验，其灌水高度不应低于底层卫生器具的上边缘或底层地面的高度。

（2）排水立管的安装

排水立管通常沿卫生间墙角敷设，不宜设置在与卧室相邻的内墙外，宜靠近外墙。排水立管在竖直方向转弯时，应采用乙字弯或两个45°弯头连接。立管上的检查口与外墙成45°角。立管应用管卡固定，管卡间距不得大于3m，承插管一般每个接头处均应设置管卡。立管穿楼板时，应预留孔洞。排水立管应做通球试验。

（3）排水横支管的安装

一层的排水横支管敷设在地下或地下室的顶棚下，其他层的排水横支管在下一层的顶棚下明设，有特殊要求时也可以暗设。排水管道的横支管与立管连接，宜采用45°斜三通或45°斜四通和顺水三通或顺水四通。卫生器具的排水管与排水横支管连接时，宜采用90°斜三通。排水横支管、立管应做灌水试验。

（4）通气管的安装

1）伸顶通气管。伸顶通气管高出屋面不得小于0.3m，且必须大于最大积雪厚度。在通气管口周围4m以内有门窗时，通气管口应高出门窗顶0.6m或引向无门窗一侧。在经常有人停留的平屋面上，通气管口应高出屋面2.0m，并根据防雷要求考虑设置防雷装置。伸顶通气管的管径不小于排气立管的管径。但是在最冷月平均气温低于−13℃的地区，应在室内平顶或吊顶以下处将管径放大一级。

2）辅助通气系统。对卫生要求较高的排水系统，宜设置器具通气管，器具通气管设在存水弯出口端。连接4个及以上卫生器具且与立管的距离大于12m的污水横支管和连接6个及以上大便器的污水横支管应设环形通气管。环形通气管从横支管最始端的两个卫生器具间接出，并在排水支管中心线以上与排水管呈垂直或45°连接。

专用通气立管只用于通气，专用通气立管的上端在最高层卫生器具上边缘或检查口以上与主通气立管以斜三通连接，下端应在最低污水横支管以下与污水立管以斜三通连接。专用通气立管应每隔2层，主通气立管每隔8～10层与排水立管以结合通气管连接。专用通气立管的安装过程同排水立管的安装，并按排水立管的安装要求安装伸缩节。

（5）排水铸铁管的安装

排水铸铁管安装前，需逐根进行外观检查。排水管材常用砂轮切割机切断，要求断口齐整，无缺口和裂缝，管口端面与管中心线垂直，偏差不大于2mm。

排水立管的高度在50m以上，或在抗震设防8度地区的高层建筑，应在立管上每隔2层设置柔性接口；在抗震设防9度地区，立管和横管均应设置柔性接口。

（6）建筑排水硬聚氯乙烯管的安装

管道可以明装或暗装。在最冷月平均最低气温0℃以上，且极端最低气温−5℃以上地区，可将管道设置于外墙。高层建筑室内排水立管宜暗设在管道井内。

管道埋地敷设时，先做室内部分，将管子伸出外墙250mm以上。待土建施工结束后，再敷设室外部分，将管子接入检查井。埋地管道穿越地下室外墙时，应采取防水措施。塑料排水管应按设计要求设置伸缩节。

4. 室内排水管道的清通设备安装

为了保证室内排水系统能经常处于良好的工作状态，以及在其发生堵塞时能够有效地进行清通，室内排水管道上的清通设备设置应满足下列要求：

（1）检查口

排水立管上检查口的距离不宜大于10m，但在建筑物的底层和设有卫生器具的两层以上坡屋顶建筑物的最高层必须设置一个检查口，平屋顶建筑可用通气管顶口代替检查口；检查口中心离地面的高度为1.0m，并应高出该层被连接卫生器具的边缘0.15m。

（2）清扫口

当悬吊在楼板下面的排水横支管上有2个及2个以上大便器或3个及3个以上卫生器具时，宜在横支管的始端设置清扫口。为了方便清通，清扫口中心至与横支管相垂直的墙面的距离不得小于0.2m。

（3）地漏

地漏用于排泄卫生间等室内的地面积水，形式有钟罩式、筒式、浮球式等。每个男女卫生间、盥洗间均应设置1个*DN*50规格的地漏。地漏应设置在易溅水的卫生器具如洗脸盆、拖布池、小便器（槽）附近的地面上。

（4）室内检查井

对于排除不散发有害气体或大量蒸汽的工业废水的排水管道可以在建筑物内设置检查井，可以在管道转弯和连接支管处、管道的管径及坡度改变处、直线管段上每隔一定距离处设置。生活污水排水管道不得在建筑物内设置检查井。

复习思考题

1. 室内常用供水方式有哪几种？各具有什么特点？选用条件是什么？
2. 室内给水系统是如何分类的？通常有哪些组成部分？
3. 室内消防系统有哪些类型？各类型的系统由哪些部分组成？
4. 室内排水系统由哪几部分组成？室内排水管路上常用的清通附件有哪些？

第6章　供暖工程

供暖是用人工的方法向室内供给热量，保持一定的室内温度，以创造适宜的生活条件或工作条件的技术。本章从供暖系统的概述入手，主要介绍了供暖系统的基本形式与组成，包括供暖系统的分类、分户热计量供暖系统、辐射供暖系统、蒸汽供暖系统、热风供暖系统，最后介绍了供暖系统的安装。

6.1　供暖系统概述

供暖工程，广义上是指为人们生产、生活及其他活动提供热能的系统工程，它主要包括热源、输送、控制、散热及其相关附属的所有工程；狭义上是指在建筑物内安装的用于冬季取暖用的管道和设备及热源设备设施的统称。

所谓供暖，就是使室内获得热量并保持一定的室内温度，以达到适宜的生活条件或工作条件的技术。所有供暖系统都由热媒制备（热源）、热媒输送（输配管网）和热媒利用（散热设备）三个主要部分组成（见图 6-1）。

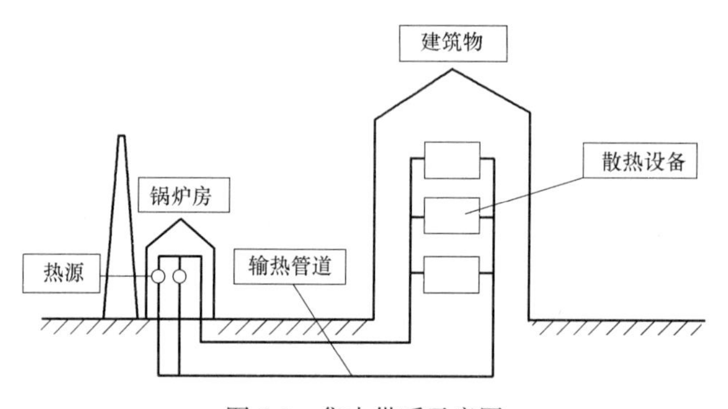

图 6-1　集中供暖示意图

从开始供暖到结束供暖的期间称为供暖期。《工业建筑供暖通风与空气调节设计规范》GB 50019—2015（以下简称暖通规范）规定，设计计算用供暖天数，应按累年日平均温度稳定低于或等于供暖室外临界温度的总日数确定。对于一般民用建筑和工业建筑，供暖室外临界温度一般采用 5℃。各地的供暖期天数及起止日期，可从有关资料查取。我国幅员辽阔，各地设计计算用供暖期天数不一样，东北、华北、西北、新疆、西藏等地区的供暖期均较长，多的达 200d 以上，少的也多余 100d。例如，北京设计计算用供暖期天数可达 129d。设计计算用供暖期，是计算供暖期建筑物的能量消耗及进行技术经济分析比较等的不可或缺的数据，并不指具体某地方的实际供暖期，各地的实际供暖期应由各地主管部门根据实际情况自行确定。

6.2 供暖系统的基本形式与组成

6.2.1 供暖系统的分类

供暖系统通常可以采用以下三种方法进行分类：

1. 按组成部分的相互位置关系分类

按组成部分的相互位置关系可分为局部供暖系统、集中供暖系统和区域供暖系统。

（1）热媒制备、热媒输送和热媒利用三个主要组成部分在构造上都在一起的供暖系统，如烟气供暖（火炉、火墙、火炕等）、电热供暖和燃气供暖等。虽然燃气和电能通常由远处输送到室内，但热量的转化和利用都是在散热设备上实现的。

（2）热源和散热设备分别设置，用热媒管道相连接，由热源向各个房间或各个建筑物供给热量的供暖系统，称为集中供暖系统。暖通规范规定：累计日平均温度稳定低于或等于5℃的日数大于或等于90d的地区，宜设置集中供暖。设置供暖的公共建筑和工业建筑，当其位于严寒地区或寒冷地区，且在非工作时间或中断使用时间内，为了防止水管及其他用水设备等发生冻结，室内温度必须保持0℃以上，而利用房间蓄热量不能满足要求时，应按5℃设置集中供暖。

（3）一个锅炉房向一个区域内的许多建筑物供暖系统供热的系统，称为区域供暖系统；如果这个系统还兼供生产的其他用热，则称为区域供热系统。目前多采用区域热电厂锅炉房进行供热。尤其是电热厂供热，实行热电联产，锅炉热效率高，有利于节约燃料、保护和改善环境卫生，容易实现机械化、自动化，精简管理人员，改善劳动条件，节约土地。

2. 按热媒类型分类

根据热媒种类不同可分为热水供暖系统、蒸汽供暖系统、热风供暖系统。

（1）热水供暖系统的热媒是热水，根据热水在系统中循环流动的动力不同，热水供暖系统又分为以自然循环压力系统为动力的自然循环热水供暖系统（重力循环热水供暖系统）、以水泵为动力的机械循环热水供暖系统。

（2）蒸汽供暖系统的热媒是蒸汽。根据蒸汽压力的不同，蒸汽供暖系统可分为低压蒸汽供暖系统（蒸汽压力在0.05～0.07MPa之间）和高压蒸汽供暖系统（蒸汽压力在0.07MPa以上）。

（3）热风供暖系统以热空气作为热媒，即把空气加热到适当的温度直接送入房间，以满足供暖要求。根据需要和实际情况，可设独立的热风供暖系统或采用通风和空调联合的系统。例如暖风机、热风幕等就是热风供暖系统的典型设备。

3. 按设备散热方式分类

按设备散热方式的不同可分为对流供暖和辐射供暖。

（1）以对流热交换为主要方式的供暖称为对流供暖。系统中的散热设备是散热器，因而这种系统也称为散热器供暖系统。利用热空气作为热媒向室内供给热量的供暖系统称为热风供暖系统，它也是以对流方式向室内供热。

(2) 辐射供暖是以辐射传热为主的一种供暖方式。辐射供暖系统的散热设备主要采用金属辐射板，或以建筑物部分顶棚、地板或墙壁作为辐射散热面。

6.2.2 分户热计量供暖系统

设置分户热计量供暖系统的目的：①水平支路长度限于一个住户之内；②能够分户计量和调节供热量；③可分室改变供热量，以满足不同的室温要求。

系统在每户的供水管上安装热表（如热表本身无过滤器，在热表前的管道上还应设置过滤器）和调节阀，在供回水管上安装锁闭阀和关断阀，在户内每组散热器上安装温控器。将每户的锁闭阀、调节阀、热表及向各楼层和各住户供给热媒的供回水立管设在公共的楼梯间竖井内，便于供热管理部门控制和抄表。通常建筑物的一个单元设一组供回水立管，多个单元的供回水干管可设在室内或室外管沟中。为了防止铸铁散热器铸造型砂以及其他污物积聚，堵塞热表、温控阀等部件，分户供暖系统宜用不残留型砂的铸铁散热器或其他材质的散热器，系统投入运行前应进行冲洗，此外用户入口还应装设过滤器。以下介绍几种分户热计量供暖系统形式。

1. 分户水平单管系统

分户水平单管系统优缺点：布置管道方便、节省管材、排气不甚容易（排气可通过：跑风（手动），造价低；串联空气管（自动排气阀），造价高）。分户水平单管系统可分为顺流式、同侧接管跨越式、异程接管跨越式，如图 6-2 所示。

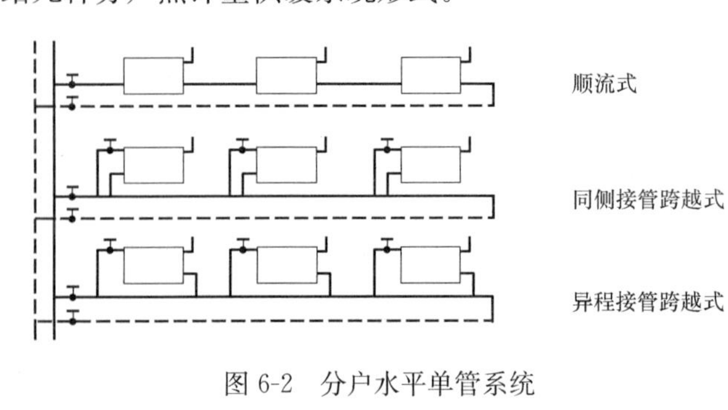

图 6-2　分户水平单管系统

水平顺流式系统特点：分户计量、可分户调节、不能分室调节。

水平跨越式系统特点：分户计量、可分户调节、能分室调节、可安装温控阀实现房间温度自动调节。

2. 分户水平双管系统

该系统一个住户内的各组散热器并联，可实现分房间温度控制。与单管系统相比，耗费管材多。户内供回水干管可设置成上供下回式、上供上回式和下供下回式，系统可布置成同程式和异程式，如图 6-3 所示。

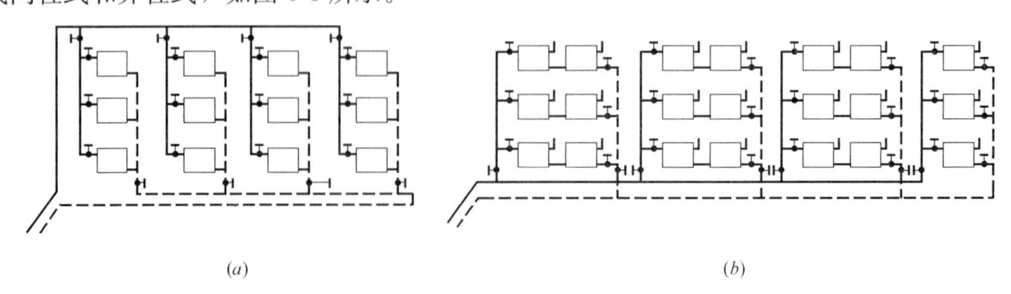

图 6-3　分户水平双管系统

(*a*) 同程式系统；(*b*) 异程式系统

3. 分户水平单双管系统

兼有上述分户水平单管和双管系统的优缺点，可用于面积较大的户型以及跃层式建筑。

4. 分户水平放射式系统

在每户的供热管道入口处设小型分水器和集水器，各组散热器并联（见图 6-4）。从分水器引出的散热器支管呈辐射状埋地敷设（因此又称为“章鱼式”）至各组散热器。分户水平放射式系统可分户计量、分室调节，可安装温控阀自动控制温度，排气不易。

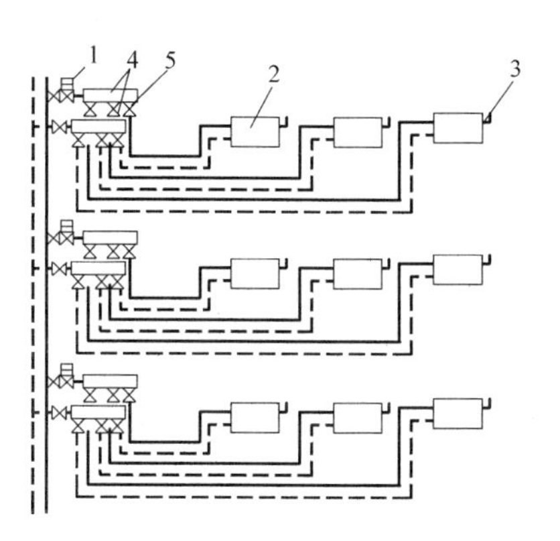

图 6-4　分户水平放射式系统

1—热表；2—散热器；3—放气阀；
4—分、集水器；5—调节阀

分户热计量有较多的形式，概括起来主要有以下几种：

（1）竖井内双管式，户内水平串联，入口设热水表、锁闭阀，每组散热器需设跑气器。

（2）竖井内双管式，户内水平并联，入口设热表、锁闭阀，每个散热器均设温控阀。

（3）竖井内双管式，户内水平跨越式串联，入口设热量表、锁闭阀，每个散热器均设温控阀。

（4）户内双管水平并联，每户设热量表、锁闭阀，散热器设温控阀。

（5）竖井内双管式，户内地板辐射供暖，每户设热量表、锁闭阀，散热器设温控阀及分、集水器。

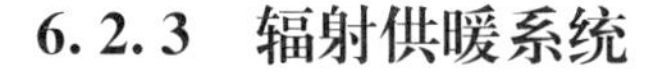

6.2.3　辐射供暖系统

1. 概述

辐射供暖是指提升围护结构内表面中一个或多个表面的温度，形成热辐射面，依靠辐射面与人体、家具及围护结构其余表面的辐射热交换进行供暖的技术方法。辐射面可以通过在围护结构中埋入热媒管路来实现，也可以在顶棚或墙表面加设辐射板来实现。辐射供暖具有节能、舒适性强、能实现“按户计量、分室调温”、不占用室内空间等特点。目前辐射供暖除用于住宅和公用建筑之外，还广泛用于空间高大的厂房、场馆和对洁净度有特殊要求的场合。

2. 辐射供暖的分类

按供热范围可以分为局部辐射供暖（如燃气器具或电炉）和集中辐射供暖；按辐射面温度可以分为高、中、低温辐射供暖；按热媒可以分为热水、蒸汽、空气和电辐射供暖。

3. 地板辐射供暖系统的组成

地板辐射供暖系统主要由锁闭阀、调节阀、关断阀、过滤器、热表、集水器、分水器、排气阀、加热管等组成，如图 6-5 所示。热水由设在公共楼梯间竖井内的供水立管流入用户地板辐射供暖系统供水管，经过滤后进入分水器，分配到各组加热管环路中，放出热量后再由集水器、回水管流到公共楼梯间竖井内的回水立管中。锁闭阀由供暖管理部门启闭，调节阀用于调节进入用户供暖系统的流量，关断阀供用户启闭之用，需要热计量时应安装热表，集水器、分水器用于收集和分配各组加热管环路中的热水，分（集）水器顶部应安装自动或手动排气阀，为避免水中杂质堵塞热表，需在其前面设置过滤器。连接在同一个分（集）水器上的各组加热管的几何尺寸应接近相等，每组加热管与分（集）水器相连处应安装关断阀。加热管可采用铝塑复合管等热塑性管材。加热管的布置，应根据保证地板表面温度均匀的原则而采用，通常采用平行排管、蛇形排管、蛇形盘管三种形式（见图 6-6）。

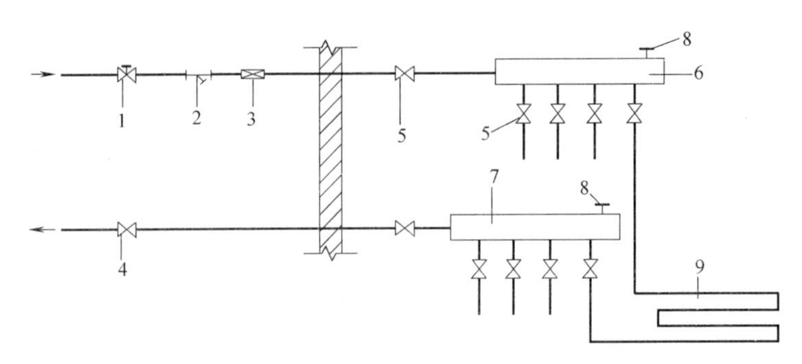

图 6-5　地板辐射供暖系统

1—调节阀；2—过滤器；3—热表；4—锁闭阀；5—关断阀；6—分水器；7—集水器；8—排气阀；9—加热管

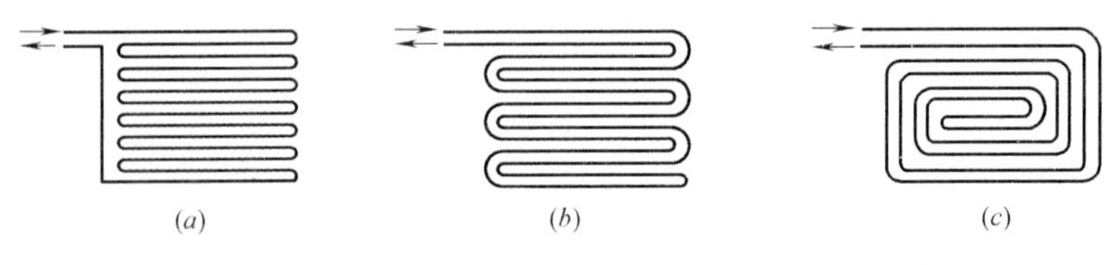

图 6-6　加热管布置形式

(a) 平行排管式；(b) 蛇形排管式；(c) 蛇形盘管式

6.2.4　蒸汽供暖系统

蒸汽供暖系统以蒸汽作为供暖系统的热媒，图 6-7 是蒸汽供暖系统原理图。蒸汽从热源 1 沿蒸汽管路 2 进入散热设备 4，蒸汽凝结放出热量后，凝结水通过疏水器 5 再返回热源重新加热。分水器 3 将蒸汽在输送过程中产生的沿途凝结水分离出来，排至凝水箱 7，凝水箱上的空气管 8 用于排除系统内的空气。

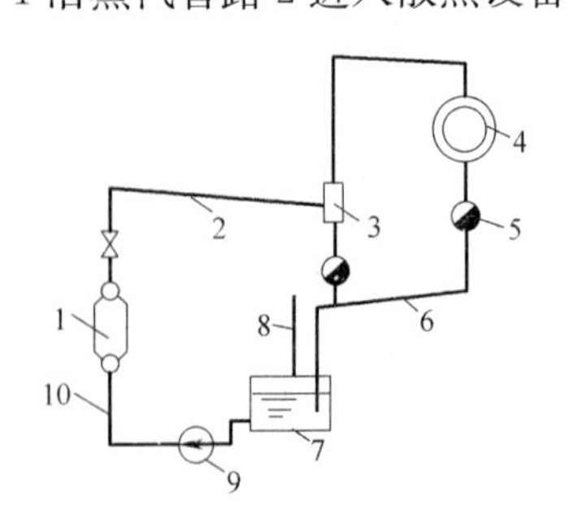

图 6-7　蒸汽供暖系统原理图

1—热源；2—蒸汽管路；3—分水器；4—散热设备；5—疏水器；6—凝水管路；7—凝水箱；8—空气管；9—凝水泵；10—凝水管

蒸汽供暖系统根据供汽压力可分为低压蒸汽供暖系统（供汽表压力≤0.07MPa）、高压蒸汽供暖系统（供汽表压力>0.07MPa）和真空蒸汽供暖系统（供汽绝对压力<0.1MPa）。根据立管的数量分为单管蒸汽供暖系统和双管蒸汽供暖系统。根据蒸汽干管的位置分为上供式、中供式和下供式系统。根据凝结水回收动力分为重力回水和机械回水。根据凝结水系统是否通大气分为开式系统（通大气）和闭式系统（不通大气）。根据凝结水充满管道断面的程度分为干式回水系

统和湿式回水系统。

6.2.5 热风供暖系统

热风供暖适用于耗热量大的建筑物、间歇使用的房间和有防火防爆要求的车间。具有热惰性小、升温快、设备简单、投资省等优点。热风供暖系统主要有集中送风供暖系统、热风机供暖系统、空气幕供暖系统和热泵供暖系统。

（1）集中送风的供暖形式比其他形式可以大大减少温度梯度，因而减少由于屋顶耗热增加所引起的不必要的耗热量，并可节省管道与设备。一般适用于允许采用空气再循环的车间，或作为有大量局部排风车间的补风和供暖系统。对于内部隔断较多、散发灰尘或大量散发有害气体的车间，一般不宜采用集中送风供暖形式。在内部隔墙和设备布置不影响气流组织的大型公共建筑和高大厂房内，宜采用集中送风供暖系统。

（2）热风机供暖主要设备为暖风机。暖风机是由通风机、电动机及空气加热器组合而成的联合机组，是热风机供暖系统的备热和送热设备。在通风机的作用下，空气由吸风口进入机组，经空气加热器加热后，从送风口送至室内，以维持室内要求的温度。

（3）空气幕是由空气处理设备、通风机、风管系统及空气分布器组合而成的一种产品，其利用条形空气分布器喷出一定速度和温度的幕状气流，借以封闭建筑物的大门、门厅、通道、门洞、柜台等。其作用是：减少或隔绝外界气流的侵入，阻挡外界尘埃、有害气体及昆虫等进入室内。空气幕常用的送风形式有上送式、侧送式和下送式三种。

6.3 供暖系统的安装

6.3.1 管材、管道连接及管道安装

1. 管材和管道的连接

供暖管道通常都采用钢管，室外供暖管道都采用无缝钢管和钢板卷焊管，室内供暖管道常采用普通焊接钢管或无缝钢管，常用的地板供暖管主要有交联聚乙烯（PE-X）管、交联铝塑复合（XPAP）管、聚丁烯（PB）管、无规共聚聚丙烯（PP-R）管。钢管的连接可采用焊接、法兰盘连接和丝扣连接。焊接连接质量可靠、施工简便迅速，广泛用于管道之间及补偿器等的连接。法兰连接装卸方便，通常用于管道与设备、阀门等需要拆卸的附件连接。对于室内供暖管道，通常借助三通、四通、管接头等管件进行丝扣连接，也可采用焊接或法兰连接。一些塑料管材也可以采用热熔连接。

2. 管道安装要求

（1）安装前，必须清除管道和设备内的污垢和杂物；安装中断或安装完成后，各敞口处应该临时封闭，以免管道堵塞。

（2）供暖管道的安装，当管径大于32mm时宜采用焊接或法兰连接。

（3）管道穿过基础、墙壁和楼板时，应配合土建施工预留孔洞。

（4）在同一房间内，安装同类型的供暖设备及管道配件时，除特殊要求者外，应安装在同一高度。

（5）安装管道时，应有坡度。如设计无要求，其坡度应符合下列规定：热水供暖管道及汽水同向流动的蒸汽和凝结水管道，坡度一般为 0.003，但不得小于 0.002；汽水逆向流动的蒸汽管道，坡度不得小于 0.005。

（6）管道从门窗或其他洞口、梁柱、墙垛等部位绕过时，转角处如果高于或低于管道水平走向，在其最高点或最低点应分别安装排气或泄水装置。

（7）管道过墙或楼板时，应设置铁皮套管或钢套管。安装在内墙壁的套管，其两管端应与墙壁饰面取平。管道穿过外墙或基础时，应加设钢套管，套管直径宜比管道直径大两号。安装在楼板内的套管，其顶部要高出楼板地坪 20mm，底部则与楼板齐平。管道穿过厨房、厕所、卫生间等容易积水的房间楼板时，应加设钢套管，其顶部应高出地面不小于 30mm。

（8）明装钢管成排安装时，直管部分应相互平行，曲线部分的曲率半径应相等。

（9）水平管道纵、横方向弯曲，立管垂直度，成排管段和成排阀门安装允许偏差须符合有关规定。

（10）*DN*32 不保温供暖双立管道，两管中心距应为 80mm，允许偏差为 5mm。热水或蒸汽立管应置于面向的右侧，回水立管则置于左侧。

（11）管道支架附近的焊口，要求焊口距支架净距大于 50mm，最好位于两支座间距的 1/5 位置上，在这个位置上的焊口受力最小。

（12）供暖系统安装完后，使用前应用水冲洗，直到污浊物冲洗干净为止。

（13）管道除锈、刷油和保温。

6.3.2 供暖设备的安装

供暖设备安装应按设计的型号、规格、位置进行，并执行相应的规范。

1. 散热器的安装

不同散热器的安装方法和要求不尽相同。排管散热器一般用钢管现场制作。钢串片式、板式和扁管式散热器，其规格、接口以及防腐处理等，厂家在出厂前已做好。对于目前使用较多的翼型（圆翼型和长翼型）散热器和柱型（铸铁和钢制）散热器，圆翼型散热器的长度及接口法兰是生产中已确定的，一般不再需要串接。钢制柱型散热器一般是按设计要求的片数成组供应，两端一正丝、一反丝的 *DN*32 的接口也已在出厂前焊好。而铸铁长翼型、柱型散热器，则需根据设计要求先组对，经试压合格后，再就位固定等，其安装过程包括安装前的检查、散热器片的除锈及刷油、散热器组对、散热器试压和散热器就位固定。

2. 膨胀水箱的安装

（1）膨胀水箱顶部的人孔盖应用螺栓紧固，水箱下方垫枕木或角钢架。

（2）膨胀水箱内外刷樟丹或其他防锈漆，并要进行满水试漏。箱底至少比室内供暖系统最高点高出 0.3m。

（3）膨胀水箱有时与给水箱一同安装在屋顶的水箱间内。如安装在非供暖房间里，则要对膨胀水箱进行保温。

（4）膨胀管在重力循环系统中宜接在供水主立管的顶端兼作排气用；在机械循环系统中接至系统定压点，一般宜接在水泵吸入口前，如安装有困难时，也可接在供暖系统中回水干管上任何部位。膨胀管上严禁安装阀门，但当建筑物内同时设有空调用膨胀水箱时，可安装阀门，夏季空调系统运行时，可将此阀门关闭。膨胀管通过非供暖房间时，应做保温处理。

（5）循环管接至系统定压点前的水平回水管上，该点与定压点之间应保持 1.5～3m 的距离，让一部分热水能缓缓地通过膨胀管和循环管流过水箱，以防水箱里的水结冰；但当水箱里的水没有结冰的可能时，可不设循环管。循环管上严禁安装阀门，通过非供暖房间时应做保温处理。

（6）信号管是供管理人员检查系统内是否充满水用的。一般应接至人员容易观察的地方，有条件时，宜接到锅炉房内，也可接至建筑物底层的卫生间或厕所内。信号管应安装阀门，通过非供暖房间时应做保温处理。

（7）溢流管供系统内的水充满后溢流之用。一般可接至附近的下水道，但不允许直接与下水道相接。该管不应装阀门。

（8）排水管用于清洗水箱及放空用，可与溢流管一起接至附近的下水道，该管应装阀门。

（9）补水管的补水可用手动控制或用浮球阀自动控制。

（10）安装水箱时，下部应做支座，支座长度应超出底板 100～200mm，其高度应大于 300mm。支座材料可用方木、钢筋混凝土或砖。水箱间外墙应考虑安装预留孔洞。

3. 排气装置的安装

（1）集气罐。一般可用厚 4～5mm 的钢板卷成或用 *DN*100～250 的钢管焊成，集气罐的直径应比连接处干管的直径大 1 倍以上，以便于气体逸出并聚集于罐顶。为了增大储气量，进、出水管宜接近罐底，罐上部设 *DN*15 的放气管，放气管末端有放气阀门，并通到有排水设施处，放气阀门的位置还要考虑使用方便。集气罐需安装在系统的高点。

（2）自动排气阀。常因失灵而漏水，需要维修更换，因此安装时应在自动排气阀与管路之间装一个阀门。

4. 除污器的安装

除污器一般用法兰盘与管路连接，前后应安装阀门和设旁通管。

5. 供暖系统清洗、试压及试运行

（1）供暖系统清洗。室内供暖系统安装完毕后，在管路试压前，应进行供暖系统清洗，以去除杂物。清洗前应将管路上的流量孔板、滤网、温度计、止回阀等部件拆下，清洗后再装上。热水供暖系统用清水冲洗，如系统较大、管路较长，可分段冲洗。清洗至排水处水色透明为止。蒸汽供暖系统可用蒸汽吹洗，从总汽阀开始分段进行，一般设一个排汽口，排气管接到室外安全处。吹洗过程中要打开疏水器前的冲洗管或旁通管阀门，不得使含污的凝结水通过疏水器排出。

（2）供暖系统试压。试压的目的是检查管路的机械强度与严密性。室内供暖系统试压，可以分段试压，也可以整个系统试压。供暖系统的试验压力一般按设计要求进行，若设计无明确规定时，可按相关规范的规定执行。试压前，在试压系统最高点设排气阀，在系统最低点装设手压泵或电泵。打开系统中全部阀门，但需关闭与室外系统相通的阀门。对热水供暖系统进行水压试验，应在隔断锅炉和膨胀水箱的条件下进行。试压过程包括注水排气和加压检漏。

1）注水排气。试压时，将自来水注入试压系统的回水干管中，使系统由下向上注水，待系统最高点处的排气阀出水后，暂停注水。过数分钟后，若排气阀处水位下降，再行注水排气。反复数次，直至系统空气排尽，将排气阀关闭，然后用泵加压。

2）加压检漏。当加压到试验压力的一半时，暂停加压，对系统管道进行检查，无异常情况，再继续加压，并继续检查。当压力升至试验压力后，停止加压，保持10min，如管道系统正常，且5min内压力降不大于0.02MPa，则系统强度试验合格。然后将压力降至工作压力，进行系统的严密性能试验，各接口无渗漏即可将水排放干净。检查过程若有小的渗漏，可做好标记，待放水泄压后修好，再重新试压，直至合格。

（3）供暖系统试运行。包括系统充水、启动运行和初调节。

1）热水供暖系统试运行时，首先进行系统充水。系统充水的顺序：首先是给锅炉充水，然后给室外热网充水，最后给用户系统充水。热水锅炉的充水应先从锅炉的下锅筒和下联箱开始。当锅炉顶部集气罐上的放气阀有水冒出时，关闭放气阀，锅炉充水即告完毕。室外热网充水，一般是从回水管开始。在充水前，关闭通向用户的供、回水阀门，打开旁通阀，开启管网中所有的放气阀，将水压入管网。当放气阀有水冒出时，关闭放气阀，直至管网中最高的放气阀也有水冒出时，关闭最高点的放气阀，则管网充水完毕。在室外热网充水完毕后，则逐个进行室内系统充水。用户系统的室内充水，采用集中由锅炉系统的水泵充水，且应从回水管往系统内充水。充水时，打开用户系统回水管上的阀门，再把系统顶部集气罐上的放气阀全部开启，直至集气罐上的放气阀有水冒出时，即可关闭放气阀。一直到系统中最高点的放气阀也冒水为止即行关闭，则用户系统充水完毕。

2）在系统充水完毕后，可进行热水供暖系统的启动运行。在循环水泵启动前，应先开放位于管网末端的1～2个热用户系统（开放热用户时，先开启回水阀门，然后再开启热水管上的阀门），或者开放管网末端连通热水管和回水管的旁通阀，而循环水泵出口阀门应处于关闭状态，启动后再逐渐地开启水泵出口阀门。这样可以防止启动电流过大对电机不利。由于启动运行中先开启1～2个热用户，所以启动时管网流量较小，系统内压力比正常时要高，因此，循环水泵先启动一台。随着热用户逐渐开放、流量增加，再开启第二台循环水泵。系统启动时开放用户顺序是从远到近，即先开放离热源远的用户，再逐渐地开放离热源近的用户。不可以先开放大的热用户，再开放小的热用户。启动完毕后，将管网末端的热用户入口处连接热水管与回水管的旁通阀关闭，以免运行中系统内热水不循环。

热水供暖系统启动运行通暖后，各部分温度不均匀时，要进行初调节。靠近热源的用户或较近环路往往出现实际流量大于设计流量的情况，初调节时一般都是先调节各用户和大环路间的流量分配，先将远处用户阀门全打开，然后关小近处用户入口阀门克服剩余压头，使流量分配合理。室内系统的调整，对于水力计算平衡率较高的一些单管系统，几乎可以不进行调节。双管系统往往要关小上层散热器支管阀门开启度，因下层散热器处于不利状态，其支管阀门应越往下开启度越大。异程式系统要关小离主立管较近立管上阀门的开启度。同程式系统中间部分立管流量可能偏小，应适当关小离主立管最远以及最近立管上阀门的开启度。

复习思考题

1. 供暖系统按热媒种类的不同可分为哪些？谈谈各自的优缺点。
2. 地板辐射供暖系统的组成有哪些？
3. 膨胀水箱应该如何安装？要注意什么问题？
4. 供暖系统试压的目的是什么？试压过程包括什么？
5. 供暖系统如何试运行？

第7章 给水排水、供暖工程常用材料与设备

材料和设备是工程的重要组成部分，各类工程的凝结都需要大量的材料和设备，其种类繁多。本章从水暖安装工程出发，介绍了其常见的金属管材及管件、非金属管材及管件、卫生暖气设备、防腐保温及其他材料。

7.1 金属管材及管件

水暖安装工程所用的材料和设备，在一个工程项目中往往包含的种类很多，同时价格都比较高，并且都是以材料费的形式计入分部分项工程费，是水暖工程造价的主要组成部分。

水暖安装工程使用最多的材料是管材及其附件和阀门等。管材及其附件，按材质不同，可分为金属管材和非金属管材两大类。材质、品种、规格、用途不同的管材，在其价格上形成一个庞大的系列，在施工生产中所消耗的人工、材料、机械台班也极为悬殊。因此，对水暖工程常用材料和设备的性能、用途、材质、规格等，广大造价人员应当有基本了解，这对正确选套材料预算价格和计算定额（或估价表）中未计价值的材料费用以及合理地制定工程造价具有重要的指导意义。

7.1.1 钢管

1. 无缝钢管

无缝钢管可以用普通碳素钢、普通低合金钢、优质碳素结构钢、优质合金结构钢和不锈钢制成。无缝钢管是用一定尺寸的钢坯经过穿孔机、热轧或冷拔等工序制成的中空而横截面封闭的无焊接缝的钢管，所以无缝钢管比焊缝钢管有较高的强度，一般能承受3.2～7.0MPa的压力，无缝钢管的牌号及化学成分和力学性能应分别符合《优质碳素结构钢》GB/T 699—2015、《低合金高强度结构钢》GB/T 1591—2008的规定。

无缝钢管按照生产工艺的不同分为热轧无缝钢管和冷拔无缝钢管两类，其中热轧无缝钢管包括一般钢管、合金钢管、不锈钢管、锅炉钢管、石油钢管和地质钢管等，热轧管长度通常为3～12.5m。冷拔无缝钢管按规格尺寸分为薄壁钢管、毛细钢管和异形钢管等，冷拔管长度，当壁厚≤1mm时，其长度为1.5～7m；当壁厚＞1mm时，其长度为1.5～9m。

（1）一般无缝钢管主要适用于高压供热系统和高层建筑的冷、热水管和蒸汽管道以及各种机械零件的坯料，气压一般在0.6MPa以上的管路都应采用无缝钢管。由于用途的不同，所以管子所承受的压力也不同，要求管壁的厚度差别很大，因此，无缝钢管的规格用外径×壁厚来表示。

除一般无缝钢管外，还有专用无缝钢管，主要有锅炉用无缝钢管、锅炉用高压无缝钢管、地质钻探用无缝钢管、石油裂化用无缝钢管和不锈耐酸无缝钢管等。

（2）锅炉及过热器用无缝钢管的外径和壁厚尺寸应符合低压锅炉用无缝钢管的规定。如用10号或20号优质碳素结构钢制造的无缝钢管，工作温度≤450℃，工作压力小于或等于2.5MPa，多用于过热蒸汽和高温高压热水管。热轧无缝钢管长度通常为3～12m，冷拔无缝钢管长度通常为3～10m。

锅炉用高压无缝钢管是用优质碳素结构钢和合金钢制成的，质量比一般锅炉用无缝钢管好，可以耐高压和超高压，用于制造锅炉设备与高压、超高压管道，用来输送高温高压蒸汽、水等介质或高温高压含氢介质。

2. 焊接钢管

焊接钢管分为黑铁管和镀锌管（白铁管）。按焊缝的形状可分为直缝钢管、螺旋缝钢管和双层卷焊钢管；按其用途不同又可分为水、煤气输送钢管；按壁厚分为薄壁管和加厚管等。镀锌管能防锈蚀保护水质，常用于生活饮用水管道及热水供应系统。

焊接钢管内外表面的焊缝应平直光滑，符合强度标准，焊缝不得有开裂现象。镀锌管的锌层应完整和均匀。两头带有圆锥状管螺纹的焊接钢管及镀锌管的长度一般为4～9m，带一个管接头（管箍）无螺纹的焊接钢管长度一般为4～12m。焊接钢管和镀锌管最大的直径为150mm，管径的大小可根据需要用钢板卷制成直缝钢管或螺旋缝钢管。直缝钢管长度一般为6～10m，螺旋缝钢管长度为8～18m。焊接钢管水压试验薄壁管2MPa，加厚管2.5MPa，集中供暖系统及燃气管路的工作压力一般不超过0.4MPa。水、燃气输送主要采用有缝钢管，故常将有缝钢管称为水、燃气管。镀锌管的每米质量（钢的密度为7.85g/cm^3）按下式计算：

$$W=C[0.02466\times(D-S)\times S] \tag{7-1}$$

式中 W——镀锌管的每米质量，kg/m；

C——镀锌管比黑铁管增加的质量因数，管子公称直径为6～150mm时，对普通钢管其值为1.064～1.028；对加厚钢管其值为1.059～1.023，随直径加大，质量因数变小；

D——黑铁管的外径，mm；

S——黑铁管的壁厚，mm。

（1）直缝电焊钢管按材料状态分为软状态钢管（R）、低硬状态钢管（DY）；按制造精度，外径和壁厚均分为高精度（D_1、S_1）、较高精度（D_2、S_2）和普通精度（D_3、S_3）三种，在合同中未注明者均按普通精度执行。钢管外径≤30mm时，其长度为2～6m；外径为30～70mm时，其长度为2～8m；外径>70mm时，其长度为2～10m。钢管一般应进行液压试验，外径≤219.1mm，试验压力为5.8MPa；外径>219.1mm，试验压力为2.9MPa。其标记示例：10号钢制造的外径705.8mm，壁厚3.0mm，外径和壁厚为普通精度（D_3、S_3），软态焊管，标记为：HG-R-10-70×3.0。

直缝电焊钢管主要用于输送水、暖气和煤气等低压流体和制作结构零件等。电线套管是用易焊接的软钢制造的，它是保护电线用的薄壁焊接钢管。

（2）螺旋缝钢管。螺旋缝钢管按照生产方法可以分为单面螺旋缝焊管和双面螺旋缝焊管两种。单面螺旋缝焊管用于输送水等一般用途，双面螺旋缝焊管用于输送石油和天然气等特殊用途。

3. 合金钢管

合金钢管用于各种加热炉工程、锅炉耐热管道及过热器管道等。合金钢管具有高强度性，在同等条件下采用合金钢管可达到节省钢材的目的。耐热合金钢管具有强度高、耐热的优点。其规格范围为公称直径 15～500mm，适应温度范围为－40～570℃。几种常用的高温耐热合金钢管的钢号有 12CrMo、15CrMo、Cr2Mo、Cr5Mn 等。但合金钢管的焊接都有特殊的工艺要求，焊后要对焊口部位采取热处理。

7.1.2 铸铁管

铸铁管一般都是用含碳量在 1.7%以上的灰口铁浇铸而成的。其优点是经久耐用、抗腐蚀性强，不足之处是耐压性能差。多用于化工行业的硫酸、碱液输送管道和民用工程的室内排水管道。

铸铁管按用途可分为给水铸铁管和排水铸铁管两种。按连接方式可分为承插式和法兰式两种。

给水承插铸铁管一般用作室外给水管道的干管，这种管道从铸造厂出厂时外表面已涂有沥青防腐层，接口材料根据规范要求通常为石棉水泥、膨胀水泥、胶圈和青铅。按照工作压力可分为高压管（不大于 1MPa）、普压管（不大于 0.75MPa）和低压管（不大于 0.45MPa）。

排水铸铁管适用于输送污水和废水的排水管道，性质较脆，一般都是自流式，不承受压力。

双盘法兰铸铁管的特点是装拆方便，工业上常用于输送硫酸和碱类等介质。

7.1.3 有色金属管

1. 铅及铅合金管

铅管分为纯铅管和合金铅管两种，纯铅管也称为软铅管，材料牌号为 Pb2、Pb3 等；合金铅管也称为硬铅管，常用的材料牌号为 PbSb0.5、PbSb2、PbSb4 等。

铅管的规格通常用内径×壁厚来表示，常用规格范围为 15～200mm，直径超过 100mm 的铅管，需用铅板卷制。

铅管在化工、医药等方面使用较多，其耐蚀性能强，用于输送 15%～65%的硫酸、二氧化硫、60%的氢氟酸、浓度小于 80%的醋酸，但不能输送硝酸、次氯酸、高锰酸钾及盐酸。铅管最高工作温度为 200℃，当温度高于 140℃时，不宜在压力下使用。铅管的机械性能不高，但是很重，是金属管材中最重的一种。

2. 铜及铜合金管

铜管分为紫铜管和黄铜管两种，紫铜管的材料牌号有 T2、T3、T4 和 TUP 等，黄铜管的材料牌号有 H62、H68 等。铜管的制造方法分为拉制和挤制两种。铜管的导热性能良好，适用的工作温度在 250℃以下，多用于制造换热器、压缩机输油管、低温管道、自控仪表以及保温伴热管和氧气管道等。

3. 铝及铝合金管

铝管多用于耐腐蚀性介质管道、食品卫生管道及有特殊要求的管道，铝管输送的介质最高温度在200℃以下，当温度高于160℃时，不宜在压力下使用。铝管分为纯铝管L2、L6和防锈铝合金管LF2、LF6。铝管的优点是质量轻、不生锈，但机械强度较差，不能承受较高的压力，铝管是用工业纯铝或铝合金经过拉伸或挤压制造而成的，用于输送浓硝酸、醋酸、脂肪酸、过氧化氢等液体及硫化氢、二氧化碳气体。它不耐碱及含氯离子的化合物，如盐水和盐酸等介质。

4. 钛及钛合金管

钛管具有质量轻、强度高、耐腐蚀性强和耐低温等优点，常被用于其他管材无法胜任的工艺部位。钛管是用TA1、TA2工业纯钛制成，适用的温度范围为－140～250℃，当温度超过250℃时，其机械性能下降。常用钛管的规格范围为公称直径20～400mm，公称压力为低、中压，低压管壁厚内2.8～12.7mm，中压管壁厚为3.7～21.4mm。常用于输送强酸、强碱、强碱介质及其他材质管道不能输送的介质。钛管虽然具有很多优点，但因价格昂贵、焊接难度很大，所以还没有被广泛采用。

7.1.4 金属管件

管件是将管材连接成管路的零件，根据连接方法，金属管件可分为承插管件、螺纹管件、对焊管件和法兰管件四类，多用与管材相同的材料制成。

1. 承插管件

采用承插管件施工方便、速度快，角焊缝一般可不做无损检测。多用于直径为15～40mm的小直径管道。承插管件不得用于会发生缝隙腐蚀的流体工作环境。

2. 螺纹管件

与设备或阀门或其他管道组成件需要用螺纹连接时或有可拆卸的要求时，可使用螺纹管件。螺纹管件不得用于有缝隙腐蚀的流体工况中。在剧烈循环条件下的管道或有振动的管道，以及A1类流体（极度危害的毒物）的管道不应使用螺纹管件。

3. 对焊管件

端部对焊管件一般用于$DN \geqslant 50$的情况。如果一些危险流体不能用承插管件和螺纹管件时，DN15～40也可采用对焊管件。对焊管件端部厚度应与钢管相同，如果管件较厚，其错变量大于2mm时，则需将管件端部加工成锥形。

4. 法兰管件

管道与阀门、管道与管道、管道与设备的连接，常采用法兰连接。采用法兰连接既有安装拆卸的灵活性，又有可靠的密封性。法兰连接包括上下法兰、垫片及螺栓螺母三部分。

5. 阀门

阀门是控制流动的流体介质的流量、流向、压力、温度等的机械装置，阀门是管道系统中的基本部件。常用阀门有闸阀、截止阀、节流阀、球阀、蝶阀、止回阀、隔膜阀、旋塞阀、柱塞阀、安全阀、减压阀和疏水阀。

（1）闸阀

闸阀又称闸门或闸板阀，它是利用闸板升降控制开闭的阀门，流体通过阀门时流向不变，因此阻力小，广泛用于冷、热水管道系统中。闸阀和截止阀相比，在开启和关闭闸阀时省力，水流阻力较小，阀体比较短，当闸阀完全开启时，其阀板不受流动介质的冲刷磨损。但是由于闸板与阀座之间的密封面易受磨损，故闸阀的缺点是严密性较差，尤其在启闭频繁时；另外，在不完全开启时，水流阻力仍然较大。因此闸阀一般只作为截断装置，即用于完全开启或完全关闭的管路中，而不宜用于需要调节大小和启闭频繁的管路上。闸阀无安装方向，但不宜单侧受压，否则不易开启。

（2）截止阀

截止阀主要用于热水供应及高压蒸汽管路中，其结构简单，严密性较高，制造和维修方便，但阻力比较大。流体经过截止阀时要转弯、改变流向，因此水流阻力较大，所以安装时要注意流体“低进高出”，方向不能装反。

（3）节流阀

节流阀是通过改变节流截面或节流长度以控制流体流量的阀门。节流阀的构造特点是没有单独的阀盘，而是利用阀杆的端头磨光代替阀盘。节流阀多用于小口径管路上，如安装压力表所用的阀门常用节流阀。

（4）球阀

球阀分为气动球阀、电动球阀和手动球阀三种。球阀阀体可以是整体的，也可以是组合的，它是近十几年来发展最快的阀门品种之一。球阀是由旋塞阀演变而来的，它的启闭是一个球体，利用球体绕阀杆的轴线旋转90°实现开启和关闭。球阀在管道上主要用于切断、分配和改变介质流动方向，设计成V形开口的球阀还具有良好的流量调节功能。球阀具有结构紧凑、密闭性能好、结构简单、体积较小、质量轻、材料耗用少、安装尺寸小、驱动力矩小、操作简单、易实现快速启闭和维修方便等优点。

（5）蝶阀

蝶阀不仅在石油、煤气、化工、水处理等一般工业上得到广泛应用，而且还应用于热电站的冷却水系统。蝶阀结构简单、体积小、质量轻，只由少数几个零件组成；而且只需旋转90°即可快速启闭，操作简单，同时具有良好的流体控制特性。蝶阀处于完全开启位置时，碟板厚度是介质流经阀体时唯一的阻力，因此通过该阀门所产生的压力降很小，故具有较好的流量控制特性。蝶阀适合安装在大口径管道上。

（6）止回阀

止回阀又名单流阀或逆止阀，它是一种根据阀瓣前后的压力差而自动启闭的阀门。它有严格的方向性，只许介质向一个方向流通，而阻止其逆向流动。用于不让介质倒流的管路上，如用于水泵出口管路上作为水泵停泵时的保护装置。

（7）隔膜阀

隔膜阀的结构形式与一般阀门大不相同，是一种新型的阀门，是一种特殊形式的截断阀，它的启闭件是一块用软质材料制成的隔膜，把阀体内腔与阀盖内腔及驱动部件隔开，现广泛用于各个领域。常用的隔膜阀有衬胶隔膜阀、衬氟隔膜阀、无衬里隔膜阀、塑料隔膜阀。

（8）旋塞阀

旋塞阀又称考克或转心门，它主要由阀体和塞子（圆锥形或圆柱形）构成，旋塞阀分为扣紧式和填料式。旋塞塞子中部有一孔道，当旋转时，即开启或关闭。旋塞阀构造简单，开启和关闭迅速，旋转90°即可全开或全关，阻力较小，但保持其严密性比较困难。旋塞阀通常用于温度和压力不高的管路上。热水龙头也属旋塞阀的一种。

（9）柱塞阀

柱塞阀由阀体、阀盖、阀杆、柱塞、孔架、密封环、手轮等零件组成。当手轮旋转时，通过阀杆带动柱塞在孔架中间上下往复运动来完成阀门的开启与关闭功能。在阀门中柱塞与密封环间采用过盈配合，通过调节压盖中法兰螺栓，使密封环压缩所产生的侧向力与阀体中孔面及柱塞外圆密封，从而保证了阀门的密封性，杜绝了内外泄漏，同时阀门开启力矩小，能实现阀门迅速开启和关闭。柱塞阀相比截止阀，寿命长，操作省力。但调节行程比截止阀要长，所以节流控制比截止阀要难。对调节有明确要求的场所，两者都不适合。

（10）安全阀

安全阀是一种安全装置，当管路系统或设备（如锅炉、冷凝器）中介质的压力超过规定数值时，便自动开启阀门排汽降压，以免发生爆炸危险。当介质的压力恢复正常后，安全阀又自动关闭。安全阀一般分为弹簧式和杠杆式两种。

（11）减压阀

减压阀又称调压阀，用于管路中降低介质压力，常用的减压阀有活塞式、波纹管式及薄膜式等。减压阀的进、出口一般要伴装截止阀。

（12）疏水阀

疏水阀又称疏水器，它的作用在于阻气排水，属于自动作用阀门。它的种类有浮桶式、恒温式、热动力式以及脉冲式等。主要用于蒸气管道。安转在管道的底端，用于放出管道内的积水。

7.1.5 其他附件

管道及设备附件种类很多，它们在工艺管道和设备中各自起着不同的作用，这里对几种主要的管道及设备附件介绍如下：

1. 除污器

除污器是在石油、化工工艺管道中应用较广的一种部件。其作用是防止管道介质中的杂质进入传动设备或精密部位，使生产发生故障或影响产品的质量。其结构形式有Y形除污器、锥形除污器、直角式除污器和高压除污器。

2. 阻火器

阻火器是化工生产常用的部件，多安装在易燃易爆气体的设备及管道的排空管上，以防止管内或设备内气体直接与外界火种接触而引起火灾或爆炸。常用的阻火器有砾石阻火器、金属网阻火器和波形散热式阻火器。

3. 视镜

视镜又称为窥视镜，其作用是通过视镜直接观察管道及设备内被传输介质的流动情况，多用于设备的排液、冷却水等液体管道上。常用的有玻璃板式、三通玻璃板式和直通玻璃管式三种。

4. 阀门操纵装置

阀门操纵装置是为了在适当的位置能够操纵距离比较远的阀门而设置的一种装置。

5. 套管

套管分为柔性套管、刚性套管、钢管套管及铁皮套管等几种，前两种套管用填料密封，适用于穿过水池壁、防爆车间的墙壁等。后两种套管只适用于穿过一般建筑物楼层或墙壁不需要密封的管道。

6. 补偿器

（1）自然补偿

自然补偿是利用管路几何形状所具有的弹性来吸收热变形。最常见的管道自然补偿法是将管道两端以任意角度相接，多为两管道垂直相交。自然补偿的缺点是管道变形时会产生横向位移，而且补偿的管段不能很大。自然补偿分为L形和Z形两种。

（2）人工补偿

1）方形补偿器。其优点是制造方便，补偿能力大，轴向推力小，维修方便，运行可靠。缺点是占地面积较大。

方形补偿器按外伸垂直臂 A 和平行臂 B 的比值不同分成四类，如图7-1所示。它们的尺寸及补偿能力可查有关设计手册。

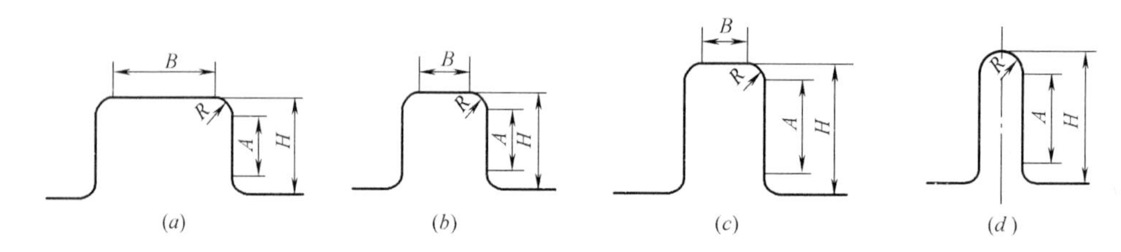

图7-1　方形补偿器

(a) $B=2A$；(b) $B=A$；(c) $B=0.5A$；(d) $B=0$

2）填料式补偿器。又称套筒式补偿器，主要由三部分组成：带底脚的套筒、插管和填料函。内外管之间的间隙用填料密封，内插管可以随温度变化自由活动，从而起到补偿作用。其材质有铸铁和钢质两种。铸铁补偿器适用于压力在1.3MPa以下的管道，钢制补偿器适用于压力不超过1.6MPa的热力管道，其形式有单向和双向两种。填料式补偿器安装方便，占地面积小，流体阻力较小，补偿能力较大。其缺点是轴向推力大，易漏水漏气，需经常检修和更换填料。如管道变形有横向位移时，易造成填料圈卡住。这种补偿器主要用在安装方形补偿器时空间不够的场合。

3）波形补偿器。只用于管径较大（300mm以上）、压力较低的（0.6MPa）场合。它的优点是结构紧凑，只发生轴向变形，与方形补偿器相比占据空间位置小。缺点是制造比较困难，耐压低，补偿能力小，轴向推力大。它的补偿能力与波形管的外形尺寸、壁厚、管径大小有关。

7.2　非金属管材及管件

7.2.1　非金属管

1. 混凝土管

混凝土管有预应力钢筋混凝土管和自应力钢筋混凝土管两种。主要用于输水管道，管道连接采用承插接口，圆形截面橡胶圈密封。预应力钢筋混凝土管规格范围为内径 400～1400mm，适用压力范围为 0.4～1.2MPa。自应力钢筋混凝土管规格范围为内径 100～600mm，适用压力范围为 0.4～1.0MPa。钢筋混凝土管可以代替铸铁管和钢管，输送低压给水和气等。另外还有混凝土排水管，包括素混凝土管和轻、重型钢筋混凝土管，主要用于输送污废水。

2. 陶瓷管

陶瓷管分为普通陶瓷管和耐酸陶瓷管两种。一般都是承插接口。普通陶瓷管的规格范围为内径 100～300mm；耐酸陶瓷管的规格范围为内径 25～800mm。

普通陶瓷管多用于建筑工程室外排水管道。耐酸陶瓷管用于化工和石油工业输送酸性介质的工艺管道，以及工业中蓄电池间酸性溶液的排水管道等。耐酸陶瓷管耐腐蚀，用于输送除氯氟酸、热磷酸和强碱以外的各种浓度的无机酸和有机溶剂等介质。

3. 玻璃管

玻璃管具有表面光滑，不易挂料，输送流体时阻力小，耐磨且价低，保持产品高纯度和便于观察生产过程等特点。用于输送除氢氟酸、氟硅酸、热磷酸和热浓碱以外的一切腐蚀性介质和有机溶剂。

4. 玻璃钢管

玻璃钢管质量轻、隔声、隔热，耐腐蚀性能好，可输送除氢氟酸和热浓碱以外的腐蚀性介质和有机溶剂。

5. 石墨管

石墨管热稳定性好，能导热，线膨胀系数小，不污染介质，能保证产品纯度，耐腐蚀，具有良好的耐酸性和耐碱性。主要用于高温耐腐蚀生产环境中石墨加热器所需管材。

6. 铸石管

铸石管的特点是耐磨、耐腐蚀，具有很高的抗压强度。多用于承受各种强烈磨损和强酸、碱腐蚀的地方。

7. 橡胶管

橡胶管具有较好的物理机械性能和耐腐蚀性能。根据用途不同可分为输水胶管、耐热胶管、耐酸碱胶管、耐油胶管和专用胶管（氧乙炔焊接专用管）。

8. 塑料管

常用的塑料管有硬聚氯乙烯（PVC）管、聚乙烯（PE）管、聚丙烯（PP）管和耐酸酚醛塑料管等，具有质量轻、耐腐蚀、加工容易（易成型）和施工方便等特点。

（1）硬聚氯乙烯管

硬聚氯乙烯管分轻型管和重型管两种，其规格范围为直径 8～200mm。硬聚氯乙烯具有耐腐蚀性强、质量轻、绝热、绝缘性能好和易加工安装等特点。可输送多种酸、碱、盐及有机溶剂。使用温度范围为－10～40℃，最高温度不能超过 60℃。使用的压力范围，轻型管在 0.6MPa 以下，重型管在 1.0MPa 以下，硬聚氯乙烯管使用寿命比较短。

硬聚氯乙烯管材的安装采用承插、法兰、丝扣及焊接等方法。管道弯制及零部件除采用现成制品外，也可在现场采用热加工的办法制作。

（2）软聚氯乙烯管

软聚氯乙烯管是在聚氯乙烯树脂中加入增塑剂、稳定剂及其他辅助剂挤压成型。可代替普通橡胶管输送有腐蚀性的液体，一般用于输送无机稀酸及稀碱液。

（3）耐酸酚醛塑料管

耐酸酚醛塑料是一种具有良好耐腐蚀性和热稳定性的非金属材料，系用热固性酚醛树脂为粘合剂，耐酸材料如石棉、石墨等作填料制成。它用于输送除氧化性酸（如硝酸）及碱以外的大部分酸类和有机溶剂等介质，特别能耐盐酸、低浓度及中等浓度硫酸的腐蚀。

7.2.2 非金属管件

非金属管的连接方式与金属管有所不同，常见的非金属管材连接方式有：承插粘接、电熔连接、热熔连接、螺纹连接、胶圈连接（柔性承插连接）。非金属管件多用与管材相同的材料制成，根据管件用途，可分为以下几类：

（1）用于管子互相连接的管件有：法兰、活接、管箍、卡套、喉箍等；

（2）改变管子方向的管件：弯头；

（3）改变管子管径的管件：变径（异径管）；

（4）增加管路分支的管件：三通、四通；

（5）用于管路密封的管件：垫片、生料带、线麻；

（6）用于管路固定的管件：卡环、拖钩、吊环、支架等。

7.3 卫生、供暖设备

7.3.1 卫生设备

卫生设备是建筑物内供应自来水、热水及排除污水、垃圾等设备的统称。常见的卫生设备包括各种洗涤盆、洗脸（手）盆、浴盆、淋浴器、各式大小便器及自动冲洗水箱、冲洗水管，以及水龙头、排水栓、地漏、扫除口等供排水配件、附件等。卫生设备在材质、形式、档次上差别很大，应根据建筑物的用途和标准由设计选定。卫生设备的安装可参照《卫生设备安装图集》09S304。

洗脸盆：按安装方式可分为支架式、挂式（即直接固定在墙面上）和立式（即带有陶瓷支柱的洗脸盆）三种。

浴盆：可分为搪瓷浴盆、玻璃钢浴盆、聚丙烯塑料浴盆等。

水箱：大便器冲水用。根据安装位置高度不同分为高水箱和低水箱两种。高水箱的容水量为13L，低水箱的容水量为15L。

大便器：分蹲式和坐式两种。根据排水方式又分为虹吸式和冲落式两种。构造多为瓷质。

小便器：分立式、挂式和角式等数种。

洗涤池：又称拖布池。

为便于安装和使用，每种卫生设备都配有专用配件，如冷热水嘴、肘式开关或脚踏开关、高水箱洁具、下水口（地漏、排水栓等）、淋浴莲蓬头等。

图7-2～图7-11是几种常见的卫生设备。

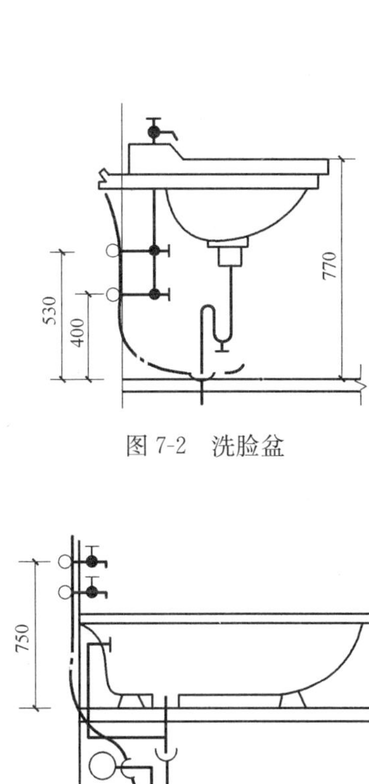

图 7-2　洗脸盆

图 7-3　洗涤盆

图 7-4　浴盆

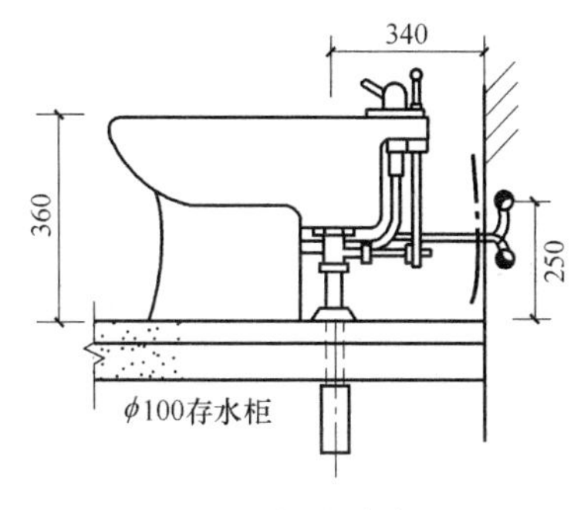

图 7-5　妇女净身盆

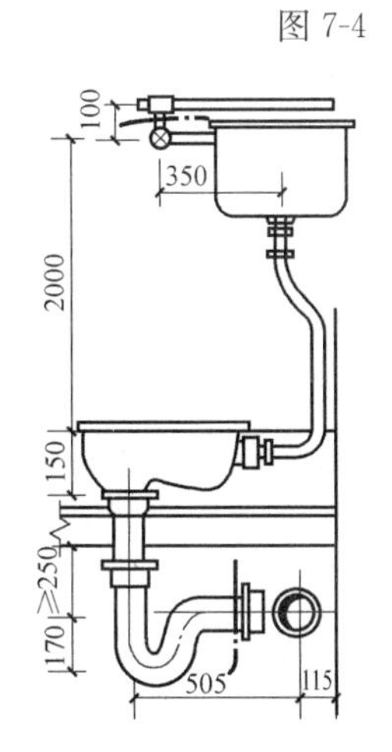

图 7-6　蹲式大便器

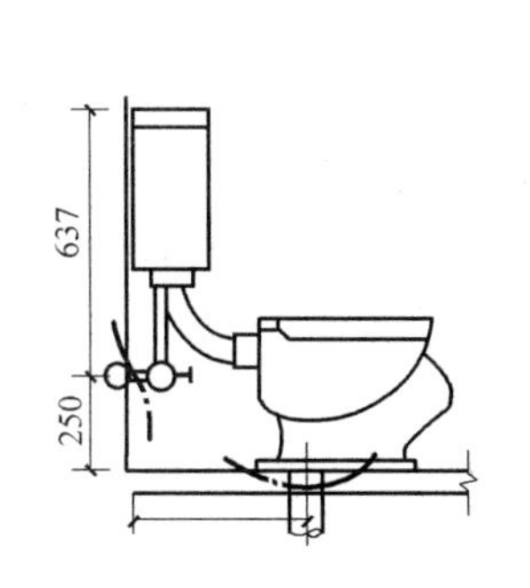

图 7-7　坐式大便器

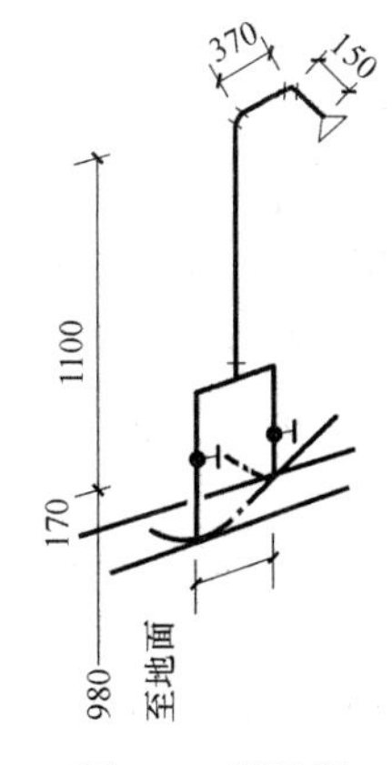

图 7-8　淋浴器

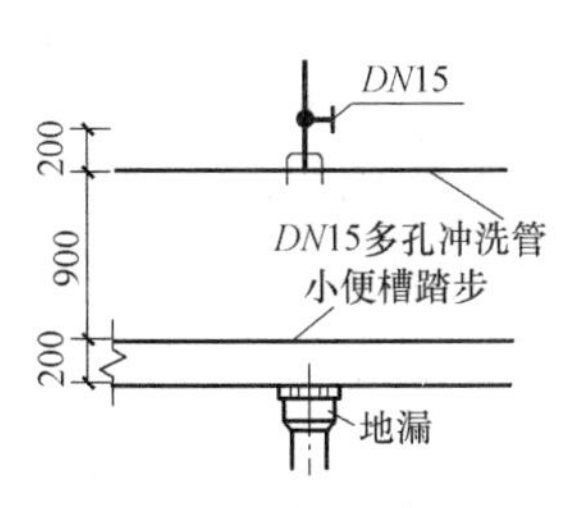

图 7-9　小便槽冲洗管

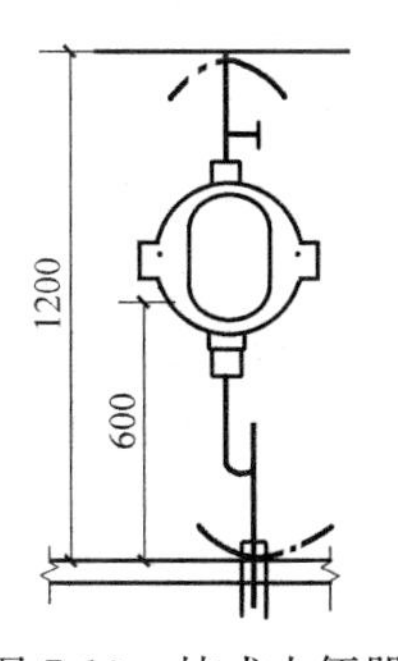

图 7-10　挂式小便器

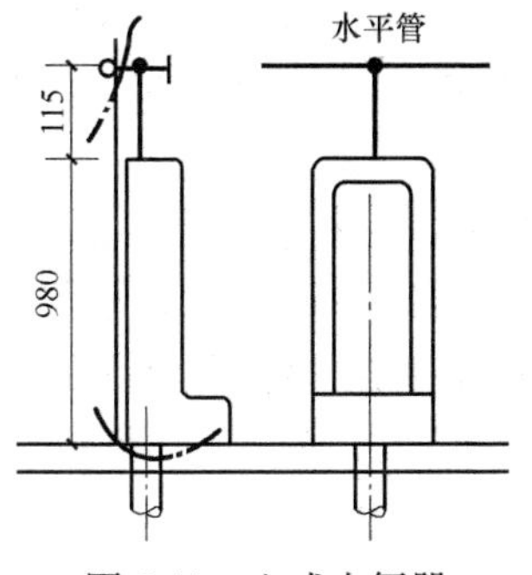

图 7-11　立式小便器

7.3.2 供暖设备

供暖系统的设备主要由水泵、散热器、排气装置、膨胀水箱、除污器和过滤器、补偿器、分集水器、喷射器、分户热计量分室温度控制系统装置、阀门、支座等组成。

1. 水泵

常用的水泵有循环水泵、补水泵、混水泵、凝结水泵、中继泵等。

(1) 循环水泵。使水在闭合环路中循环的动力设备。循环水泵提供的扬程应等于水从热源经管路送到末端设备再回到热源一个闭合环路的阻力损失，即扬程不应小于设计流量条件下热源、热网、最不利用户环路压力损失之和。一般将循环水泵设在回水干管上，这样回水温度低，泵的工作条件好，有利于延长其使用寿命。

(2) 补水泵。为保持系统内合理的压力工况，从系统外向系统内补水的水泵。补水泵常设置在热源处，当热网有多个补水点时，还应在补水点处设置补水泵（一般在热力站或中继站）。

(3) 混水泵。使供暖热用户系统的部分回水与热网供水混合的水泵。来自热网供水管的高温水在建筑物用户入口或热力站处，与混水泵抽引的用户或街区网路部分回水相混合，降低温度后，再进入供暖系统。

(4) 凝结水泵。用于输送凝结水的水泵。凝结水泵台数不应少于 2 台，其中 1 台备用。凝结水泵可设置在热源、凝水回收站和用户内。

(5) 中继泵。热水网路中根据水力工况要求，为提高供热介质压力而设置的水泵。当供热区域地形复杂或供热距离很长，或由于热水网路扩建等原因，使热力站入口处热网资用压头不满足用户需要时，可设中继泵。

2. 散热器

安装在供暖房间的散热设备。制造散热器的材质有铸铁、钢、铝、铜以及塑料、陶土混凝土、复合材料等，其中常用的为铸铁和钢。铸铁散热器造价低廉，耐腐蚀性好，水容量大且热稳定性好；钢制散热器美观，结构尺寸小，耐压强度高。散热器的结构形式有翼型、柱型、柱翼型、管型、板型、串片型等，常用的为柱型和翼型散热器。柱型散热器传热性能好，表面不易积灰，但组对费时费工。

(1) 柱型散热器。其形状为矩形片状，中间有几根中空的立柱，各立柱的上下端互相连通，顶部和底部各有一对带正反螺纹的孔，亦为热介质的进出口。柱型散热器有带脚和不带脚两种片型，便于落地或挂墙安装。常用的柱型散热器有二柱和四柱，如图 7-12 所示。如标记 TZ4-6-5：T 表示灰铸铁，Z 表示柱型，4 表示柱数，6 表示同侧进出口中心距为 600mm，5 表示最高工作压力 0.5MPa。

(2) 翼型散热器。翼型散热器铸造工艺简单，价格较低，但易积灰，单片散热面积较大，不易组对成所需散热面积，承压能力低。翼型散热器分为长翼型和圆翼型，如图 7-13 所示。长翼型散热器多用于民用建筑；圆翼型散热器多用于不产尘车间，有时也用在要求散热器高度小的地方。如标记 TC0.28/5-4，T 表示灰铸铁，C 表示长翼型，0.28 表示片长 280mm，5 表示同侧进出口中心距为 500mm，4 表示最高工作压力为 0.4MPa。

(3) 钢制板式散热器。由面板、背板、对流片、进出水接头等组成。面板和背板用

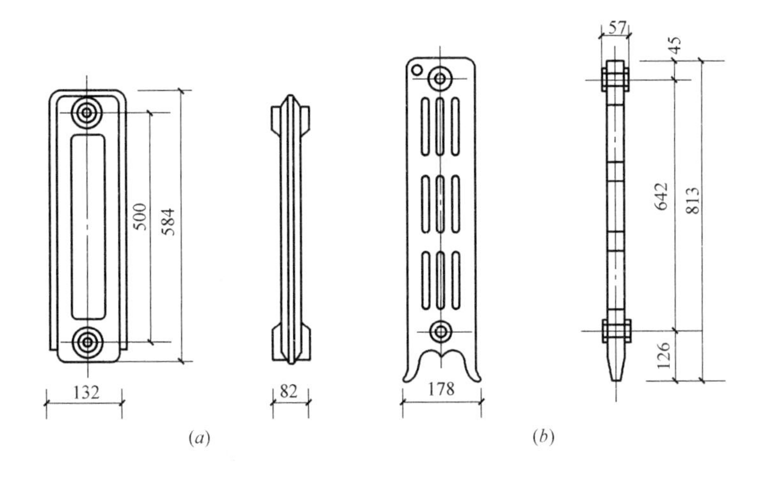

图 7-12　常用柱型散热器

(a) 二柱散热器；(b) 四柱散热器

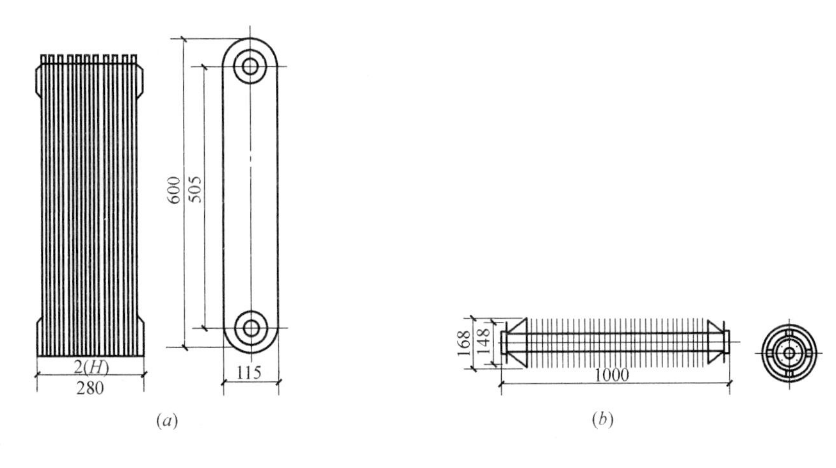

图 7-13　翼型散热器

(a) 长翼型散热器；(b) 圆翼型散热器

1.2～1.5mm 厚冷轧钢板冲压成型。面板与背板滚焊成整体后形成水平联箱和竖向水道。背板后面可焊对流片增加散热面积。进出水口连到联箱上。

(4) 扁管型散热器。由长方形扁管平排成平面并在背面、扁管两端加联箱焊成整体。背面可点焊对流片，还可以构成双板带对流片的形式。

(5) 钢串片散热器。由钢管、钢片、联箱及管接头组成，如图 7-14 所示。钢管上串片采用薄钢片，串片两端折边 90°形成许多封闭垂直的空气通道，增强了对流放热量，同时也使串片不易损坏。钢串片散热器规格以高×宽表示，其长度可按设计要求制作。

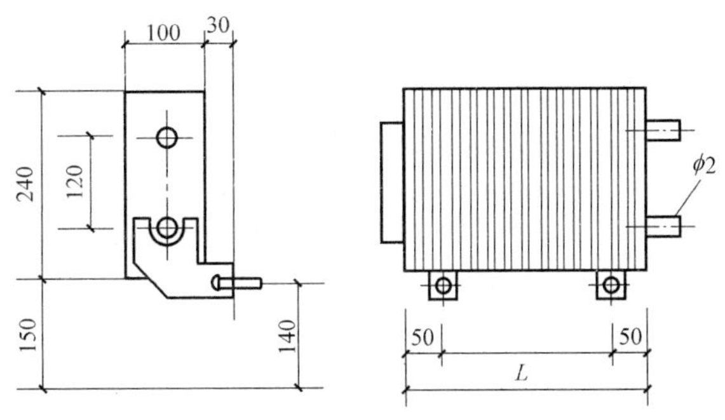

图 7-14　240×100 型闭式对流串片型散热器

（6）光面排管散热器。由钢管焊接而成，可分为A型和B型，如图7-15所示。易于清除积灰，适用于灰尘较大的车间；承压能力高，但较笨重，耗钢材，占地面积大。

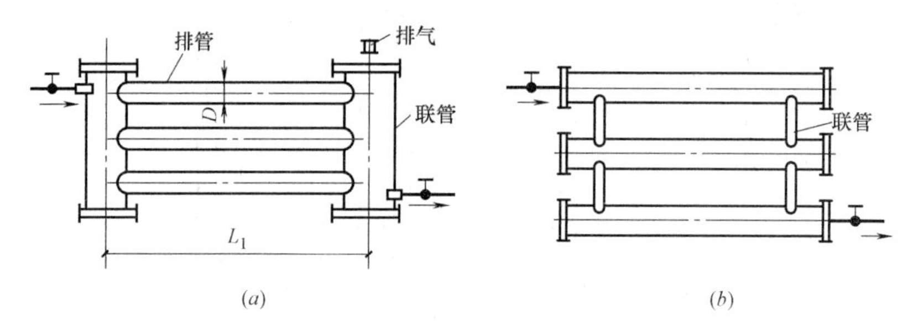

图7-15　光面排管散热器

（a）A型（用于热水供暖）；（b）B型（用于蒸汽供暖）

3. 排气装置

由于水中溶有空气，水被加热后，空气从水中析出，再加上补水带入空气，因此系统中有空气存在，如不及时排除，易在系统中形成气塞，阻碍水的通行。因此在系统中需安装排气装置，收集和排除空气。

（1）集气罐。通常安装在供水干管的末端。当热水进入集气罐后，流速迅速降低，水中的气泡便自动浮出水面，聚集在集气罐的上部。在系统运行时，定期手动打开放气管上的排气阀门排气。集气罐一般用直径100～250mm的短钢管制成，长度为300～430mm，有立式和卧式两种，顶部的放气管直径通常为15mm，引至卫生间的污水盆上。

（2）自动排气阀。依靠水对浮体的浮力通过杠杆机构传动，使排气孔自动启闭，实现自动阻水排气的功能。

（3）冷风阀。又称跑风门，多用在水平式和下供下回式系统中，它旋紧在散热器上部专设的丝孔上，以手动方式排除空气。

4. 膨胀水箱

膨胀水箱用于容纳系统中水因温度变化而引起的膨胀水量、恒定系统的压力和补水，在重力循环上供下回系统和机械循环下供上回系统中它还起着排气作用。膨胀水箱上的配管包括膨胀管、循环管、信号管、溢流管、排水管、补水管（空调系统）。膨胀水箱分两种，一般常用的为开式高位膨胀水箱。开式高位膨胀水箱按构造分为圆型和方型两种。在寒冷地区，膨胀水箱应安装在供暖房间；如供暖有困难时，膨胀水箱应有良好的保温措施。非寒冷地区膨胀水箱也可露天安装在屋面上。膨胀水箱安装高度应高出系统最高点，并有一定的安全量。闭式低位膨胀水箱为气压罐。这种方式不但能解决系统中水的膨胀问题，而且可与锅炉自动补水和系统稳压结合起来，气压罐宜安装在锅炉房内。

5. 除污器和过滤器

除污器（或过滤器）安装在用户入口供水总管上，以及热源（冷源）、用热（冷）设备、水泵、调节阀等入口处，用于阻留杂物和污垢，防止堵塞管道与设备。

6. 补偿器

补偿器又称伸缩器，设置在固定支架之间，用以补偿管道的热伸长，从而减小管壁的应力和作用在阀件或支架结构上的作用力。供热管道上采用的补偿器主要有自然补偿器、方形补偿器、波纹管补偿器、套筒补偿器和球形补偿器等，前三种是利用补偿器材料的变形来吸收热伸长，后两种是利用管道的位移来吸收热伸长。选用补偿器时，应考虑敷设条件、补偿器的维修工作量、补偿器的工作可靠性和价格等因素。

7. 分水器、集水器、分汽缸

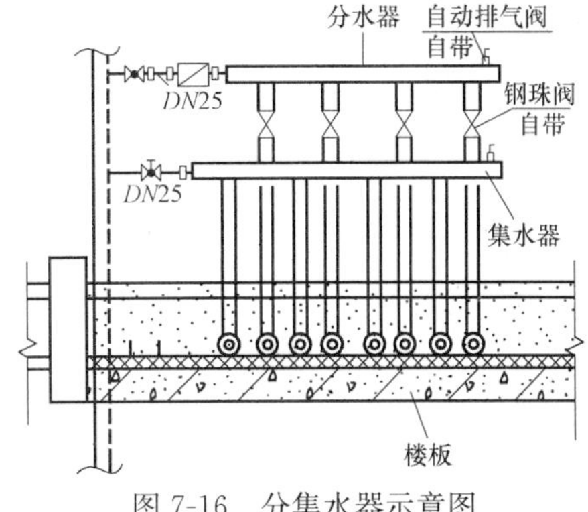

图 7-16 分集水器示意图

当需要从总管上接出两个以上分支环路时，考虑各环路之间的压力平衡和流量分配及调节，宜用分汽缸、分水器和集水器，如图 7-16 所示。分汽缸用于供汽管路上，分水器用于供水管路上，集水器用于回水管路上。分汽缸、分水器、集水器一般应安装压力表和温度计，并应保温。分汽缸上应安装安全阀，其下应设置疏水装置。分汽缸、分水器、集水器按工程具体情况选用墙上或落地安装；一般直径较大时宜采用落地安装；当封头采用法兰堵板时，其位置应根据实际情况设于便于维修的一侧。

8. 喷射器

喷射器分为水喷射器和蒸汽喷射器。

(1) 水喷射器。热网供水管的高温水进入水喷射器，在喷嘴处形成很高的流速，动压升高，静压降低到低于回水管的压力，回水管的低温水被抽引进入喷射器，并与供水混合，使进入用户系统的供水温度低于热网供水温度，符合用户系统的要求。水喷射器无活动部件，构造简单，运行可靠，管路系统的水力稳定性好；但由于抽引回水需要消耗能量，热网供、回水之间需要足够的资用压差，才能保证水喷射器正常工作。通常只用在单幢建筑物的供暖系统上，需要分散管理。

(2) 蒸汽喷射器。蒸汽在喷射器的喷嘴处产生低于用户系统回水的压力，回水被抽引进入喷射器并被加热，通过蒸汽喷射器的扩压管段，压力回升，使热水用户系统的热水不断循环。采用蒸汽喷射器的热水供热系统可以替代表面式汽-水换热器和循环水泵，起着将水加热和循环流动的双重作用。

9. 分户热计量分室温度控制系统装置

(1) 锁闭阀。分两通式锁闭阀及三通式锁闭阀。具有调节、锁闭两种功能，内置专用弹子锁，根据使用要求，可为单开锁或互开锁。锁闭阀既可在供热计量系统中作为强制收费的管理手段，又可在常规供暖系统中利用其调节功能。系统调试完毕即锁闭阀门，避免用户随意调节，维持系统正常运行，防止失调发生。

(2) 散热器温控阀。散热器温控阀是一种自动控制散热器散热量的设备。它由两部分组成，一部分为阀体部分，另一部分为感温元件控制部分。当室内温度高于给定的温度值时，感温元件受热，其顶杆压缩阀杆，将阀口关小，进入散热器的水流量减小，散热器散热量减小。室温下降，动作相反，从而保证室温处于设定的温度值。温控阀控温范围在13～28℃之间，控温误差为±1℃。由于散热器温控阀具有恒定室温的功能，因此主要用在分室温度控制系统中。

(3) 热计量装置

1) 热量表。又称热表，是由多部件组成的机电一体化仪表，主要由流量计、温度传感器和积算仪构成。流量计用于测量流经用户的热水流量。温度传感器用于测量供、回水温度，采用铂电阻或热敏电阻等制成。积算仪根据流量计与温度传感器测得的流量和温度信号计算温度、流量、热量及其他参数，可显示、记录和输出所需数据。户用热量表宜安装在供水管上，此时流经热表的水温较高，但流量计量准确。如果热量表本身不带过滤器，表前要安装过滤器。热量表用于需要热计量的系统中。

2）热量分配表。热量分配表不是直接测量用户的实际用热量，而是测量每个用户的用热比例。由设于楼入口的热量总表测算总热量，供暖季结束后，由专业人员读表，通过计算得出每户的用热量。热量分配表有蒸发式和电子式两种。

10. 支座

直接支承管道并承受管道作用力的管路附件。根据对管道位移限制情况，可分为活动支座和固定支座。

（1）固定支座。不允许管道和支承结构有相对位移的管道支座。主要用于将管道划分成若干补偿管段，分别进行热补偿，从而保证补偿器的正常工作。

（2）活动支座。允许管道和支承结构有相对位移的管道支座。常用的活动支座有滑动支座和滚动支座。

7.4 防腐保温及其他材料

7.4.1 防腐材料

在安装工程中常用的防腐材料主要有各种涂料、玻璃钢、橡胶、无机防腐材料等。

1. 涂料

涂料分为两大类：油基漆（成膜物质为干性油类）和树脂基漆（成膜物质为合成树脂）。它是通过一定的涂覆方法涂在物体表面，经过固化而形成薄膜层，从而保护设备、管道和金属结构等表面免受化工大气及酸、碱等介质的腐蚀作用。

采用涂料防腐蚀的特点是：涂料品种多，选择范围广；适应性强，一般可不受设备形状及大小的限制；使用方便，适宜现场施工；价格低廉（除塑料涂层外）。

涂料的耐腐蚀性能是针对漆膜而言，如果漆膜破换、穿孔，则被保护物体与介质直接接触而遭受腐蚀。在实际施工过程中，尤其是大面积施工或难于施工的部位，由于涂层较薄，较难形成完整无孔的漆膜，同时在生产过程中也不可避免地会撞伤漆膜，在温差变化较大时，易引起漆膜开裂。所以涂料在强腐蚀介质、高温及受较大冲击、振动和摩擦作用的设备中，使用受到一定的限制。

（1）涂料的基本组成

涂料的品种虽然很多，但就其组成而言，大体上分为三部分，即主要成膜物质、次要成膜物质和辅助成膜物质，如图 7-17 所示。

1）主要成膜物质

① 油料。油料是自然界的产物，来自于植物种子和动物的脂肪。油料的干燥固化反应主要是空气中的氧和油料中的不饱和双键起聚合作用。

天然油料的各方面性能，特别是耐腐蚀、耐老化性能比不上许多合成树脂，目前很少用它单独作防腐涂料，但它能与一些金属氧化物或金属皂化物在一起对金属起防锈作用，所以油料可用来改性各种合成树脂以制取配套防锈底漆。

② 天然树脂和合成树脂。天然树脂是指沥青、生漆、天然橡胶等。合成树脂是指环氧树脂、酚醛树脂、呋喃树脂、聚酯树脂、聚氨酯树脂和乙烯类树脂、过氯乙烯树脂等，它们都是常见的耐腐蚀油料中的主要成膜物质。

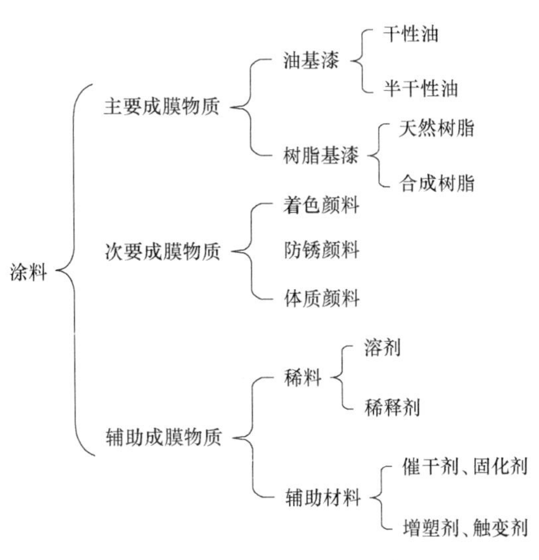

图 7-17　涂料的基本组成

2）次要成膜物质——颜料

颜料是涂料的主要成分之一，在涂料中加入颜料不仅使涂料具有装饰性，更重要的是能改善涂料的物理和化学性能，提高涂层的机械强度、附着力、抗渗性和防腐蚀性能等，还有滤去有害光波的作用，从而增进涂层的耐候性和保护性。

① 防锈颜料。防锈颜料主要用在底漆中起防锈作用。按照防锈机理的不同防锈颜料可分为两大类，一类是化学防锈颜料，如红丹、锌铬黄、锌粉、磷酸锌和有机铬酸盐等，这类颜料在涂层中是借助化学或电化学的作用起防锈作用的；另一类为物理防锈颜料，如铝粉、云母氧化铁、氧化锌和石墨粉等，其主要功能是提高漆膜的致密度，降低漆膜的可渗性，防止阳光和水分的透入，以增强涂层的防锈效果。

② 体质颜料和着色颜料。这些颜料都可以在不同程度上提高涂层的耐候性、抗渗性、耐磨性和机械强度等。常用的有滑石粉、碳酸钙、硫酸钙、硫酸钡、云母粉和硅藻土等。着色颜料在涂料中主要起着色和遮盖膜面的作用。

3）辅助成膜物质

① 溶剂。溶剂在涂料中主要起着溶解成膜物质、调整涂料黏度、控制涂料干燥速度等作用。溶剂对涂料的一些特性，如涂刷阻力、流平性、成膜速度、流淌性、干燥性、胶凝性、浸润性和低温使用性能等都会产生影响。因此，要想得到一个好涂料，正确选择和使用溶剂同样重要。

② 其他辅助材料。为了提高涂层的性能和满足施工要求，在涂料中还常常添加增塑剂（用来提高漆膜的柔韧性、抗冲击性和克服漆膜硬脆性、易裂的缺点）、触变剂（使涂料在刷涂过程中有较低的黏度，以易于施工）。另外，还有催干剂（加速漆膜的干燥）、表面活性剂、防霉剂、紫外线吸收剂和防污剂等辅助材料。

（2）常用涂料

涂料按其所起的作用，可分为底漆和面漆两种。防锈漆和底漆都能防锈。它们的区别是：底漆的颜料较多，可以打磨，涂料对物体表面具有较强的附着力；而防锈漆的涂料偏重于满足耐水、耐碱等性能的要求。防锈漆一般分为钢铁表面防锈漆和有色金属表面防锈漆两种；底漆在涂层中占有重要地位，它不但能增强涂层与金属表面的附着力，而且对防腐蚀也起到一定的作用。目前常用的底漆主要有：

1）生漆（也称大漆）。生漆为褐色黏稠液体，具有耐酸性、耐溶剂性、抗水性、耐油性、耐磨性和附着力很强等优点。缺点是不耐强碱及强氧化剂。漆膜干燥时间较长，毒性较大，施工时易引起人体中毒。生漆的使用温度约为 150℃。生漆耐土壤腐蚀，是地下管道的良好涂料，生漆在纯碱系统中也有较多的应用。

2）漆酚树脂漆。漆酚树脂漆是生漆经脱水缩聚后用有机溶剂稀释而成。它改变了生漆的毒性大、干燥慢、施工不便等缺点，但仍保持着生漆的其他优点，满足大型快速施工的需要，广泛应用在化肥、氯碱生产中，防止工业大气如二氧化硫、氨气、氯气、氯化氢、硫化氢和氧化氮等气体腐蚀，也可作为地下防潮和防腐蚀涂料，但它不耐阳光、紫外线照射，应用时应考虑用于受阳光照射较少的部位。同时涂料不能久置（约 6 个月）。

3）酚醛树脂漆。酚醛树脂漆是把酚醛树脂溶于有机溶剂中，并加入适量的增韧剂和填料配制而成。酚醛树脂漆具有良好的电绝缘性和耐油性，能耐 60%的硫酸、盐酸、一定浓度的醋酸、磷酸、大多数盐类和有机溶剂等介质的腐蚀，但不耐强氧化剂和碱。其漆膜较脆，温差变化大时易开裂，与金属附着力较差，在生产中应用受到一定限制。其使用温度约为 120℃。

4）环氧—酚醛漆。环氧—酚醛漆是环氧树脂和酚醛树脂溶于有机溶剂中（如二甲苯和醋酸丁酯等）配制而成。环氧—酚醛漆是热固性涂料，其漆膜兼有环氧树脂和酚醛树脂两者的优点，既有环氧树脂良好的机械性能和耐碱性，又有酚醛树脂的耐酸、耐溶和电绝缘性。

5）环氧树脂涂料。环氧树脂涂料由环氧树脂、有机溶剂、增韧剂和填料配制而成，在使用时再加入一定量的固化剂。按其成膜要求的不同，可分为冷固型环氧树脂涂料和热固型环氧树脂涂料。环氧树脂涂料具有良好的耐腐蚀性能，特别是耐碱性，并有较好的耐磨性。与金属和非金属（除聚氯乙烯、聚乙烯等外）有极好的附着力，漆膜有良好的弹性与硬度，收缩率也较低，使用温度一般为 90～100℃。若在环氧树脂中加入适量的呋喃树脂改性，可以提高其使用温度。热固型环氧树脂涂料的耐温性和耐腐蚀性均比冷固型环氧涂料好。在无条件进行热处理时，采用冷固型环氧树脂涂料。

6）过氯乙烯漆。过氯乙烯漆是以过氯乙烯树脂为主要成膜材料的涂料。它具有良好的耐酸性气体、耐海水、耐酸、耐油、耐盐雾、防霉、防燃烧等性能，但不耐酚类、酮类、脂类和苯类等有机溶剂介质的腐蚀。其最高使用温度约为 70℃，若温度过高，则会导致漆膜破坏。该清漆不耐光，容易老化，而且不耐磨和不耐强烈的机械冲击。此外，它与金属表面附着力不强，特别是光滑表面和有色金属表面更为突出。在漆膜没有充分干燥时，往往会有漆膜揭皮现象。

7）沥青漆。沥青漆是用天然沥青或石油沥青和干性油溶于有机溶剂而制成的。沥青漆由于价格低廉，使用较多。它在常温下能耐氧化氮、二氧化硫、三氧化硫、氨气、酸雾、氯气、低浓度的无机盐和浓度 40%以下的碱、海水、土壤、盐类溶液以及酸性气体等介质腐蚀，但不耐油类、醇类、脂类、烃类等有机溶剂和强氧化剂等介质腐蚀。

8）呋喃树脂漆。呋喃树脂漆是以糖醛为主要原料制成的。它具有良好的耐酸性、耐碱性及耐温性，原料来源广泛，价格较低。呋喃树脂漆必须在酸性固化剂的作用下和加热下才能固化。但酸性固化剂对金属（或混凝土）有腐蚀作用，故不宜直接涂覆在金属或混凝土表面，必须用其他涂料作为底漆，如环氧树脂底漆、生漆和酚醛树脂清漆等。呋喃树脂漆能耐大部分有机酸、无机酸、盐类等介质的腐蚀，并有良好的耐碱性、耐有机溶剂性、耐水性、耐油性，但不耐强氧化性介质（硝酸、铬酸、浓硫酸等）的腐蚀。由于呋喃树脂漆存在性脆、与金属附着力差、干后会收缩等缺点，因此大部分采用改性呋喃树脂漆。

9）聚氨基甲酸酯漆。聚氨基甲酸酯漆是以甲苯二异氰酸酯为主要颜料的新型漆。它具有良好的耐化学腐蚀性、耐油性、耐磨性和附着力，漆膜韧性和电绝缘性均较好。最高耐热度为155℃。

10）无机富锌漆。无机富锌漆是以锌粉及水玻璃为主配制而成的。施工简单，价格便宜。它具有良好的耐水性、耐油性、耐溶剂性及耐干湿交替的盐雾，适用于海水、清水、海洋大气、工业大气和油类等介质。在有酸、碱腐蚀介质中使用时，一般需涂上相应的面漆，如环氧—酚醛漆、环氧树脂漆、过氯乙烯漆等，面漆层数不得少于两层。耐热度为160℃左右。

11）新型涂料

① 聚氨酯漆。聚氨酯漆是多异氰酸酯化合物和端羟基化合物进行加聚反应而生成的高分子合成材料。它广泛用于石油、化工、矿山、冶金等行业的管道、容器、设备以及混凝土构筑物表面等防腐领域。聚氨酯漆具有耐盐、耐酸、耐各种稀释剂等优点，同时又具有施工方便、无毒、造价低等特点。

② 环氧煤沥青。它主要由环氧树脂、煤沥青、填料和固化剂组成。它综合了环氧树脂机械强度高、黏结力大、耐化学介质侵蚀和煤沥青耐腐蚀等优点。涂层使用温度在−40～150℃之间。在酸、碱、盐、水、汽油、煤油、柴油等一般稀释剂中长期浸泡无变化，防腐寿命可达到50年以上。环氧煤沥青广泛用于城市给水管道、煤气管道以及炼油厂、化工厂、污水处理厂等设备、管道的防腐处理。

③ 三聚乙烯防腐涂料。该涂料广泛用于天然气和石油输配管线、市政管网、油罐、桥梁等防腐工程。它主要由聚乙烯、炭黑、改性剂和助剂组成，经熔融混炼造粒而成，具有良好的机械强度、电性能、抗紫外线、抗老化和抗阳极剥离等性能，防腐寿命可达20年以上。

④ 氟-46涂料。氟-46涂料为四氟乙烯和六氟丙烯的共聚物，它具有优良的耐腐蚀性能，与强酸、强碱及强氧化剂在高温下也不发生任何作用。除对某些卤化物、芳香族碳氢化合物有轻微的膨胀现象外，酮类、醚类和醇类等有机溶剂对它不起作用，能对它起作用的仅有元素氟、三氟化氯和熔融的碱金属，但只有在高温、高压下作用才显著。它的耐热性仅次于聚四氟乙烯涂料，耐寒性很好，具有杰出的防污和耐候性，因此可维持15～20年不用重涂。故特别适用于对耐候性要求很高的桥梁或化工厂设施，在赋予被涂物美观外表的同时，避免基材的锈蚀。

2. 玻璃钢

玻璃钢一般是指以不饱和聚酯树脂、环氧树脂和酚醛树脂为基体，以玻璃纤维或其制品作增强材料的增强塑料。玻璃钢由于具有玻璃纤维的增强作用，因此具有较高的机械强度和整体性，受到机械碰击等不容易出现损伤。

玻璃钢的种类很多，根据使用的树脂品种不同，有环氧玻璃钢、聚酯玻璃钢、环氧酚醛玻璃钢、环氧煤焦油玻璃钢、环氧呋喃玻璃钢和酚醛呋喃玻璃钢等。玻璃钢质轻而硬，不导电，机械强度高，回收利用少，耐腐蚀。可以代替钢材制造机器零件和汽车、船舶外壳等。

3. 橡胶

目前用于防腐的橡胶主要是天然橡胶。一般硬橡胶的长期使用温度为0～65℃，软橡胶、半硬橡胶的使用温度为－25～75℃。橡胶的使用温度与使用寿命有关，温度过高会加速橡胶的老化，破坏橡胶与金属间的结合力，导致脱落；温度过低橡胶会失去弹性（橡胶的膨胀系数比金属大三倍），由于两种基材收缩不一，导致应力集中而拉裂橡胶层。由于软橡胶的弹性比硬橡胶好，故它的耐寒性也较好。

用作化工衬里的橡胶是生胶经过硫化处理而成。经过硫化处理后的橡胶具有一定的耐热性能、机械强度和耐腐蚀性能，除强氧化剂（如硝酸、浓硫酸、铬酸）及某些溶剂（如苯、二氧化碳、四氯化碳等）外，能耐受大多数无机酸、有机酸、碱、各类盐类及酸类介质的腐蚀。

另外，合成橡胶的种类也很多，目前用于化工防腐蚀的主要有聚异丁烯橡胶，它具有良好的耐腐蚀性、耐老化性、耐氧化性及抗水性，不透气性比所有橡胶都好，但强度和耐热性较差。聚异丁烯橡胶最高使用温度一般为50～60℃，它在低温下仍有良好的弹性及足够的强度。在50℃时由于聚异丁烯橡胶开始软化，因而不能经受机械作用。它能耐各种浓度的盐酸、浓度小于80%的硫酸、稀硝酸、浓度小于40%的氢氟酸、碱液及各种盐类溶液等介质的腐蚀。不耐氟、氯、溴及部分有机溶剂如苯、四氯化碳、二氧化碳、汽油、矿物油及植物油等介质的腐蚀。

4. 无机防腐材料

无机防腐材料主要有辉绿岩、耐酸陶瓷、不透性石墨等。

(1) 辉绿岩。辉绿岩的主要成分是二氧化硅，是一种灰黑色的质地密实的材料。优点是耐酸、耐碱性好，除氢氟酸、300℃以上的磷酸及强碱外，还耐所有的有机酸、无机酸、碱类腐蚀，而且耐磨性也好。缺点是脆性较大，不宜承受重物冲击，温差急变性较差，板材难于切割加工。

(2) 耐酸陶瓷。耐酸陶瓷是由耐火黏土、长石及石英以干成型法焙烧而成，它的主要成分是二氧化硅。优点是耐酸性好，除氢氟酸、300℃以上的磷酸及强碱外，耐所有酸类腐蚀；结构致密，表面光滑平整。缺点是脆性较大、韧性差和温差急变性较差。瓷砖、瓷板的耐酸性、机械强度、密实性均较陶砖、陶板好，但温差急变性较差。

(3) 不透性石墨。不透性石墨是由人造石墨浸渍酚醛或呋喃树脂而成。优点是导热性优良、温差急变性好、易于机械加工（可根据需要锯成各种规格的石墨板、条）、耐腐蚀性好，缺点是机械强度较低、价格较贵。

5. 保温隔热材料

在建筑工程中，常把用于控制室内热量外流的材料称为保温材料，将防止室外热量进入室内的材料称为隔热材料，两者统称为绝热材料。绝热材料主要用于墙体及屋顶、热工设备及管道、冷藏库等工程或冬季施工的工程。合理使用绝热材料可减少热损失、节约能源、降低能耗。

材料的导热能力用导热系数表示，导热系数是评定材料导热性能的重要物理指标。影响材料导热系数的主要因素包括材料的化学成分、微观结构、孔结构、湿度、温度和热流方向等，其中孔结构和湿度对导热系数的影响最大。

（1）岩棉及矿渣棉

岩棉及矿渣棉统称为矿物棉，由熔融的岩石经喷吹制成的称为岩棉，由熔融的矿渣经喷吹制成的称为矿渣棉。矿物棉与有机胶粘剂结合可以制成岩棉板、毡、筒等制品，也可以制成粒状用作填充材料，其缺点是吸水性大、弹性小。矿物棉可用作建筑物的墙体、屋顶、顶棚等处的保温隔热和吸声材料，以及热力管道的保温材料。

（2）石棉

石棉是一种天然矿物纤维，具有耐火、耐热、耐酸碱、绝热、防腐、隔声及绝缘等特性，常制成石棉粉、石棉纸板、石棉毡等制品。由于石棉中的粉尘对人体有害，因而民用建筑很少使用，目前主要用于工业建筑的隔热、保温及防火覆盖等。

（3）玻璃棉

玻璃棉是将玻璃融化后从流口流出的同时，用压缩空气喷吹形成乱向的玻璃纤维。玻璃棉是良好的吸声材料，可制成沥青玻璃棉毡、板及酚醛玻璃棉毡、板等制品，广泛用于温度较低的热力设备和房屋建筑中的保温隔热。

（4）膨胀蛭石

蛭石是一种复杂的镁、铁含水铝硅酸盐矿物，由云母类矿物经风化而成，具有层状结构。煅烧后的膨胀蛭石可以呈松散状铺设于墙壁、楼板、屋面等夹层中，作为绝热、隔声材料，使用时应注意防潮，以免吸水后影响绝热效果。膨胀蛭石也可与水泥、水玻璃等胶凝材料配合，浇筑成板，用于墙、楼板和屋面板等构件的绝热。

（5）玻化微珠

玻化微珠是一种酸性玻璃质熔岩矿物质（松脂岩矿砂），内部多孔、表面玻化封闭，呈球状体细径颗粒。玻化微珠吸水率低，易分散，可提高砂浆流动性，还具有防火、吸声、隔热等性能，是一种具有高性能的无机轻质绝热材料，广泛用作外墙内外保温砂浆、装饰板、保温板的轻质骨料。用玻化微珠作为轻质骨料，可提高保温砂浆的易流动性和自抗强度，减少材料收缩率，提高保温砂浆综合性能，降低综合生产成本。

玻化微珠保温砂浆是以玻化微珠为轻质骨料，与玻化微珠保温胶粉料按照一定的比例搅拌均匀混合而成，用于外墙内外保温的一种新型无机保温砂浆材料。玻化微珠保温砂浆具有优异的保温隔热性能和防火耐老化性能，不空鼓开裂、强度高。

（6）聚苯乙烯板

聚苯乙烯板是以聚苯乙烯树脂为原料，经由特殊工艺连续挤出发泡成型的硬质泡沫保温板材。聚苯乙烯板分为模塑聚苯板（EPS）和挤塑聚苯板（XPS）两种，在同样厚度情况下，XPS 板比 EPS 板保温效果好，EPS 板比 XPS 板吸水性高、延性好。XPS 板是目前建筑行业常用的隔热、防潮材料，已被广泛用于墙体保温、平面混凝土屋顶及钢结构屋顶保温以及低温储藏、地面、泊车平台、机场跑道、高速公路等领域的防潮保温和控制地面膨胀等方面。

7.4.2 吸声、隔声材料

1. 吸声材料

吸声材料是一种能在较大程度上吸收由空气传递的声波能量的工程材料，通常使用的吸声材料为多孔材料。材料的表观密度、厚度、孔隙特征等是影响多孔材料吸声性能的主要因素。

（1）薄板振动吸声结构

薄板振动吸声结构具有低频吸声特性，同时还有助于声波的扩散。建筑中常将胶合板、薄木板、硬质纤维板、石膏板、石棉水泥板或金属板等固定在墙或顶棚的龙骨上，并在背后留有空气层，即成薄板振动吸声结构。

（2）柔性吸声结构

具有密闭气孔和一定弹性的材料，如聚氯乙烯泡沫塑料，表面为多孔材料，但因其有密闭气孔，声波引起的空气振动不是直接传递到材料内部，而是只能相应地产生振动，在振动过程中由于克服材料内部的摩擦而消耗声能，引起声波衰减。这种材料的吸声特性是在一定的频率范围内出现一个或多个吸收频率。

（3）悬挂空间吸声结构

悬挂于空间的吸声体，由于声波与吸声材料的两个或两个以上的表面接触，增加了有效的吸声面积，产生边缘效应，加上声波的衍射作用，大大提高了吸声效果。空间吸声体有平板形、球形、椭球形和棱形等。

（4）帘幕吸声结构

帘幕吸声结构是具有通气性能的纺织品，安装在离开墙面或窗洞一段距离处，背后设置空气层。这种吸声体对中、高频都有一定的吸声效果。帘幕吸声体安装拆卸方便，兼具装饰作用。

2. 隔声材料

隔声材料是能减弱或隔断声波传递的材料。隔声材料必须选用密实、质量大的材料，如黏土砖、钢板、混凝土、钢筋混凝土等。对固体声最有效的隔声措施是隔断其声波的连续传递即采用不连续的结构处理，如在墙壁和梁之间、房屋的框架和隔墙及楼板之间加弹性垫，如毛毡、软木、橡胶等材料。

复习思考题

1. 水暖工程中常用的钢管有哪些？各自的主要用途是什么？
2. 水暖工程中常用的非金属管材有哪些？
3. 常见的卫生设备有哪些？
4. 铸铁散热器与钢制散热器各自的优缺点是什么？
5. 涂料按其组成而言，可分为哪些部分？其主要成膜物质分别是什么？
6. 吸声结构有哪些？各自运用了什么原理？

第8章　给水排水与供暖工程施工图识读

现代工业或民用建筑都是由建筑、结构、给水排水、电气照明、供暖通风等有关工程所构成的综合体，建筑设备施工图是房屋设备安装工程施工和预算的重要依据。

设备安装工程的专业工种比较多，本章主要对一般房屋给水排水与供暖工程施工图的识读方法做简要的介绍。

8.1　给水排水施工图的识读

给水排水工程的设计图样，按其工程内容的性质来分，大致可分为下面三类：室内给水排水施工图、室外管道及附属设备图、净水设备工艺图。本节着重介绍室内给水排水施工图。

室内给水排水施工图是表示建筑物内部各卫生器具、设备、管道及其附件的类型、大小、在建筑物内的位置及安装方式的图样。

室内给水排水施工图是建筑施工图的组成部分。一套完整的安装施工图纸的组成见图8-1。

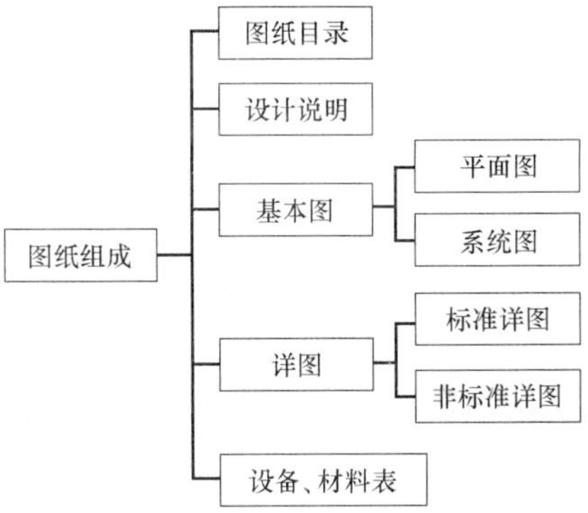

- 图纸组成
  - 图纸目录
  - 设计说明
  - 基本图
    - 平面图
    - 系统图
  - 详图
    - 标准详图
    - 非标准详图
  - 设备、材料表

图8-1　安装施工图纸的组成

8.1.1　室内给水排水平面图

室内给水排水平面图是室内给水排水施工图中最基本的图样，它主要反映卫生器具、管道及其附件相对于房屋的平面位置。

1. 室内给水排水平面图的画法要求

（1）多层房屋的给水排水平面图原则上应分层绘制，底层给水排水平面图应单独绘制。楼层平面的管道布置若相同时，可绘制一个标准层的给水排水平面图，但在图中必须注明各楼层的层次及标高。如设有屋顶水箱及管路布置时，应单独画屋顶层给水排水平面图，但当管路布置不太复杂时，如有可能，也可将屋面上的管道系统附画在顶层给水排水平面图中（用双点画线表示水箱的位置）。

（2）底层给水排水平面图必须单独画出一个完整的房屋平面图，以表明室内管道需与户外管道相连的情况。而各楼层的给水排水平面图，则只需把有卫生设备和管路布置的盥洗房间范围的平面图画出即可，不必画出整个楼层的平面图。

（3）在给水排水平面图中所画的房屋平面图仅作为管道系统各组成部分水平布局和定位的基准。因此，仅需抄绘房屋的墙身、柱、门窗洞、楼梯、台阶等主要构配件。至于房屋的细部及门窗代号等均可省去。底层给水排水平面图要画全轴线，楼层给水排水平面图可仅画边界轴线。

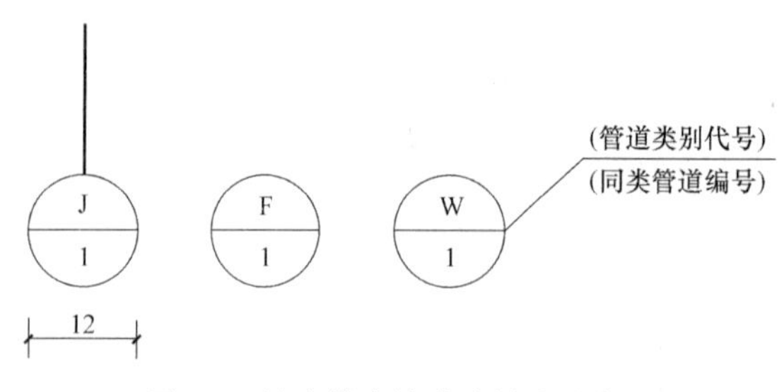

图 8-2 给水排水管道编号表示方法

（4）给水排水平面图中各种管道的数量超过 1 根时，要按系统予以编号。系统的编号方式如图 8-2 所示。圆圈上部的文字代表管道系统的类别，用汉语拼音的第一个字母表示，如“J”代表给水系统、“W”代表污水系统、“F”代表废水系统，圆圈下部的数字表示同类管道的编号。

（5）卫生设备管道系统中的管道一般较细，直管的切割、绞丝、粘接都比较方便，并且连接管件又都是工业产品，所以只要在施工说明中写明管材和连接方式即可，无需另外画出管件及接口符号。施工图中用各种线型来表示不同性质、系统的管道。如表 8-1 所列：给水管、废水管、污水管、雨水管均用粗实线表示，并在其上分别标以 J、F、W、Y 等。

（6）各种管道不论在楼面（地面）之上或之下，均不考虑其可见性，仍按管道类别用规定的线型画出。

（7）每层卫生设备平面布置图中的管路，是以连接该层卫生设备的管路为准，而不是以楼、地面作为分界线。

（8）卫生器具和管道一般不必标注其定位尺寸。必要时，以墙面或柱面为基准标出。卫生器具的规格可用文字标注在引出线上，或在施工说明中写明。管道的长度在备料时只需用比例尺从图中近似量出，在安装时则以实测尺寸为依据，所以图中均不标注管道的长度。至于管道的管径、坡度和标高，因给水排水平面图不能充分反映管道在空间的具体布置、管路连接情况，故均在给水排水系统图中予以标注。给水排水平面图中一概不标（特殊情况除外）。

2. 室内给水排水平面图的识读步骤和方法

首先阅读设计说明，了解项目的概貌和总的要求；然后熟悉相关图例符号；最后阅读平面图，了解设备（器具）的平面位置及管道的走向。

3. 室内给水排水平面图的识读实例

图 8-3～图 8-6 所示为某培训大楼的室内给水排水平面图，图例如表 8-1 所示。底层给水排水平面图中，室内管道需与户外管道相连，单独画出了完整的平面图，而各楼层（如二、三、四层）给水排水平面图只画出了卫生设备和管路布置的盥洗间范围。给水部分以引入管为一个系统，如图 8-3 中 J/1 所示；排水分成污水和废水，其中污水排放设置了两个系统，如 W/1 和 W/2，废水排放也设置了两个系统，即 F/1 和 F/2。

某培训大楼室内给水排水工程图例 **表 8-1**

图例	名称	图例	名称
——J——	给水管	W（圆圈）	污水管系
J（圆圈）	给水管系	（洗脸盆符号）	洗脸盆

续表

图　　例	名　　称	图　　例	名　　称
	淋浴器		废、污水检查井
	自动冲洗水箱		污水池
	小便槽		地漏
	废、污水管		蹲式大便器
	废水管系		坐式大便器

注：1. 标高以 m 计，管径和尺寸均以 mm 计；

2. 底层、二层由管网供水，三、四层由水箱供水；

3. 卫生器具安装按国家标准图集《卫生设备安装》（09S304）执行，管道安装按国家验收规范执行；

4. 屋面水管保温，参考国家标准图集《管道与设备绝热-保温》（08R418-108K507-1）。

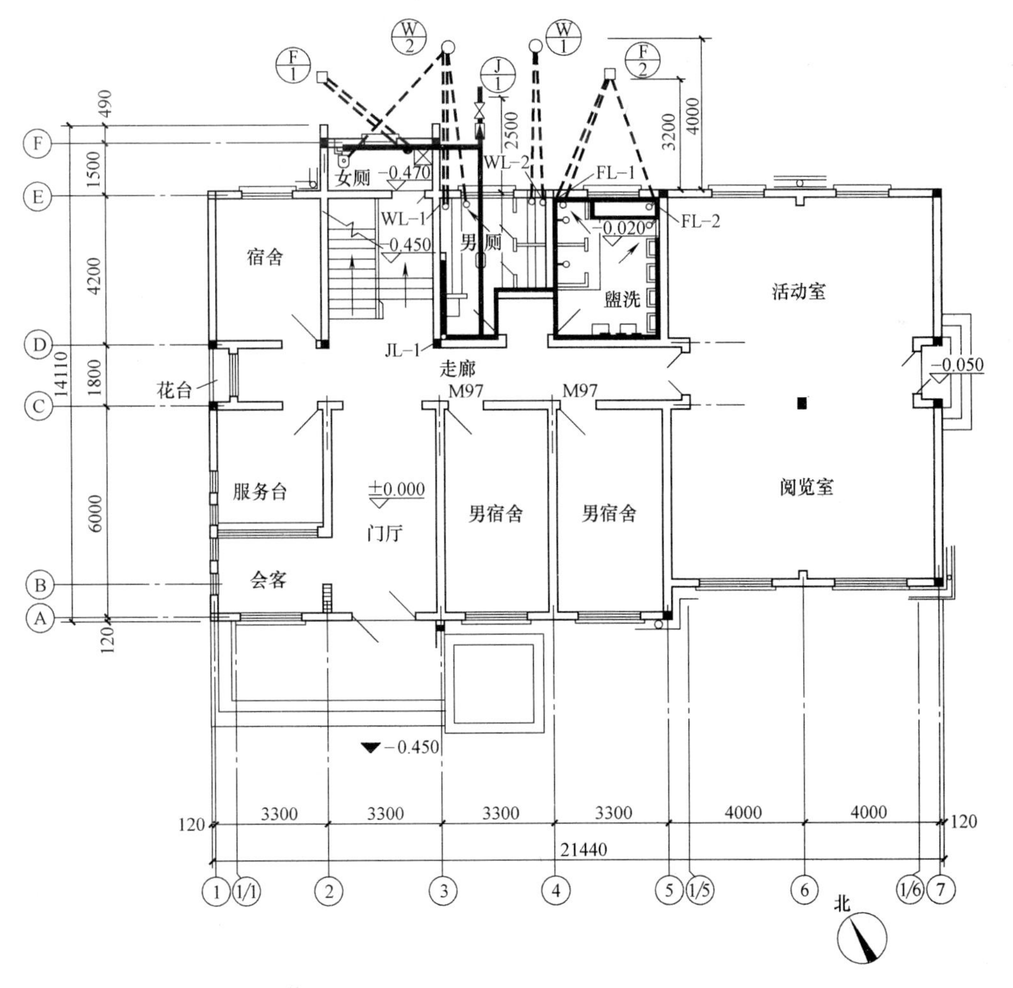

图 8-3　底层给水排水平面图

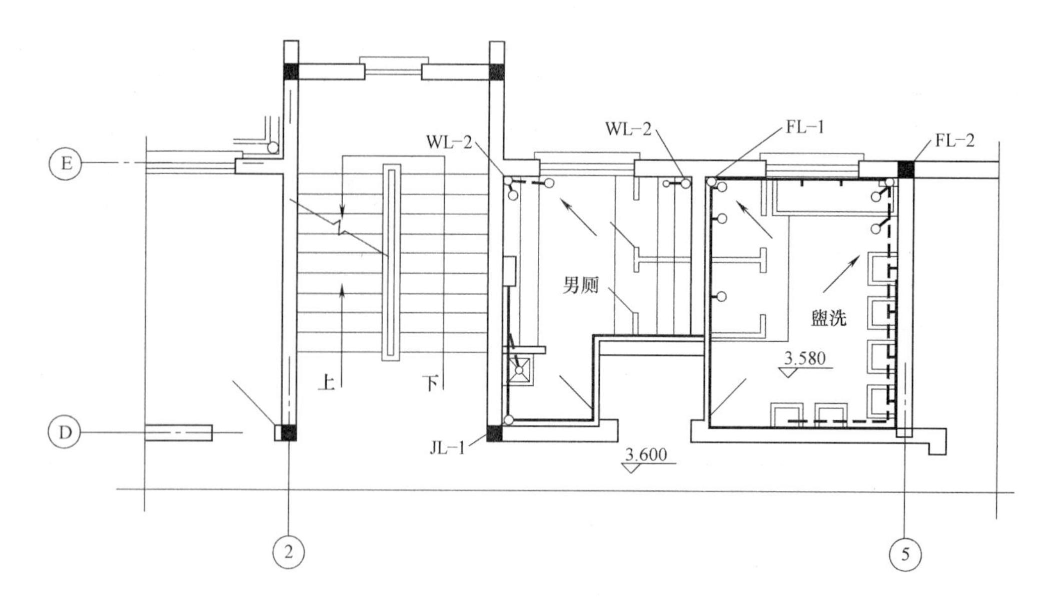

图 8-4　二层给水排水平面图

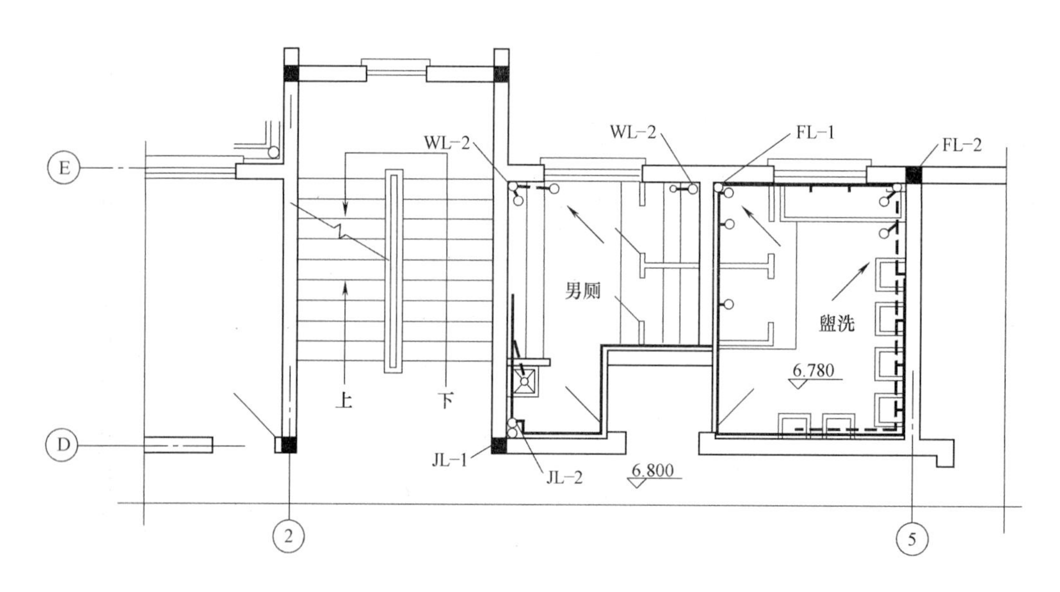

图 8-5　三层给水排水平面图

8.1.2　室内给水排水系统图

给水排水平面图主要显示室内给水、排水设备的水平安排和布置，而连接各管路的管道系统因其在空间转折较多，上下交叉重叠，往往在平面图中无法完整且清楚地表达，因此，需要有一个能同时反映空间三个方向的图纸来表示。这种图被称为给水排水系统图（或称管系轴测图）。给水排水系统图能反映各管道系统的管道空间走向和各种附件在管道上的位置。

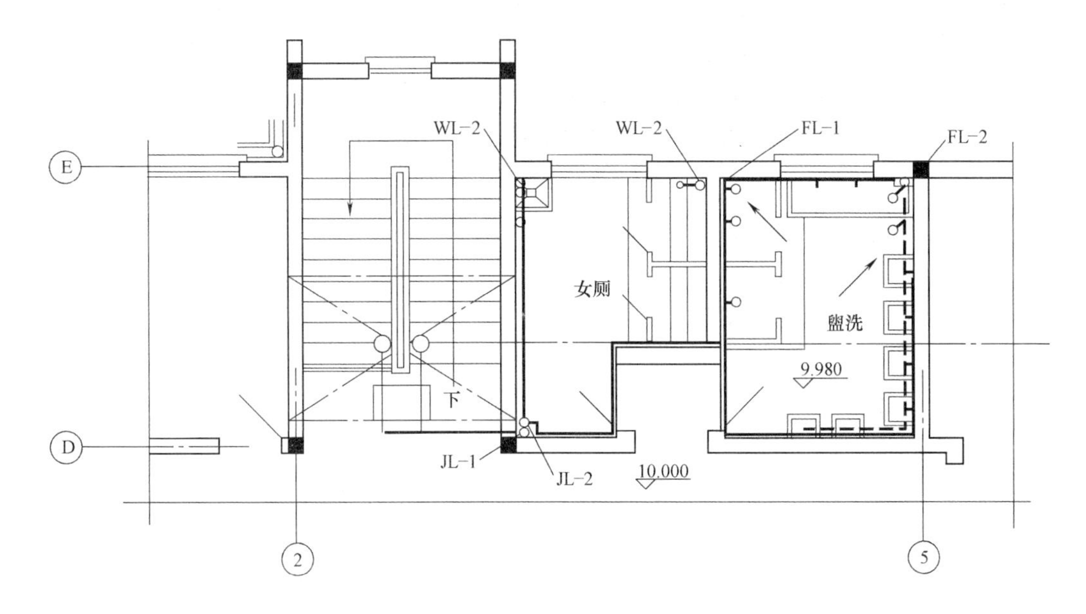

图 8-6　四层给水排水平面图

1. 室内给水排水系统图的画法要求

（1）为了完整、全面地反映管道系统，目前我国一般采用三等正面斜轴测图，三轴的轴向变形系数以 $p_x = p_y = p_z = 1$。

（2）系统编号应与给水排水平面图中相应的系统编号相同，一般按系统分别绘制。

（3）管道的画法与给水排水平面图一样，用各种线型来表示各个系统。管道附件及附属构筑物也都用图例表示（参见表 8-1）。当空间交叉的管道在图中相交时，应鉴别其可见性，可见管道画成连续线，不可见管道在相交处断开。当管道被附属构筑物等遮挡时，可用虚线画出，此虚线粗度应与可见管道相同，但分段比表示污、废水管的线型短些，以示区别。

（4）在给水排水系统图中，当管道过于集中无法画清楚时，可将某些管道断开，移至别处画出，并在断开处用细点划线（0.25b）连接。

（5）在给水系统图上只需绘制管路和配水器具，可用图例画出水表、闸阀、截止阀、放水龙头、淋浴龙头以及连接洗脸盆、大小便槽冲洗水箱的角阀、连接支管等。在同一给水排水系统图中，邻层间的管道往往相互交叉，为使绘图简洁和读图清晰，对于用水设备和管路布置完全相同的楼层，可以只画一个楼层的所有管道。而其他楼层的管道予以省略。

（6）在给水排水系统图中，被管道穿过的墙、梁、地面、楼面和屋面的位置，均用细线画出，中间画斜向图例线。如不画图例线时，也可在描图纸背面以彩色铅笔涂以蓝色或红色，使其在晒成蓝图后增深其色泽而使阅图醒目。

（7）管道系统中所有管段的直径、坡度和标高均应标注在给水排水系统图上。

2. 室内给水排水系统图的识读实例

图 8-7～图 8-9 所示为某培训大楼室内给水排水平面图对应的给水排水系统图，图 8-7

为给水管道系统图，其中女厕的管道，如按正确画法，将与后面的引入管混杂在一起，使图样不清晰，故采用“移置画法”，即在 *A* 点将管道断开，把前面的管道平移至空白处画出。图中移向左边，中间连以点划线，断开处画以断裂符号“波浪线”，并注明连接点的相应符号“*A*”，以便对应阅图。图 8-8 为污水管道系统图，图 8-9 为废水管道系统图。

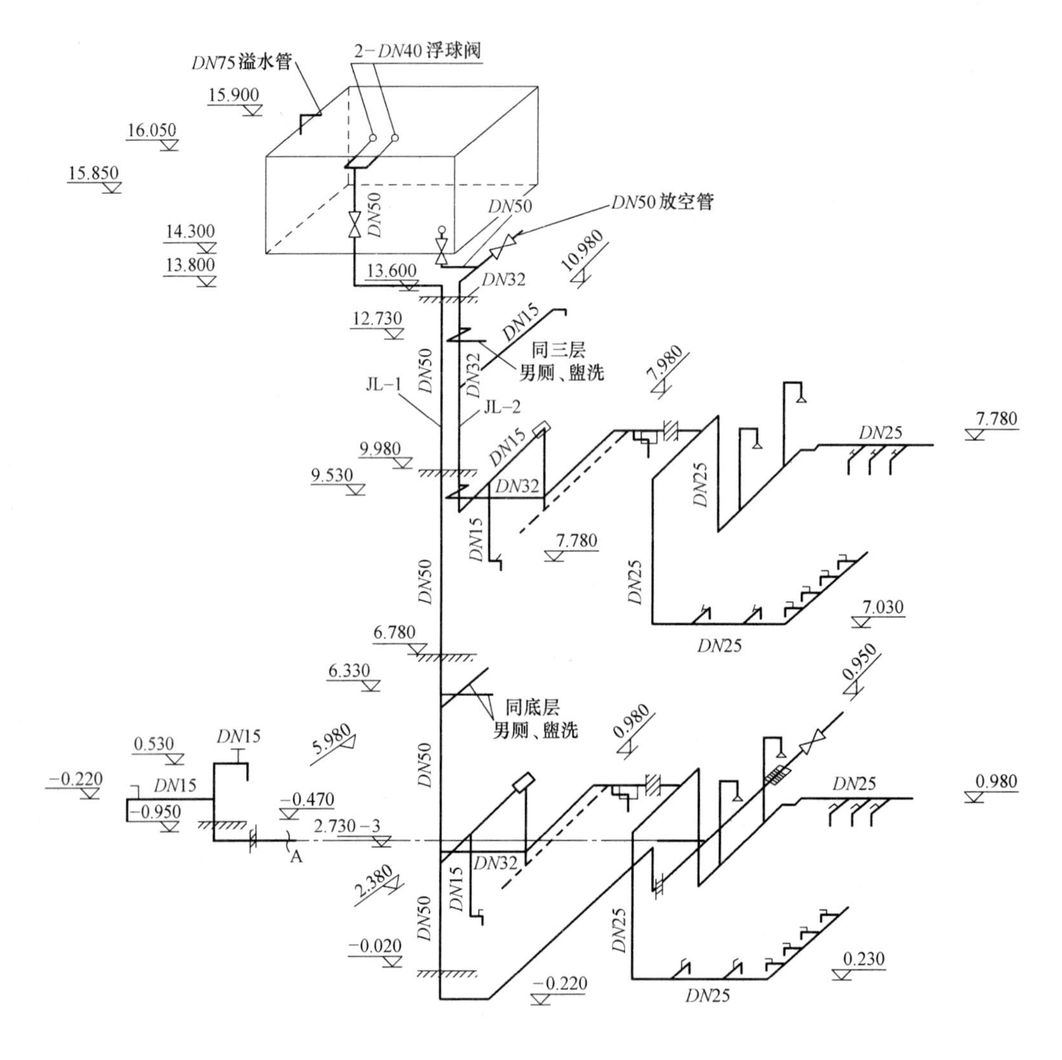

图 8-7　给水管道系统图（1∶100）

8.1.3　卫生设备安装详图

给水排水平面图和系统图仅表示卫生器具及各管道的规格及布置连接情况，至于卫生器具的衔接还要有安装详图来作为施工的依据。详图按照其使用性质的不同可分为标准（通用）详图和非标准详图。

常用的卫生设备安装详图可套用标准（通用）详图，如国家标准图集《卫生设备安装》（09S304），不必另行绘制，只需在施工图中注明所套用的卫生器具的详图编号即可。图 8-10 所示为单柄水嘴单孔台下式洗脸盆安装详图。

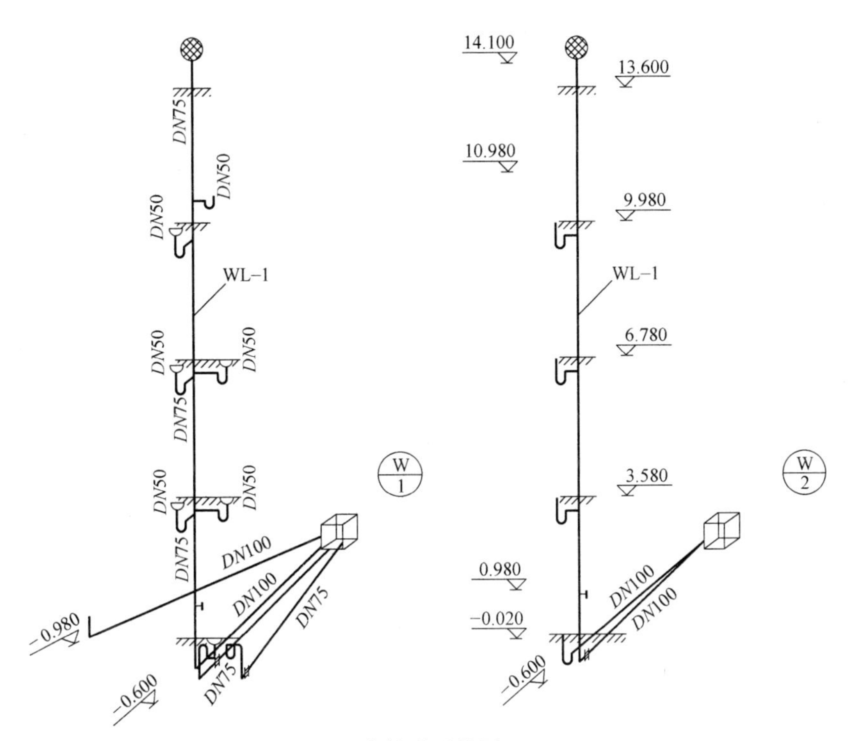

图 8-8 污水管道系统图（1∶100）

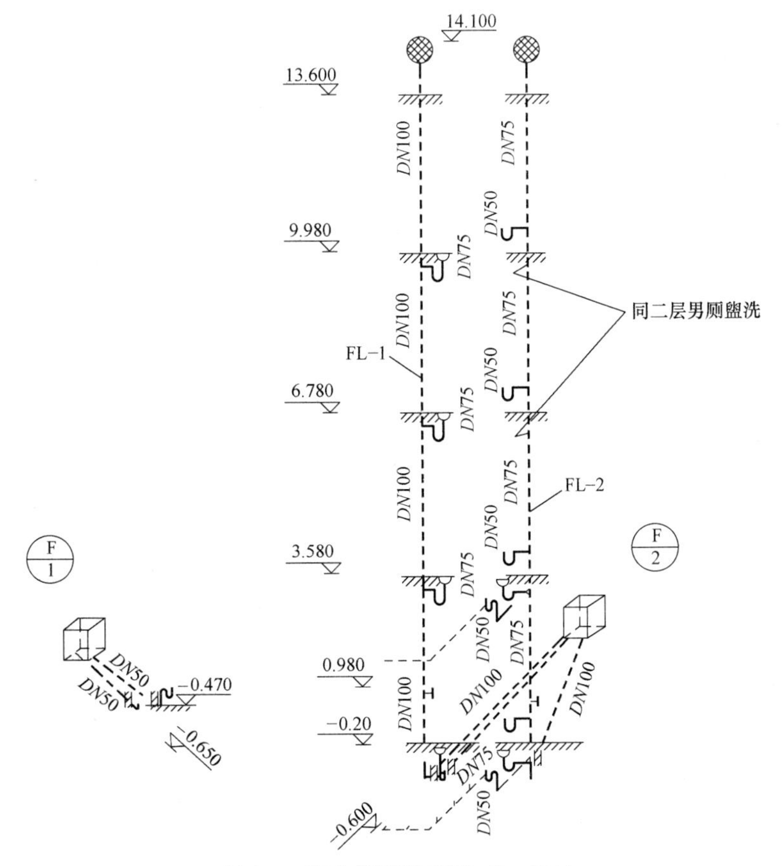

图 8-9 废水管道系统图（1∶100）

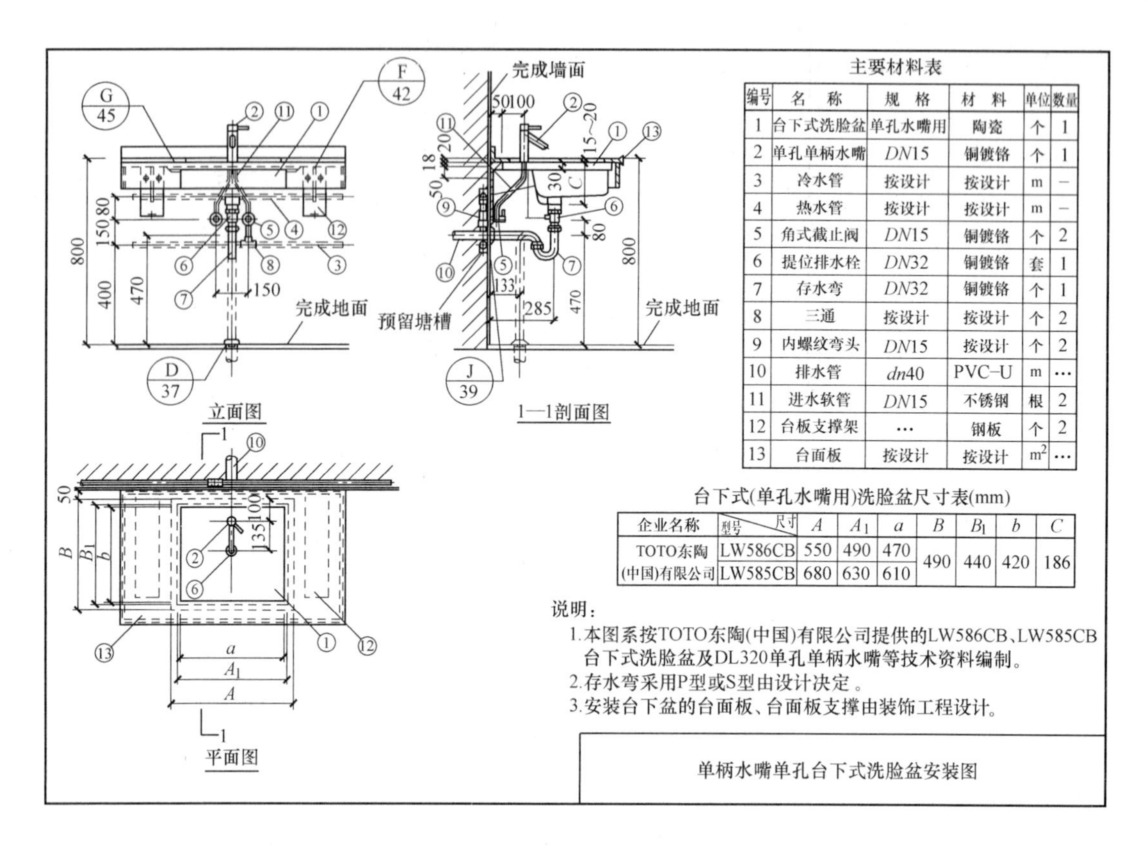

主要材料表

编号	名称	规格	材料	单位	数量
1	台下式洗脸盆	单孔水嘴用	陶瓷	个	1
2	单孔单柄水嘴	DN15	铜镀铬	个	1
3	冷水管	按设计	按设计	m	–
4	热水管	按设计	按设计	m	–
5	角式截止阀	DN15	铜镀铬	个	2
6	提位排水栓	DN32	铜镀铬	套	1
7	存水弯	DN32	铜镀铬	个	1
8	三通	按设计	按设计	个	2
9	内螺纹弯头	DN15	按设计	个	2
10	排水管	dn40	PVC–U	m	…
11	进水软管	DN15	不锈钢	根	2
12	台板支撑架	…	钢板	个	2
13	台面板	按设计	按设计	m^2	…

台下式(单孔水嘴用)洗脸盆尺寸表(mm)

企业名称	型号 \ 尺寸	A	A_1	a	B	B_1	b	C
TOTO东陶(中国)有限公司	LW586CB	550	490	470	490	440	420	186
	LW585CB	680	630	610				

图 8-10　单柄水嘴单孔台下式洗脸盆安装详图

如果做法比较特殊，可采用非标准详图。它是根据某项工程的实际情况，为满足施工的需要，由设计人员单独绘制的某一局部或节点的大样详图，只适用于本项目。

详图一般采用的比例较大，常用 1∶25～1∶50，以能表达清楚或按施工要求而定。详图必须画得详尽、具体、明确，尺寸注写充分，材料、规格清楚。

对于设计、施工和工程预算人员，必须熟悉各种常用卫生器具的构造和安装尺寸，以及设备与管道的衔接位置和高度。并应使平面布置图和管系轴测图上的有关安装位置和尺寸与安装详图上的相应位置和尺寸完全相同，以免施工时引起差错。

8.2　供暖工程施工图的识读

供暖工程有三个组成部分：热量的发生器（锅炉）、输送热量的管道、把热量散发于室内的散热器。供暖工程是房屋建筑的一种工程设备，所以供暖管道及设备等都与房屋建筑有密切的关系。供暖工程施工图也与房屋建筑施工图分不开。供暖系统的表达方法，有些也和房屋建筑的表达方法一样，如平面图、立面图、剖面图等，图名和投影方向都相同，绘图比例也相同。

供暖工程施工图包括系统平面图、系统轴测图和详图，特殊需要时增加剖面图。

8.2.1 供暖工程平面图

1. 供暖平面图的主要内容

供暖平面图中通常包括如下主要内容：

（1）室内供暖管网入口（供热总管）和出口（回水总管）的位置，与室外管网的连接，以及热媒来源等情况；

（2）散热器在各供暖房间内的平面布置、规格和数量；

（3）供暖系统的干管、立管、支管的平面位置和走向，立管的编号；

（4）供暖系统的辅助设备和管道附件的位置等。

2. 供暖平面图的画法要求

（1）多层房屋应分层绘制供暖平面图，一般应画出底层和顶层供暖平面图，如中间各层供暖管道和散热器布置相同，可仅画出标准层供暖平面图。

（2）各层供暖平面图是在各层管道系统之上水平剖切后，向下投影所绘制的水平投影图，这与房屋建筑平面图的剖切位置不同。

（3）供热总管、干管用粗实线表示，支管用中实线表示，回水（凝结水）总管、干管用粗虚线表示，如图 8-11、图 8-12 所示。管道无论是在楼地面之上或之下，无论是明装或暗装，均不考虑其可见性，仍按此规定的线型绘制。

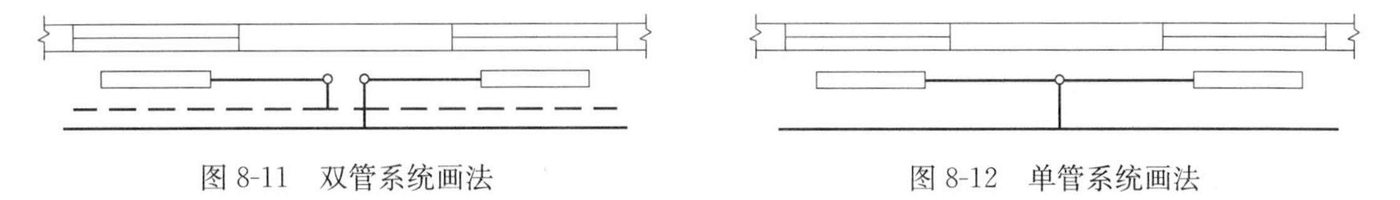

图 8-11　双管系统画法　　　　图 8-12　单管系统画法

（4）管道的转向、连接与交叉画法如图 8-13 所示。

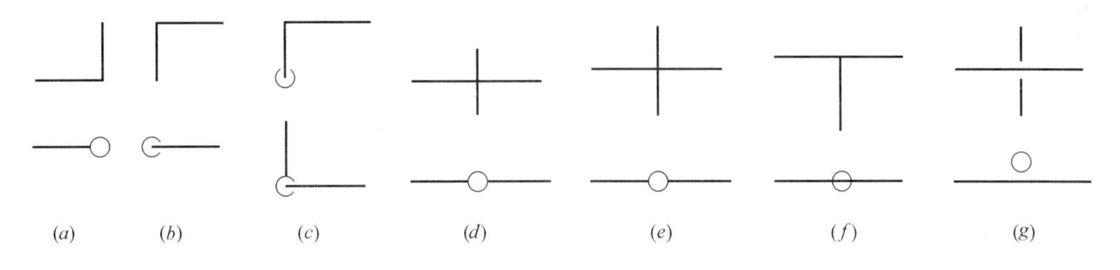

图 8-13　管道转向、连接与交叉画法

(a)、(b)、(c) 管道转向画法；(d)、(e)、(f) 管道连接（三通、四通）画法；(g) 管道交叉画法

（5）供暖管道和设备一般沿墙靠柱设置，通常不标注定位尺寸，必要时可以墙面或轴线为定位基准标注。供暖入口和出口总管的定位尺寸应标注管中心至所邻墙面或轴线的距离。管道的管径、坡度、标高等均标注在供暖系统图中，平面图中可不标注。管道的长度一般不标注，而以安装时的实测尺寸为准。在供暖平面图中一般还标注出房屋定位轴线的编号和尺寸，以及各楼地面的标高。

（6）供暖立管和入口的编号如图 8-14 所示。

图 8-14　供暖立管和入口编号

8.2.2　供暖工程系统图

为了更清楚地表示室内供暖管网和设备的空间布置及相互关系等情况，应绘制供暖系统轴测图。

1. 供暖系统图的主要内容

供暖系统图中通常包括如下主要内容：

（1）室内供暖管网的布置，包括总管、干管、立管、支管的空间位置和走向；

（2）散热器的空间布置和规格、数量，以及与管道的连接方式；

（3）供暖辅助设备、管道附件（如阀门等）在管道上的位置；

（4）各管段的管径、坡度、标高及立管的编号等。

2. 供暖系统图的画法要求

（1）供暖系统图宜采用正面斜等测绘制。为了与平面图配合阅读与绘制，*OX* 轴应与平面图的横向一致，*OY* 轴应与平面图的纵向一致。

（2）当空间交叉的管道在图中相交时，在相交处应将被遮挡的管线断开。有的地方管道密集投影重叠，往往表示不清楚，这时可在管道的适当位置断开，然后引出绘制在图纸的其他位置。断开处用相同的小写拉丁字母注明，以便相互查找。

（3）散热器用中实线或细实线按其立面图例绘制，如图 8-15 所示。柱型、圆翼型散热器的规格、数量应标注在散热器图例内，光管式、串片式散热器的规格、数量在图例内若标注不了，可标注在其上方。

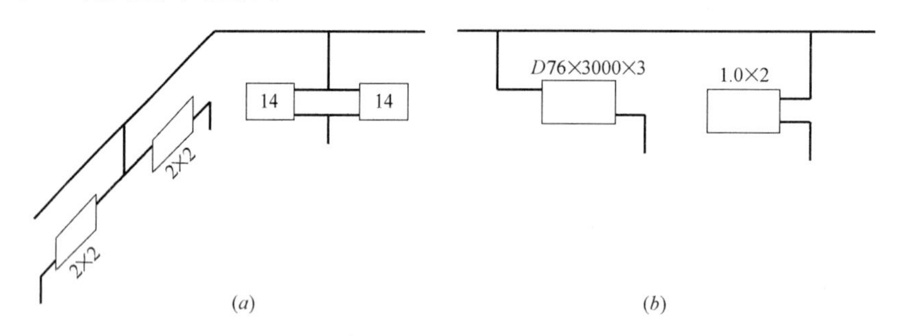

图 8-15　散热器画法

（*a*）柱型、圆翼型散热器画法；（*b*）光管式、串片式散热器画法

（4）为了表示出管道与房屋的关系，在系统图上还要画出管道穿过外墙、地面、楼面等处的位置。

（5）尺寸标注。各管段均需标注管径，水平管道需标注坡度，竖直管道在上方或下方注写立管编号，需要限定高度的管道应标注相对高度，散热器标注底标高。

（6）要表示出集气罐（热水供暖）、疏水器（蒸汽供暖）等的位置和规格及管道的连接情况。管道上的阀门、支架、补偿器等应按它们的具体位置绘制。

8.2.3 供暖工程施工图的识读案例

识读供暖工程施工图时，一般先读平面图，了解整个系统在水平方向的布置，热水或蒸汽主干管的入口和在室内的走向，回水干管的走向及出口，立管和散热器的布置等；进而阅读剖面图和轴测图，了解管道系统在高度方向的布置情形。

图 8-16～图 8-18 为某厂办公楼的供暖工程施工图。供暖的热媒用蒸汽，管道的布置方式是把蒸汽水平干管设在上下层散热器之间，也即双立管中分式系统。从底层供暖平面图（即图 8-16）可以看到用粗实线画的蒸汽主干管从房屋的北面进入，经过设在楼梯平台下的入口和降压装置，把高压蒸汽的压力降低到适合这个办公楼供暖要求的低压蒸汽，再送入供暖系统，室内水平干管分为两支。用粗虚线画的凝结水管，分别在房屋的东北角和西北角处出户，流往室外排水管检查井（将与通过检查井其他系统的回水管的回水汇合后送回锅炉，再重新加热成蒸汽使用）。

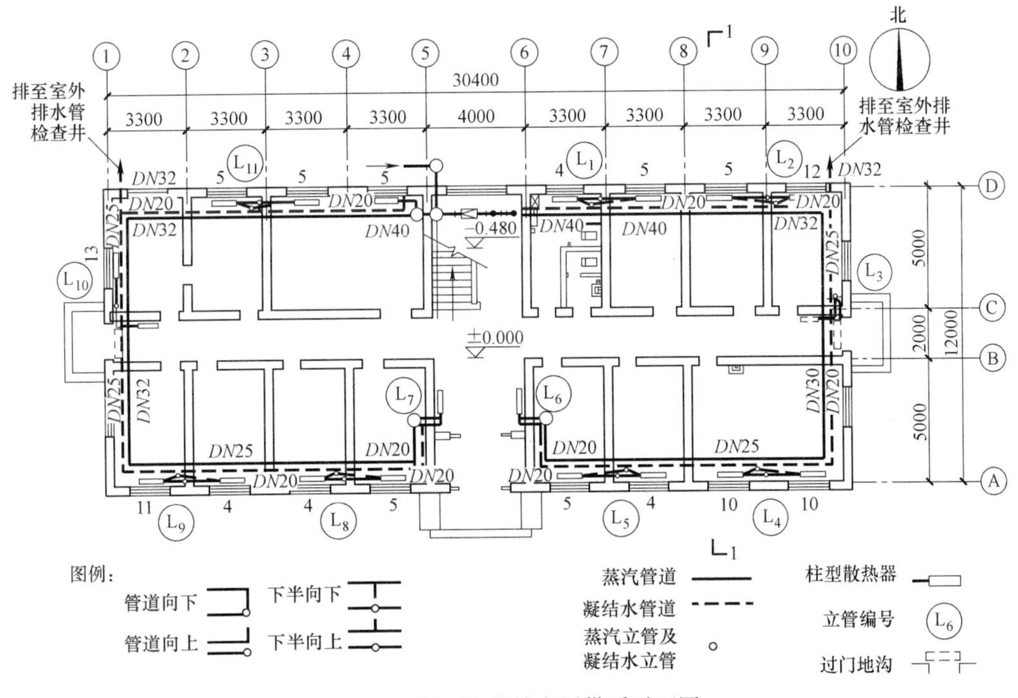

图 8-16　某厂办公楼底层供暖平面图

二层供暖平面图（见图 8-17）只画出立管、散热器以及连接两者的水平支管，可见本层房中无蒸汽干管和凝结水干管。底层、二层供暖平面图中的双立管，实际上是排在一条线上的，即与墙壁保持相同的距离，但如果按实际位置画出，则连接散热器的两种支管在图中就重叠而分不清了，于是把两种立管画成错开位置，以便分别把蒸汽支管和凝结水支管与散热器的连接表达出来。

应该指出，这种平面布置图对于管道和散热器的位置不能精确表达，因为管道的散热器甚多，情况却类似，具体的定位将由安装详图表达，并按详图进行施工。

图 8-18 为本供暖系统工程中的 1-1 剖面图，图中表明了本系统高度方向的一部分布置情形以及与房屋的相对关系。

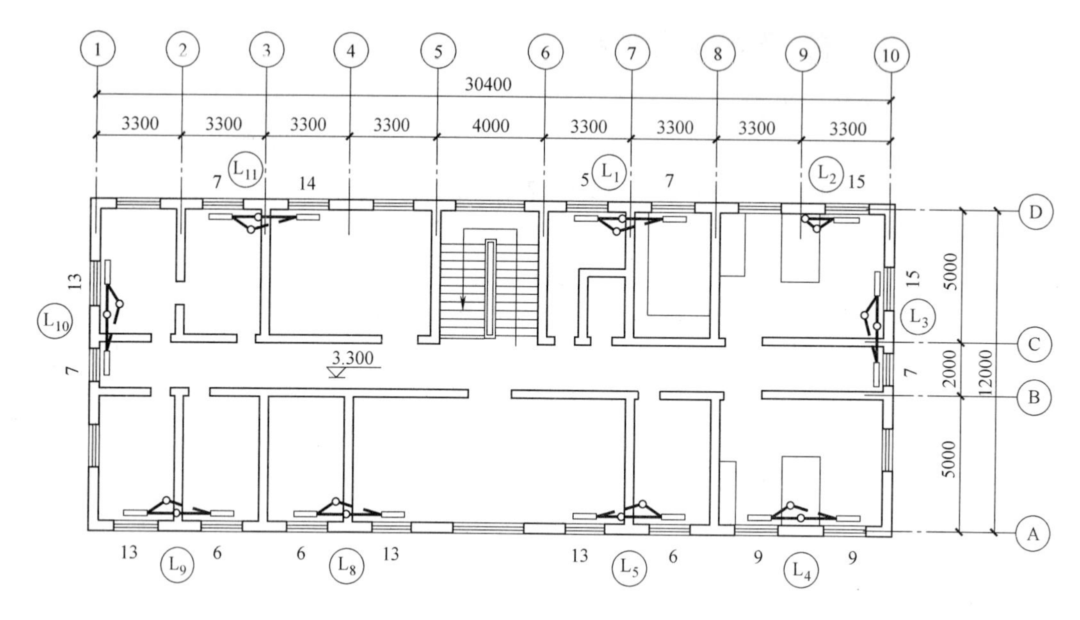

图 8-17　某厂办公楼二层供暖平面图

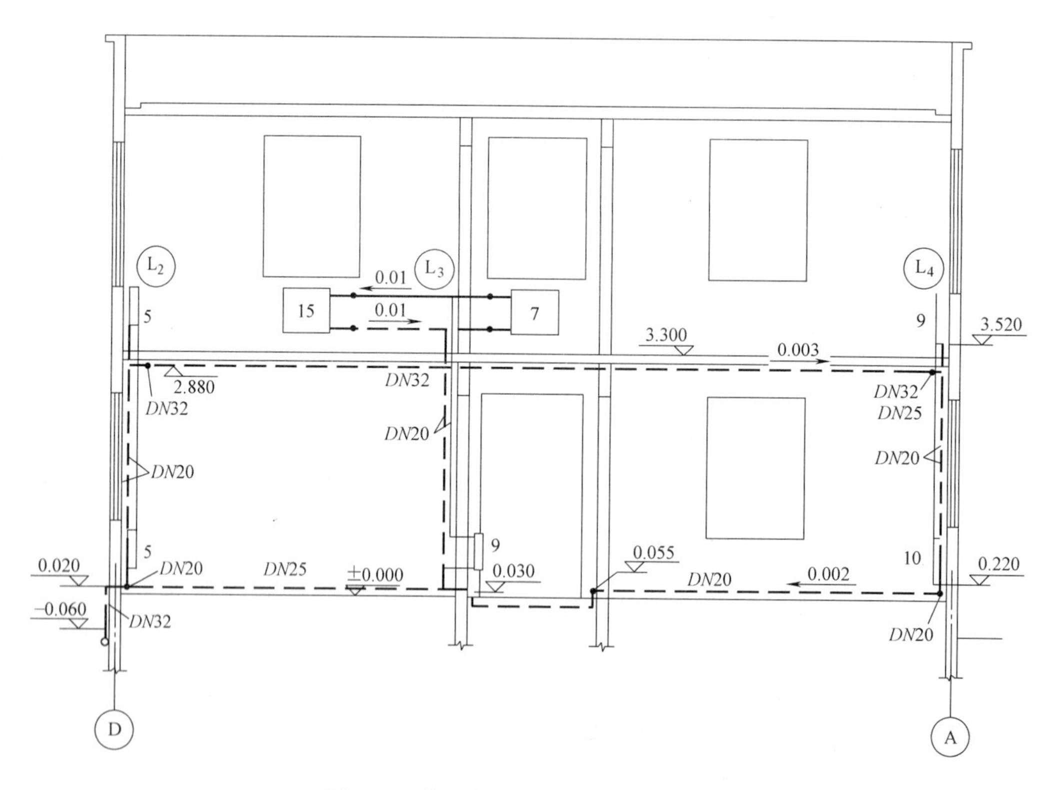

图 8-18　某厂办公楼二层供暖剖面图

从供暖系统轴测图（见图 8-19）中可以看出整个系统的概貌，而且对于在平面图中因线条重复而表示不出的部分也可以表达出来。如本系统进口处的减压装置，轴测图中就表明了这种装置竖向布置的情形（也有水平布置的，视房间情况而定）。

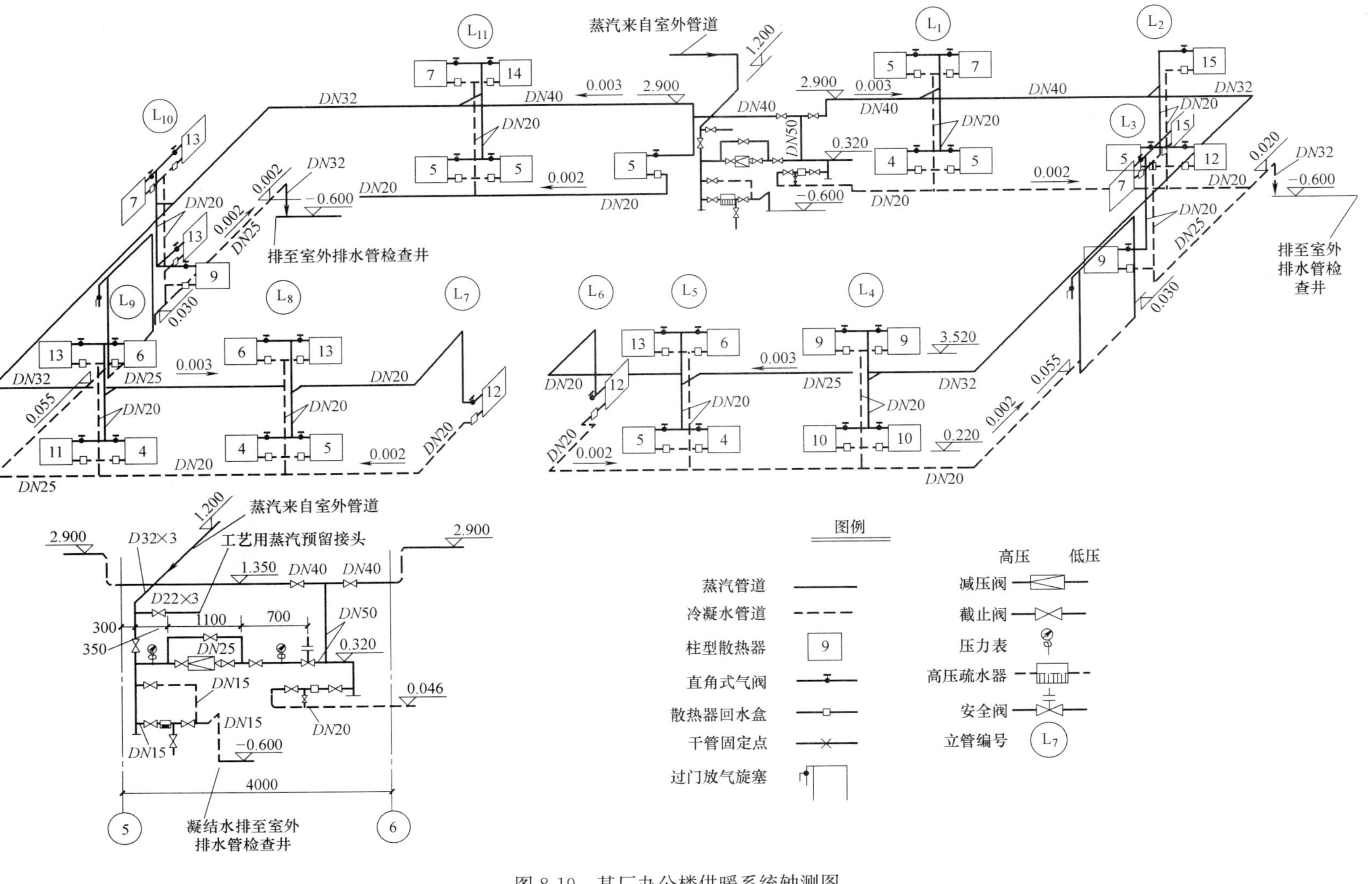

图 8-19 某厂办公楼供暖系统轴测图

8.3 给水排水与供暖工程施工图常用图形符号

8.3.1 给水排水工程常用图形符号

室内给水排水系统所使用的器材、配件、附件等品种规格多、体积小，大多是市场现购的标准化产品，不必现场制作，所以在施工图中多采用图形符号表示。给水排水工程常用图形符号见表 8-2。

给水排水工程常用图形符号　　表 8-2

名　称	图形符号	说　明
给水管	 J	
排水管	 P	
雨水管	Y	
阀门井、检查井		
矩形化粪池	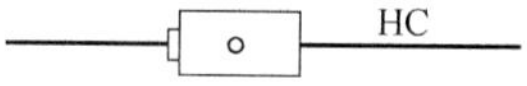 HC	HC 为化粪池代号
立管	 XL-1 平面　XL-1 系统	X：管道类别；L：立管；1：编号
放水龙头	 平面　系统	
淋浴喷头	 平面　系统	
自动冲洗水箱		
立管检查口		
水表井		
清扫口	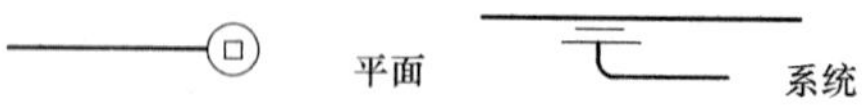 平面　系统	
通气帽	成品 平面　铅丝球 系统	

续表

名　称	图形符号	说　明
存水弯	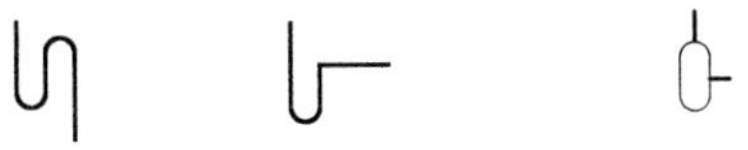	
圆形地漏	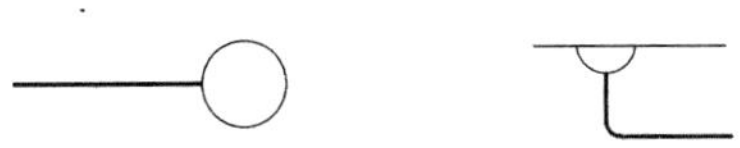	通用。如无水封，地漏应加存水弯
截止阀	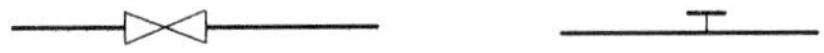	
污水池	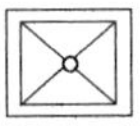	最好按比例绘制
闸阀		
坐式大便器	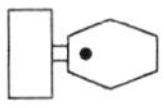	最好按比例绘制
蹲式大便器	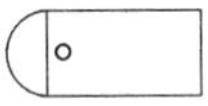	最好按比例绘制
壁挂式小便器		最好按比例绘制
小便槽		最好按比例绘制
浴盆	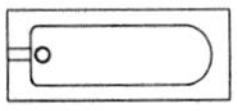	最好按比例绘制
台式洗脸盆	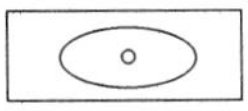	最好按比例绘制
立式洗脸盆	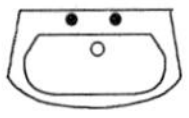	最好按比例绘制
室外消火栓		
室内消火栓(单口)	 平面　系统	白色为开启面
浮球阀	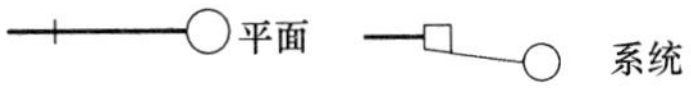 平面　系统	
水表	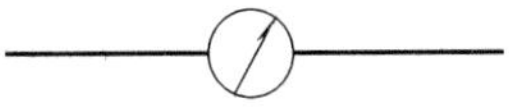	

8.3.2　供暖工程常用图形符号

供暖工程常用图形符号如表 8-3～表 8-5 所示。

管道及附件图例 表 8-3

序号	名　称	图　例	说　明	序号	名　称	图　例	说　明
1	管道		用于一张图内只有一种管道	6	套管伸缩器		
		——A—— ——F——	用汉语拼音字母表示管道类别	7	波形伸缩器		
			用图例表示管道类别	8	弧形伸缩器		
2	供暖供水(气)管回(凝结)水管			9	球形伸缩器		
3	保暖管		可用说明代替	10	流向		
4	软管			11	丝堵		
5	方形伸缩器			12	滑动支架		
				13	固定支架		左图:单管 右图:多管

供暖设备 表 8-4

序号	名称	图　例	说　明	序号	名称	图　例	说　明
1	散热器		左图:平面: 右图:立面	4	过滤器		
2	集气罐			5	除污器		上图:平面 下图:立面
3	管道器			6	暖风机		

阀门 表 8-5

序号	名称	图　例	说　明	序号	名称	图　例	说　明
1	截止阀			5	减压阀		左侧:低压 右侧:高压
				6	膨胀阀		
2	闸阀			7	散热器风门		
3	止回阀			8	手动排气阀		
4	安全阀						

续表

序号	名称	图例	说明	序号	名称	图例	说明
9	自动排气阀			14	角钢	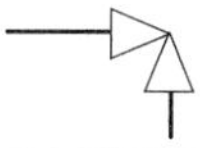	
10	疏水器	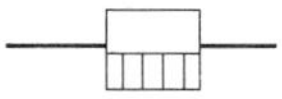		15	三通阀	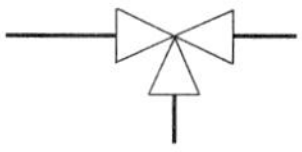	
11	散热器三通阀	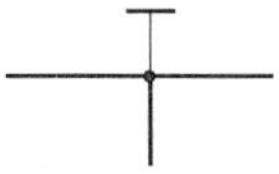		16	四通阀	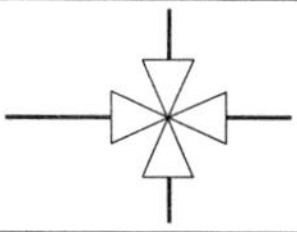	
12	球阀	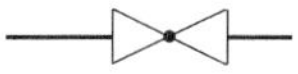		17	节流孔板	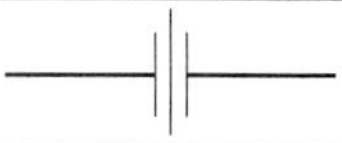	
13	电磁阀	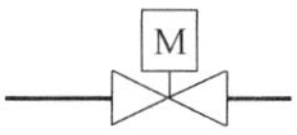		18	蝶阀	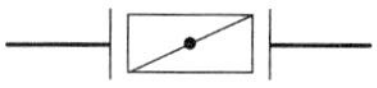	本书主编增补

复习思考题

1. 室内给水排水平面图的画法要求是什么?
2. 供暖系统图的主要内容有哪些?
3. 供暖系统图的画法要求是什么?

第三篇　设备安装工程计量与计价实务

第9章　设备安装工程计价概述

9.1　设备安装工程计价的特点

设备安装工程计价涉及“量”与“价”两个基本要素，“量”是基础与前提，源于施工图纸与计算规则，其值相对稳定，而“价”受市场因素制约和宏观政策影响，相对较为活跃，且又有因地而异、因时不同的特点。由于设备安装工程的专业性强，对其进行计价，必须在具备设备安装工程专业基础知识和设备安装工程识图能力的基础上，方能掌握其计量规则，而对于费用构成、组价方法和计价程序等，则与土建工程总体上保持一致，区别在于计价对象不同，设备安装工程的计价对象为给水排水与供暖工程，电气安装工程，刷油、防腐蚀与绝热工程等各类设备安装工程，而土建工程的计价对象为民用建筑、工业建筑、公共建筑、道路、桥梁、隧道等各类土木工程。以下主要从设备安装工程量方面阐述设备安装工程计价的特点。

土建工程量大多以物理量（m、m^2、m^3、t）为计量单位，按图示尺寸分部逐项计算，较为繁杂。而安装工程施工图中，一般不标明具体尺寸，只表示管线系统联络和设备位置，同时，安装定额中计量简单、分项单一（设备、管线），因此，设备安装工程量的计算比土建工程量的计算要简单得多。

安装工程的工程量计算，具有以下主要特点：

（1）计量单位简单。除管线按不同规格、敷设方式以长度（m）计量外，设备装置多以自然单位（台、个、套、组……）计量。只有极少数项目才涉及其他物理单位。如通风管按展开面积（m^2）、金属构配件加工按质量（kg）等。

（2）计算方法简单。各种设备、装置等的安装，工程量为在施工图上直接清点数目的自然计量，计数比较方便。安装工程中的管线敷设，以长度计量，工程量为水平长度与垂直高度之和。管线水平长度可用平面图上的尺寸进行推算，也可用比例尺直接量取；垂直长度（高度）一般采用图上标高的高差求得。

（3）可利用材料表或设备清单。设备安装工程施工图一般附有“材料表”或“设备清单”，表内列出的主体设备、材料的规格、数量，在工程量计算中可以利用和参考，从而进一步简化了计算工作。但是还应在施工图上逐项核对，特别是管线敷设表所列长度不太精确，最好分项计算后再核对。

（4）安装图要与土建施工图对照。受安装工程施工图表示内容的限制，细部尺寸及基层状况不太清楚，因而在工程量计算时，要对照土建施工图进行分析，方能做到分项合理、计量准确。

根据以上特点不难看出，在工程量计算中，安装工程与土建工程有着明显的差别。为了避免重项与漏项，减少重复计算和差错，安装工程量的计算应注意以下几点：

（1）熟悉定额分项及其内容，是防止重项与漏项的关键。要把套价与工程量计算结合进行。首先根据施工图内容，对照相应的安装定额确定主要预算项目，找出相应定额编号，然后再逐项计算工程量。

（2）对管线部分，一定要看懂系统图和原理图，根据由进至出、从干到支、从低到高、先外后内的顺序，按不同敷设方式，分规格逐段计算其长度。管线计算应按定额规定加入“余量”。

（3）设备及仪器、仪表等，要区分成套或单件，按不同规格型号在施工图上点清数目，与材料表（或设备清单）对照后，确定预算工程量。多层建筑要逐层有序地清点，并对照其在系统图中的位置。

（4）凡以物理计量单位（m、m^2、m^3、t）确定安装工程量的设备、管道及零部件等，其工程量的计算，有的可查表（质量），有的先定长度再计算（风管要用展开面积m^2），有的用几何尺寸和公式计算，这些方法都应以有关定额说明为依据。

（5）安装工程量的计算应列表进行，并有计算式。主要尺寸的来源应标注清楚，管线应标注代号及方向（→、←、↑、↓），以利检查复核。

9.2 设备安装工程造价的组成

工程造价通常是指工程建筑预计或实际支出的费用，由于所处的角度不同，工程造价有不同的含义。从投资者（业主）的角度分析，工程造价是指建设一项工程预期开支或实际开支的全部固定资产投资费用，从这个意义上讲，工程造价就是工程项目的固定资产总投资。从市场交易的角度分析，工程造价是指为建成一项工程，预计或实际在工程发承包交易活动中所形成的建筑安装工程费用或建设工程总费用，显然，工程造价的这种含义是指以工程项目这种特定的商品形式作为交易对象，通过招标投标或其他交易方式，在进行多次预估的基础上，最终由市场形成的价格。工程造价的两种含义实质上就是从不同角度把握同一事物的本质。对市场经济条件下的投资者来说，工程造价就是项目投资，是“购买”工程项目要付出的价格；同时，工程造价也是投资者作为市场供给主体“出售”工程项目时确定价格和衡量投资经济效益的尺度。以下主要从市场交易的角度介绍设备安装工程造价的组成，设备安装工程与建筑工程的造价组成相同，二者统称为建筑安装工程费用。

9.2.1 按费用构成要素划分

建筑安装工程费按照费用构成要素划分由人工费、材料（包含工程设备，下同）费、施工机具使用费、企业管理费、利润、规费和税金组成。其中人工费、材料费、施工机具使用费、企业管理费和利润包含在分部分项工程费、措施项目费、其他项目费中，见图9-1。

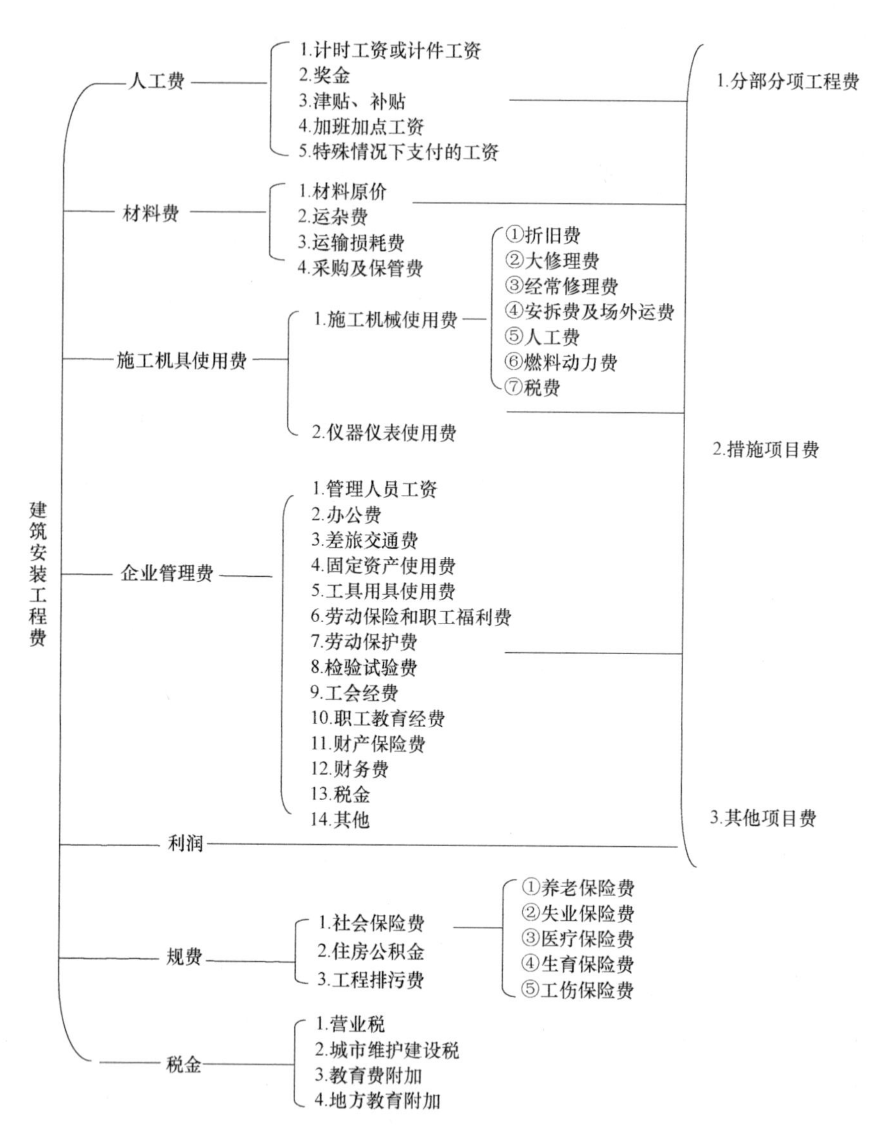

图9-1　建筑安装工程费用组成（按费用构成要素划分）

1. 人工费

是指按工资总额构成规定，支付给从事建筑安装工程施工的生产工人和附属生产单位工人的各项费用。内容包括：

（1）计时工资或计件工资：是指按计时工资标准和工作时间或对已做工作按计件单价支付给个人的劳动报酬。

（2）奖金：是指对超额劳动和增收节支支付给个人的劳动报酬。如节约奖、劳动竞赛奖等。

（3）津贴、补贴：是指为了补偿职工特殊或额外的劳动消耗和因其他特殊原因支付给个人的津贴，以及为了保证职工工资水平不受物价影响支付给个人的物价补贴。如流动施工津贴、特殊地区施工津贴、高温（寒）作业临时津贴、高空作业津贴等。

（4）加班加点工资：是指按规定支付的在法定节假日工作的加班工资和在法定日工作时间外延时工作的加点工资。

（5）特殊情况下支付的工资：是指根据国家法律、法规和政策规定，因病、工伤、产假、计划生育假、婚丧假、事假、探亲假、定期休假、停工学习、执行国家或社会义务等原因按计时工资标准或计时工资标准的一定比例支付的工资。

2. 材料费

是指施工过程中耗费的原材料、辅助材料、构配件、零件、半成品或成品、工程设备的费用。内容包括：

（1）材料原价：是指材料、工程设备的出厂价格或商家供应价格。

（2）运杂费：是指材料、工程设备自来源地运至工地仓库或指定堆放地点所发生的全部费用。

（3）运输损耗费：是指材料在运输装卸过程中不可避免的损耗。

（4）采购及保管费：是指为组织采购、供应和保管材料、工程设备的过程中所需要的各项费用。包括采购费、仓储费、工地保管费、仓储损耗。

工程设备是指构成或计划构成永久工程一部分的机电设备、金属结构设备、仪器装置及其他类似的设备和装置。

3. 施工机具使用费

是指施工作业所发生的施工机械、仪器仪表使用费或其租赁费。

（1）施工机械使用费：以施工机械台班耗用量乘以施工机械台班单价表示，施工机械台班单价应由下列七项费用组成：

1）折旧费：是指施工机械在规定的使用年限内，陆续收回其原值的费用。

2）大修理费：是指施工机械按规定的大修理间隔台班进行必要的大修理，以恢复其正常功能所需的费用。

3）经常修理费：是指施工机械除大修理以外的各级保养和临时故障排除所需的费用。包括为保障机械正常运转所需替换设备与随机配备工具附具的摊销和维护费用，机械运转中日常保养所需润滑与擦拭的材料费用及机械停滞期间的维护和保养费用等。

4）安拆费及场外运费：安拆费指施工机械（大型机械除外）在现场进行安装与拆卸所需的人工、材料、机械和试运转费用以及机械辅助设施的折旧、搭设、拆除等费用；场外运费指施工机械整体或分体自停放地点运至施工现场或由一施工地点运至另一施工地点的运输、装卸、辅助材料及架线等费用。

5）人工费：是指机上司机（司炉）和其他操作人员的人工费。

6）燃料动力费：是指施工机械在运转作业中所消耗的各种燃料及水、电费等。

7）税费：是指施工机械按照国家规定应缴纳的车船使用税、保险费及年检费等。

（2）仪器仪表使用费：是指工程施工所需使用的仪器仪表的摊销及维修费用。

4. 企业管理费

是指建筑安装企业组织施工生产和经营管理所需的费用。内容包括：

（1）管理人员工资：是指按规定支付给管理人员的计时工资、奖金、津贴补贴、加班加点工资及特殊情况下支付的工资等。

（2）办公费：是指企业管理办公用的文具、纸张、账表、印刷、邮电、书报、办公软件、现场监控、会议、水电、烧水和集体取暖降温（包括现场临时宿舍取暖降温）等费用。

（3）差旅交通费：是指职工因公出差、调动工作的差旅费、住勤补助费，市内交通费和误餐补助费，职工探亲路费，劳动力招募费，职工退休、退职一次性路费，工伤人员就医路费，工地转移费以及管理部门使用的交通工具的油料、燃料等费用。

（4）固定资产使用费：是指管理和试验部门及附属生产单位使用的属于固定资产的房屋、设备、仪器等的折旧、大修、维修或租赁费。

（5）工具用具使用费：是指企业施工生产和管理使用的不属于固定资产的工具、器具、家具、交通工具和检验、试验、测绘、消防用具等的购置、维修和摊销费。

（6）劳动保险和职工福利费：是指由企业支付的职工退职金、按规定支付给离休干部的经费、集体福利费、夏季防暑降温补贴、冬季取暖补贴、上下班交通补贴等。

（7）劳动保护费：是企业按规定发放的劳动保护用品的支出。如工作服、手套、防暑降温饮料以及在有碍身体健康的环境中施工的保健费用等。

（8）检验试验费：是指施工企业按照有关标准规定，对建筑以及材料、构件和建筑安装物进行一般鉴定、检查所发生的费用，包括自设试验室进行试验所耗用的材料等费用。不包括新结构、新材料的试验费，对构件做破坏性试验及其他特殊要求检验试验的费用和建设单位委托检测机构进行检测的费用，对此类检测发生的费用，由建设单位在工程建设其他费用中列支。但对施工企业提供的具有合格证明的材料进行检测不合格的，该检测费用由施工企业支付。

（9）工会经费：是指企业按《中华人民共和国工会法》规定的全部职工工资总额比例计提的工会经费。

（10）职工教育经费：是指按职工工资总额的规定比例计提，企业为职工进行专业技术和职业技能培训、专业技术人员继续教育、职工职业技能鉴定、职业资格认定以及根据需要对职工进行各类文化教育所发生的费用。

（11）财产保险费：是指施工管理用财产、车辆等的保险费用。

（12）财务费：是指企业为施工生产筹集资金或提供预付款担保、履约担保、职工工资支付担保等所发生的各种费用。

（13）税金：是指企业按规定缴纳的房产税、车船使用税、土地使用税、印花税等。

（14）其他：包括技术转让费、技术开发费、投标费、业务招待费、绿化费、广告费、公证费、法律顾问费、审计费、咨询费、保险费等。

5. 利润

是指施工企业完成所承包工程获得的盈利。

6. 规费

是指按国家法律、法规规定，由省级政府和省级有关权力部门规定必须缴纳或计取的费用。包括：

（1）社会保险费

1）养老保险费：是指企业按照规定标准为职工缴纳的基本养老保险费。

2）失业保险费：是指企业按照规定标准为职工缴纳的失业保险费。

3）医疗保险费：是指企业按照规定标准为职工缴纳的基本医疗保险费。

4）生育保险费：是指企业按照规定标准为职工缴纳的生育保险费。

5）工伤保险费：是指企业按照规定标准为职工缴纳的工伤保险费。

（2）住房公积金：是指企业按照规定标准为职工缴纳的住房公积金。

（3）工程排污费：是指按规定缴纳的施工现场工程排污费。

其他应列而未列入的规费，按实际发生计取。

7. 税金

是指国家税法规定的应计入建筑安装工程造价内的营业税、城市维护建设税、教育费附加以及地方教育附加。

9.2.2 按造价形成划分

建筑安装工程费按照工程造价形成由分部分项工程费、措施项目费、其他项目费、规费、税金组成，分部分项工程费、措施项目费、其他项目费包含人工费、材料费、施工机具使用费、企业管理费和利润，见图9-2。

1. 分部分项工程费

是指各专业工程的分部分项工程应予列支的各项费用。

（1）专业工程：是指按现行国家计量规范划分的房屋建筑与装饰工程、仿古建筑工程、通用安装工程、市政工程、园林绿化工程、矿山工程、构筑物工程、城市轨道交通工程、爆破工程等各类工程。

（2）分部分项工程：是指按现行国家计量规范对各专业工程划分的项目。如房屋建筑与装饰工程划分为土石方工程、地基处理与桩基工程、砌筑工程、钢筋及钢筋混凝土工程等。

各类专业工程的分部分项工程划分见现行国家或行业计量规范。

2. 措施项目费

是指为完成建设工程施工，发生于该工程施工前和施工过程中的技术、生活、安全、环境保护等方面的费用。内容包括：

（1）安全文明施工费

1）环境保护费：是指施工现场为达到环保部门要求所需要的各项费用。

2）文明施工费：是指施工现场文明施工所需要的各项费用。

3）安全施工费：是指施工现场安全施工所需要的各项费用。

4）临时设施费：是指施工企业为进行建设工程施工所必须搭设的生活和生产用的临时建筑物、构筑物和其他临时设施费用。包括临时设施的搭设、维修、拆除、清理费或摊销费等。

（2）夜间施工增加费：是指因夜间施工所发生的夜班补助费、夜间施工降效、夜间施工照明设备摊销及照明用电等费用。

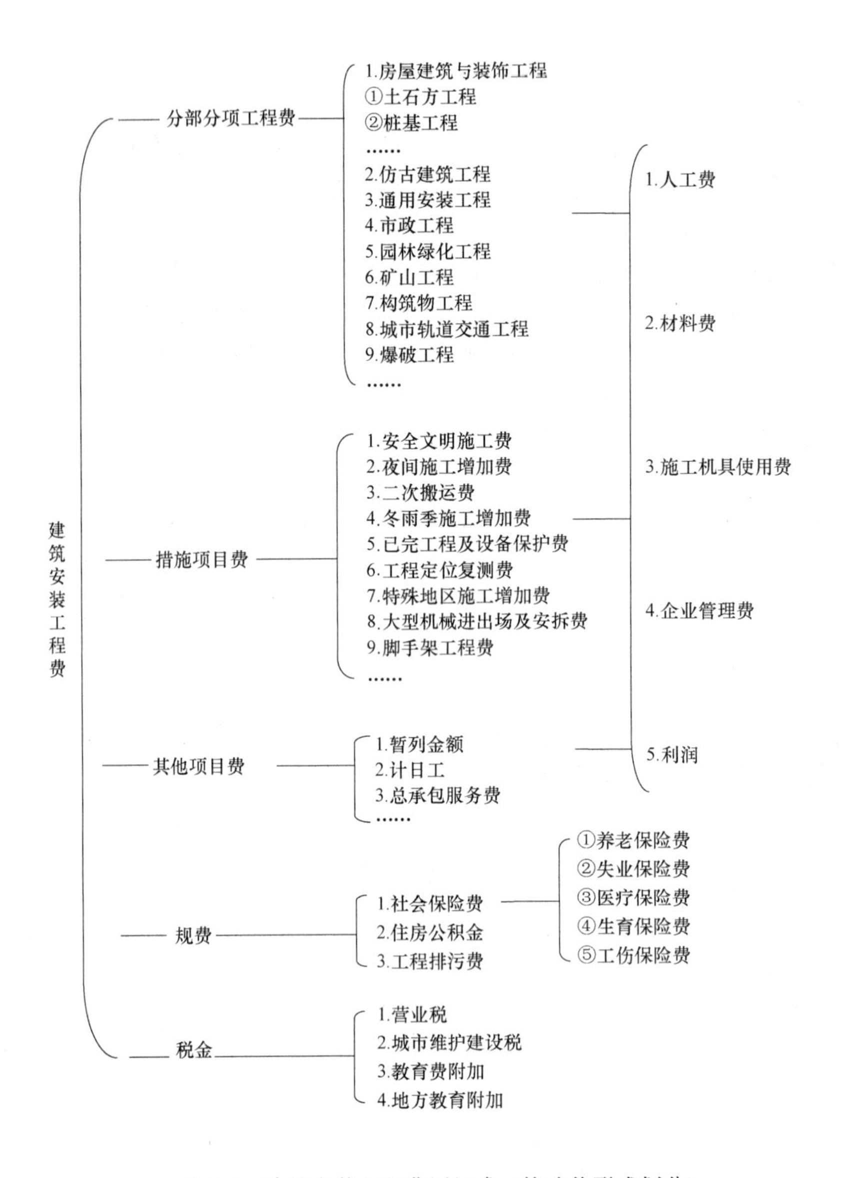

图 9-2　建筑安装工程费用组成（按造价形成划分）

（3）二次搬运费：是指因施工场地条件限制而发生的材料、构配件、半成品等一次运输不能到达堆放地点，必须进行二次或多次搬运所发生的费用。

（4）冬雨季施工增加费：是指在冬季或雨季施工需增加的临时设施、防滑、排除雨雪，人工及施工机械效率降低等费用。

（5）已完工程及设备保护费：是指竣工验收前，对已完工程及设备采取的必要保护措施所发生的费用。

（6）工程定位复测费：是指工程施工过程中进行全部施工测量放线和复测工作的费用。

（7）特殊地区施工增加费：是指工程在沙漠或其边缘地区、高海拔、高寒、原始森林等特殊地区施工增加的费用。

（8）大型机械进出场及安拆费：是指机械整体或分体自停放场地运至施工现场或由一

个施工地点运至另一个施工地点，所发生的机械进出场运输及转移费用及机械在施工现场进行安装、拆卸所需的人工费、材料费、机械费、试运转费和安装所需的辅助设施的费用。

(9) 脚手架工程费：是指施工需要的各种脚手架搭、拆、运输费用以及脚手架购置费的摊销（或租赁）费用。

措施项目及其包含的内容详见各类专业工程的现行国家或行业计量规范。

3. 其他项目费

(1) 暂列金额：是指建设单位在工程量清单中暂定并包括在工程合同价款中的一笔款项。用于施工合同签订时尚未确定或者不可预见的所需材料、工程设备、服务的采购，施工中可能发生的工程变更、合同约定调整因素出现时的工程价款调整以及发生的索赔、现场签证确认等的费用。

(2) 计日工：是指在施工过程中，施工企业完成建设单位提出的施工图纸以外的零星项目或工作所需的费用。

(3) 总承包服务费：是指总承包人为配合、协调建设单位进行的专业工程发包，对建设单位自行采购的材料、工程设备等进行保管以及施工现场管理、竣工资料汇总整理等服务所需的费用。

4. 规费

是指按国家法律、法规规定，由省级政府和省级有关权力部门规定必须缴纳或计取的费用。包括：

(1) 社会保险费

1) 养老保险费：是指企业按照规定标准为职工缴纳的基本养老保险费。

2) 失业保险费：是指企业按照规定标准为职工缴纳的失业保险费。

3) 医疗保险费：是指企业按照规定标准为职工缴纳的基本医疗保险费。

4) 生育保险费：是指企业按照规定标准为职工缴纳的生育保险费。

5) 工伤保险费：是指企业按照规定标准为职工缴纳的工伤保险费。

(2) 住房公积金：是指企业按照规定标准为职工缴纳的住房公积金。

(3) 工程排污费：是指按规定缴纳的施工现场工程排污费。

其他应列而未列入的规费，按实际发生计取。

5. 税金

是指国家税法规定的应计入建筑安装工程造价内的营业税、城市维护建设税、教育费附加以及地方教育附加。

9.3 设备安装工程的计价依据和程序

9.3.1 设备安装工程的计价依据

设备安装工程的计价标准和依据主要包括计价活动的相关规章规程、工程量清单计价和计量规范、工程定额和工程造价信息。

从目前我国的现状来看，工程定额主要用于在项目建设前期各阶段对于建设投资的预测和估计，在工程建设交易阶段，工程定额通常只能作为建设产品价格形成的辅助依据。工程量清单计价依据主要适用于合同价格形成以及后续的合同价格管理阶段。计价活动的相关规章规程则根据其具体内容可能适用于不同阶段的计价活动。造价信息是计价活动所必需的依据。

1. 计价活动的相关规章规程

现行计价活动的相关规章规程主要包括建筑工程发包与承包计价管理办法、建设项目投资估算编审规程、建设项目设计概算编审规程、建设项目施工图预算编审规程、建设工程招标控制价编审规程、建设项目工程结算编审规程、建设项目全过程造价咨询规程、建设工程造价咨询成果文件质量标准、建设工程造价鉴定规程等。

2. 工程量清单计价和计量规范

工程量清单计价和计量规范由《建设工程工程量清单计价规范》GB 50500—2013、《房屋建筑与装饰工程工程量计算规范》GB 50854—2013、《仿古建筑工程工程量计算规范》GB 50855—2013、《通用安装工程工程量计算规范》GB 50856—2013、《市政工程工程量计算规范》GB 50857—2013、《园林绿化工程工程量计算规则》GB 50858—2013、《矿山工程工程量计算规范》GB 50859—2013、《构筑物工程工程量计算规范》GB 50860—2013、《城市轨道交通工程工程量计算规范》GB 50861—2013、《爆破工程工程量计算规范》GB 50862—2013 等组成。

3. 工程定额

工程定额主要指国家、省、有关专业部门制定的各种定额，包括工程消耗量定额和工程计价定额等。

4. 工程造价信息

工程造价信息主要包括价格信息、工程造价指数和已完工程信息等。

具体而言，设备安装工程预算的编制需遵循以下依据：

（1）国家、行业和地方政府有关工程建设和造价管理的法律、法规和规定。

（2）经过批准和会审的施工图设计文件，包括设计说明书、标准图、图纸会审纪要、设计变更通知单及经建设主管部门批准的设计概算文件。

（3）施工现场勘察地质、水文、地貌、交通、环境及标高测量资料等。

（4）预算定额（或单位估价表）、地区材料市场与预算价格等相关信息以及颁布的材料预算价格、工程造价信息、材料调价通知、取费调整通知等；工程量清单计价规范。

（5）当采用新结构、新材料、新工艺、新设备而定额缺项时，按规定编制的补充预算定额，也是编制预算的依据。

（6）合理的施工组织设计和施工方案等文件。

（7）工程量清单、招标文件、工程合同或协议书。它明确了施工单位承包的工程范围，应承担的责任、权利和义务。

（8）项目有关的设备、材料供应合同、价格及相关说明书。

（9）项目的技术复杂程度，以及新技术、专利使用情况等。

（10）项目所在地区有关的气候、水文、地质地貌等的自然条件。

（11）项目所在地区有关的经济、人文等社会条件。

（12）预算工作手册、常用的各种数据、计算公式、材料换算表、常用标准图集及各种必备的工具书。

9.3.2 设备安装工程的计价程序

1. 工程概预算编制的基本程序

工程概预算的编制是国家通过颁布统一的计价定额或指标，对建筑产品价格进行计价的活动。国家以假定的建筑安装产品为对象，制定统一的预算和概算定额。按概预算定额规定的分部分项子目，逐项计算工程量，套用概预算定额单价（或单位估价表）确定分部分项工程费、单价措施项目费，然后按规定的取费标准确定总价措施项目费、规费和税金，经汇总其他项目费后即为工程概预算价值。工程概预算编制的基本程序如图 9-3 所示。

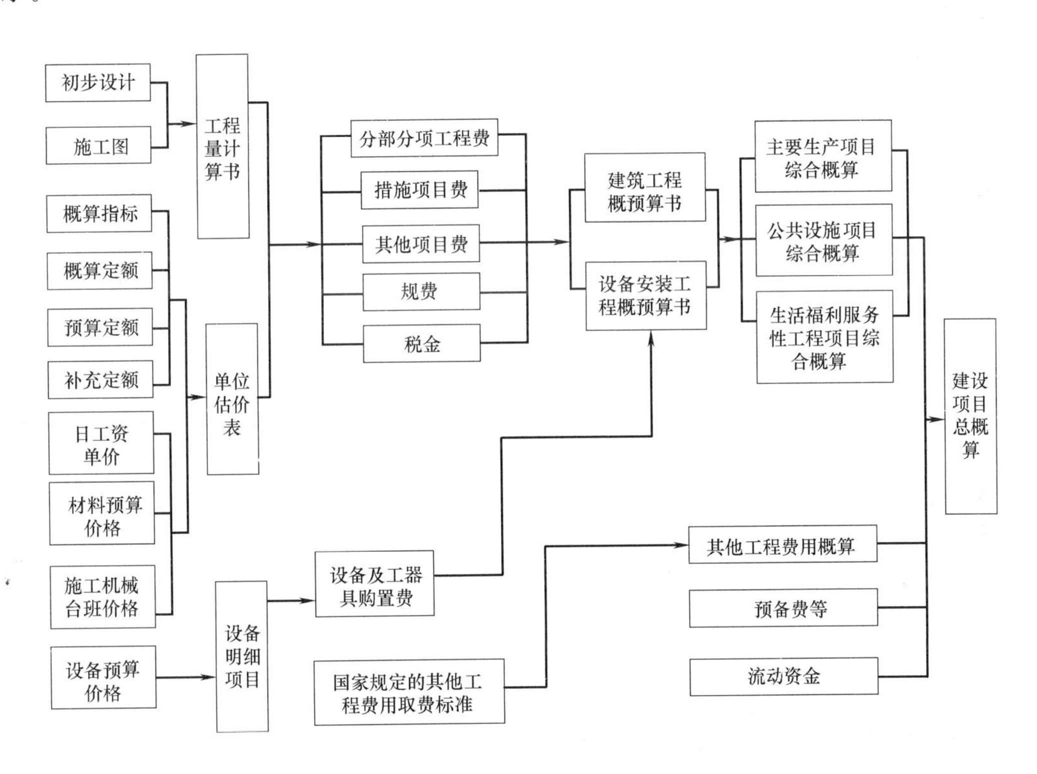

图 9-3　工程概预算编制程序示意图

工程概预算单位价格的形成过程，就是依据概预算定额所确定的消耗量乘以定额单价或市场价，经过不同层次的计算形成相应造价的过程。可以用公式进一步明确工程概预算编制的基本方法和程序。

招标人和投标人各自计量、计价：

（1）依据设计文件和定额工程量计算规则计算工程量；

（2）套用消耗量定额及基价表、工程造价信息计算人工费、材料费、机械费；

（3）依据费用定额中规定的费率标准和计价程序计算企业管理费、利润、规费和税金，并汇总得到建设工程项目的建筑安装工程造价。

2. 工程量清单计价的基本程序

工程量清单计价的过程可以分为两个阶段，即工程量清单编制和工程量清单应用两个阶段，工程量清单编制程序如图 9-4 所示，工程量清单应用程序如图 9-5 所示。

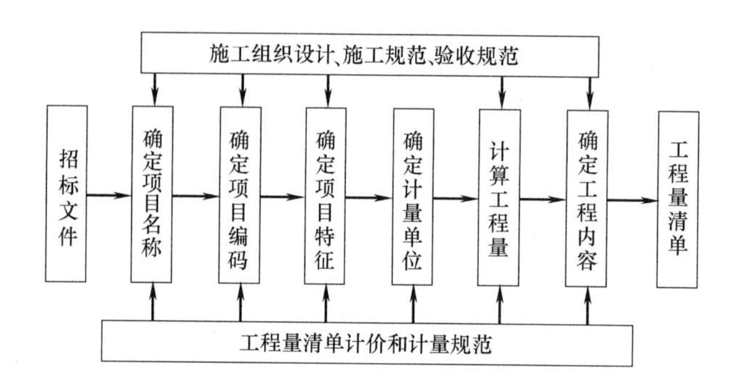

图 9-4　工程量清单编制程序

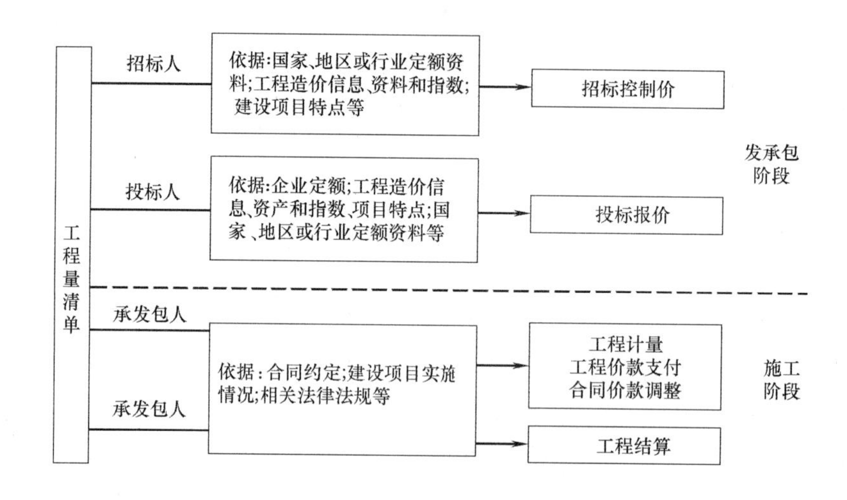

图 9-5　工程量清单应用程序

工程量清单计价的基本原理可以描述为：按照工程量清单计价规范规定，在各相应专业工程计量规范规定的工程量清单项目设置和工程量计算规则的基础上，针对具体工程的施工图纸和施工组织设计计算出各个清单项目的工程量，根据规定的方法计算出综合单价，并汇总各清单合价得出工程总价。

其中，综合单价是指完成一个规定清单项目所需的人工费、材料和工程设备费、施工机具使用费和企业管理费、利润，以及一定范围内的风险费用。风险费用是隐含于已标价工程量清单综合单价中，用于化解发承包双方在工程合同中约定内容和范围内的市场价格波动风险的费用。

工程量清单计价活动涵盖施工招标、合同管理以及竣工交付全过程，主要包括：编制招标工程量清单、招标控制价、投标报价，确定合同价，进行工程计量与价款支付、合同价款的调整、工程结算和工程计价纠纷处理等活动。

3. 单位工程计价程序

单位工程招标控制价计价程序参见表 9-1。

单位工程招标控制价计价程序 表 9-1

序号	内 容	计算方法	金额(元)
1	分部分项工程费	按计价规定计算	
1.1			
1.2			
1.3			
1.4			
1.5			
2	措施项目费	按计价规定计算	
2.1	其中:安全文明施工费	按规定标准计算	
3	其他项目费		
3.1	其中:暂列金额	按计价规定估算	
3.2	其中:专业工程暂估价	按计价规定估算	
3.3	其中:计日工	按计价规定估算	
3.4	其中:总承包服务费	按计价规定估算	
4	规费	按规定标准计算	
5	税金(扣除不列入计税范围的工程设备金额)	(1+2+3+4)×规定税率	
招标控制价合计=1+2+3+4+5			

9.3.3 建筑安装工程费用参考计算方法

1. 各费用构成要素参考计算方法

(1) 人工费

公式 1:

人工费=∑(工日消耗量×日工资单价)

$$日工资单价=\frac{生产工人平均月工资(计时、计件)+平均月(奖金+津贴补贴+特殊情况下支付的工资)}{年平地均每月法定工作日}$$

注:公式 1 主要适用于施工企业投标报价时自主确定人工费,也是工程造价管理机构编制计价定额确定定额人工单价或发布人工成本信息的参考依据。

公式 2:

人工费=∑(工程工日消耗量×日工资单价)

日工资单价是指施工企业平均技术熟练程度的生产工人在每个工作日(国家法定工作时间内)按规定从事施工作业应得的日工资总额。

工程造价管理机构确定日工资单价应通过市场调查,根据工程项目的技术要求,参考实物工程量人工单价综合分析确定,最低日工资单价不得低于工程所在地人力资源和社会保障部门所发布的最低工资标准的:普工 1.3 倍、一般技工 2 倍、高级技工 3 倍。

工程计价定额不可只列一个综合工日单价，应根据工程项目技术要求和工种差别适当划分多种日人工单价，确保各分部工程人工费的合理构成。

注：公式2适用于工程造价管理机构编制计价定额时确定定额人工费，是施工企业投标报价的参考依据。

（2）材料费

1）材料费

材料费＝∑(材料消耗量×材料单价)

材料单价＝[(材料原价＋运杂费)×(1＋运输损耗率(%))＝×[1＋采购保管费率(%)]

2）工程设备费

工程设备费＝∑(工程设备量×工程设备单价)

工程设备单价＝(设备原价＋运杂费)×[1＋采购保管费率(%)]

（3）施工机具使用费

1）施工机械使用费

施工机械使用费＝∑(施工机械台班消耗量×施工机械台班单价)

施工机械台班单价＝台班折旧费＋台班大修费＋台班经常修理费＋台班安拆费及场外运费＋台班人工费＋台班燃料动力费＋台班车船税费

注：工程造价管理机构在确定计价定额中的施工机械使用费时，应根据《建筑施工机械台班费用计算规则》结合市场调查编制施工机械台班单价。施工企业可以参考工程造价管理机构发布的施工机械台班单价，自主确定施工机械使用费的报价。如租赁施工机械，公式为：施工机械使用费＝∑(施工机械台班消耗量×施工机械台班租赁单价)。

2）仪器仪表使用费

仪器仪表使用费＝工程使用的仪器仪表摊销费＋维修费

（4）企业管理费费率

1）以分部分项工程费为计算基础

$$\text{企业管理费费率（\%）}=\frac{\text{生产工人年平均管理费}}{\text{年有效施工天数}\times\text{人工单价}}\times\text{人工费占分部分项工程费比例（\%）}$$

2）以人工费和机械费合计为计算基础

$$\text{企业管理费费率（\%）}=\frac{\text{生产工人年平均管理费}}{\text{年有效施工天数}\times(\text{人工单价}+\text{每一工日机械使用费})}\times 100\%$$

3）以人工费为计算基础

$$\text{企业管理费费率（\%）}=\frac{\text{生产工人年平均管理费}}{\text{年有效施工天数}\times\text{人工单价}}\times 100\%$$

注：上述公式适用于施工企业投标报价时自主确定管理费，是工程造价管理机构编制计价定额确定企业管理费的参考依据。

工程造价管理机构在确定计价定额中的企业管理费时，应以定额人工费或（定额人工费＋定额机械费）作为计算基数，其费率根据历年工程造价积累的资料，辅以调查数据确定，列入分部分项工程和措施项目中。

（5）利润

1）施工企业根据企业自身需求并结合建筑市场实际自主确定，列入报价中。

2）工程造价管理机构在确定计价定额中的利润时，应以定额人工费或（定额人工费+定额机械费）作为计算基数，其费率根据历年工程造价积累的资料，并结合建筑市场实际确定，以单位（单项）工程测算，利润占税前建筑安装工程费的比重可按不低于5%且不高于7%的费率计算。利润应列入分部分项工程和措施项目中。

（6）规费

1）社会保险费和住房公积金

社会保险费和住房公积金应以定额人工费为计算基础，根据工程所在省、自治区、直辖市或行业建设主管部门规定的费率计算。

社会保险费和住房公积金=∑(工程定额人工费×社会保险费和住房公积金费率)

式中：社会保险费和住房公积金费率可以每万元发承包价的生产工人人工费和管理人员工资含量与工程所在地规定的缴纳标准综合分析取定。

2）工程排污费

工程排污费等其他应列而未列入的规费应按工程所在地环境保护等部门规定的标准缴纳，按实计取列入。

（7）税金

税金计算公式：

税金=税前造价×综合税率（%）

综合税率：

1）纳税地点在市区的企业

$$综合税率(\%)=\frac{1}{1-3\%-(3\%\times7\%)-(3\%\times3\%)-(3\%\times2\%)}-1$$

2）纳税地点在县城、镇的企业

$$综合税率(\%)=\frac{1}{1-3\%-(3\%\times5\%)-(3\%\times3\%)-(3\%\times2\%)}-1$$

3）纳税地点不在市区、县城、镇的企业

$$综合税率(\%)=\frac{1}{1-3\%-(3\%\times1\%)-(3\%\times3\%)-(3\%\times2\%)}-1$$

4）实行营业税改增值税的，按纳税地点现行税率计算。

2. 建筑安装工程计价参考公式

（1）分部分项工程费

分部分项工程费=∑(分部分项工程量×综合单价)

式中：综合单价包括人工费、材料费、施工机具使用费、企业管理费和利润以及一定范围的风险费用（下同）。

（2）措施项目费

1）国家计量规范规定应予计量的措施项目，其计算公式为：

措施项目费=∑（措施项目工程量×综合单价）

2）国家计量规范规定不宜计量的措施项目计算方法

① 安全文明施工费

安全文明施工费=计算基数×安全文明施工费费率（%）

计算基数应为定额基价（定额分部分项工程费＋定额中可以计量的措施项目费）、定额人工费或（定额人工费＋定额机械费），其费率由工程造价管理机构根据各专业工程的特点综合确定。

② 夜间施工增加费

夜间施工增加费＝计算基数×夜间施工增加费费率（％）

③ 二次搬运费

二次搬运费＝计算基数×二次搬运费费率（％）

④ 冬雨季施工增加费

冬雨季施工增加费＝计算基数×冬雨季施工增加费费率（％）

⑤ 已完工程及设备保护费

已完工程及设备保护费＝计算基数×已完工程及设备保护费费率（％）

上述②～⑤项措施项目的计费基数应为定额人工费或（定额人工费＋定额机械费），其费率由工程造价管理机构根据各专业工程的特点和调查资料综合分析后确定。

（3）其他项目费

1）暂列金额由建设单位根据工程特点，按有关计价规定估算，施工过程中由建设单位掌握使用、扣除合同价款调整后如有余额，归建设单位。

2）计日工由建设单位和施工企业按施工过程中的签证计价。

3）总承包服务费由建设单位在招标控制价中根据总承包服务范围和有关计价规定编制，施工企业投标时自主报价，施工过程中按签约合同价执行。

（4）规费和税金

建设单位和施工企业均应按照省、自治区、直辖市或行业建设主管部门发布的标准计算规费和税金，不得作为竞争性费用。

3. 相关问题的说明

（1）各专业工程计价定额的编制及其计价程序，均按《建筑安装工程费用项目组成》（建标［2013］44号）实施。

（2）各专业工程计价定额的使用周期原则上为5年。

（3）工程造价管理机构在定额使用周期内，应及时发布人工、材料、机械台班价格信息，实行工程造价动态管理，如遇国家法律、法规、规章或相关政策变化以及建筑市场物价波动较大时，应适时调整定额人工费、定额机械费以及定额基价或规费费率，使建筑安装工程费能反映建筑市场实际。

（4）建设单位在编制招标控制价时，应按照各专业工程的计量规范和计价定额以及工程造价信息编制。

（5）施工企业在使用计价定额时除不可竞争费用外，其余仅作参考，由施工企业投标时自主报价。

复习思考题

1. 设备安装工程造价的含义是什么？

2. 按造价形成的建筑安装工程费与按费用构成要素形成的建筑安装工程费之间有何联系？

3. 建筑安装工程费中的不可竞争性费用有哪些？

4. 综合单价由哪些费用构成？

5. 设备安装工程造价的动态管理思路是什么？

6. 定额计价的基本程序是什么？定额计价的编制依据有哪些？

7. 工程量清单计价的基本程序是什么？工程量清单计价的编制依据有哪些？

第10章　设备安装工程工程量

根据《通用安装工程工程量计算规范》GB 50856—2013 第 1.0.3 条的规定：通用安装工程计价，必须按本规范规定的工程量计算规则进行工程计量。此条为强制性条文，规定了执行《通用安装工程工程量计算规范》GB 50856—2013 的范围，明确了无论国有资金投资的还是非国有资金投资的工程建设项目，其工程计量必须执行《通用安装工程工程量计算规范》GB 50856—2013。此条在《建设工程工程量清单计价规范》GB 50500—2008 基础上新增，进一步明确《通用安装工程工程量计算规范》GB 50856—2013 工程量计算规则的重要性。

建设工程发承包及实施阶段，贯彻执行《建设工程工程量清单计价规范》GB 50500—2013 及其配套的“计量规范”，是工程造价计价体系深化改革的措施。现行 2013 版“清单计价规范”是十年“清单计价”的实践经验总结，是完善工程计价行为的法规。《建设工程工程量清单计价规范》GB 50500—2013 的适用工程类别，目前九类工程有了专用的“计量规范”。其中，《通用安装工程工程量计算规范》GB 50856—2013 的附录，列出了十二类专业项目和归并的措施项目的“清单计价项目”明细表。通用安装工程包括机械设备、热力设备、静置设备与工艺金属结构、电气设备、建筑智能化及自动化控制仪表、通风空调、工业管道、消防工程、给水排水供暖燃气、通信设备与线路、刷油防腐蚀绝热、措施项目等方面的内容，是 2008 版“清单规范”附录 C 经修改、更新后的现行“清单计价项目”明细表。

10.1　给水排水、供暖工程

10.1.1　相关问题与说明

(1) 给水排水、供暖工程与市政工程管网工程的界限划分

给水排水、供暖工程与市政工程管网工程的界定：室外给水排水、供暖管道以市政管道碰头井为界；厂区、住宅小区的庭院喷灌及喷泉水设备安装按通用安装工程相应项目执行；公共庭院喷灌及喷泉水设备安装按市政工程管网工程的相应项目执行。

(2) 给水排水、供暖工程管道界限的划分

给水管道室内外界限划分：以建筑物外墙皮 1.5m 为界，入口处设阀门者以阀门为界。

排水管道室内外界限划分：以出户第一个排水检查井为界。

供暖管道室内外界限划分：以建筑物外墙皮 1.5m 为界，入口处设阀门者以阀门为界。

（3）管道热处理、无损探伤，应按《通用安装工程工程量计算规范》GB 50856—2013 附录 H 工业管道工程相关项目编码列项。

（4）医疗气体管道及附件，应按《通用安装工程工程量计算规范》GB 50856—2013 附录 H 工业管道工程相关项目编码列项。

（5）管道、设备及支架除锈、刷油、保温除注明者外，应按《通用安装工程工程量计算规范》GB 50856—2013 附录 M 刷油、防腐蚀、绝热工程相关项目编码列项。

（6）凿槽（沟）、打洞项目，应按《通用安装工程工程量计算规范》GB 50856—2013 附录 D 电气设备安装工程相关项目编码列项。

10.1.2 清单项目及其工程量计算

1. 给水排水、供暖工程清单项目

《通用安装工程工程量计算规范》GB 50856—2013 附录 K，对给水排水供暖燃气工程的“清单计价项目”作了统一规定，由管道敷设、支架及其他、管道附件、卫生器具、供暖器具、供暖给水排水设备、燃气器具及附件、医疗气体设备及其他、系统调试、相关说明十个部分组成，规定了 101 个具有 9 位数统一编码的计价项目。

2013 版“清单”计价项目是在 2008 版“清单”计价项目的基础上，做了局部调整和完善“特性”后形成的。具有“四个统一”（编码、名称、单位、规则）和“五级编码”（类别、专业、分部、项目、细目）的通性，并对“特性”的描述要求更加全面和严格。

在“清单”列项时，应注意以下几点：

（1）水卫设施周边的砌砖、贴面、混凝土等项目，应在建筑及装饰工程中计价；高档器具的供电与电器安装，属“电气”项目计价。

（2）成品器具的安装，包括所有零配件的装配；成品及附件列入主材，纳入“综合单价”计费。

（3）项目特性的描述，必须确切、全面，符合“规范”要求，以确保“综合单价”核定准确、合理。

（4）室内、室外、市政管道的分界点，与“预算定额”规定相同。

2. 给水排水、供暖工程清单项目的工程量计算规则

给水排水、供暖工程的工程量清单项目设置、项目特征描述的内容、计量单位、工程量计算规则及工作内容等详见《通用安装工程工程量计算规范》GB 50856—2013 附录 K。以下为给水排水、供暖工程的分部分项工程的工程量计算规则。

（1）管道敷设

根据管道材质、安装部位（室内、室外）、安装方式、输送介质、接口方式、接口材料、质量要求、工作内容等不同划分项目，均以图示轴线长度“m”计量，不扣除管件、阀门、小型构筑物及附件等所占长度，计入方形补偿器增加长度。室外管道碰头以“处”计量，适用于新、旧（原）管道碰头，包括坑土挖填、拆除修复、碰头接口、介质处理、管道保护等全部工作内容。

(2) 支架及其他

管道、设备支架的制作与安装，按图示尺寸，以“kg”或“套”计量；成品支架列入“主材”，只计安装；穿基础、墙、楼板的各种套管的制作、安装与防腐，按图示尺寸，以“个”计量。

(3) 管道附件

各种管道附件（阀门、减压器、疏水器、除污器、补偿器、法兰、逆流阀、水表、计热器、消声器、水位标尺等）均以图示自然计量单位（个、组、套、副、块）计量；有关连接方式、采用图集、附件配置、规格、材质等，应在“特性”内详细描述。

(4) 卫生器具

给水排水附件、烘手器以图示“个”数计量；淋浴器（间）、浴房、自动冲洗水箱、加热器、混合器、饮水器、隔油器等以图示“套”数计量；小便槽雨淋管以图示长度“m”计量；所有安装项目，均包含配套的零件、附件。

(5) 供暖器具

铸铁、钢制等成品散热器以图示“片（组）”数计量，光排管散热器以图示长度“m”计量；暖风机、热媒集配装置以图示“台”数计量，集气罐以图示“个”数计量；地板辐射供暖以房间净面积“m^2”或图示管道长度“m”计量。不同结构形式的散热器须分别列项计价，包括支架制安、除锈刷油、冲洗水压等全部工作内容。

(6) 供暖、给水排水设备

各种供暖、给水排水工程的成品（成套）设备安装均以图示“套（台、组）”数计量，包括配套附件安装。水箱包括制作与安装，以“台”计量。

(7) 燃气器具及其他

开水炉、供暖炉、热水器、灶具、燃气表及调压、抽水、调长装置等，均以图示自然单位“台（块、个）”计量，属成品安装内容。燃气引入的砌筑分地上、地下，以图示“处”数计量。

(8) 医疗气体设备及附件

医疗气体的制造、汇集、分离、储备、过滤、排污、真空等专用设备及附件安装、调试，均以图示“台（组、个）”数计量；只有“医疗设备带”以图示长度“m”计量。

(9) 供暖、空调水系统调试

按供暖系统（管道、阀门与供暖器具）、空调水系统（管道、阀门与冷水机组）区分，按“系统”计量计价。

3. 给水排水、供暖工程清单项目工程量计算实例

[例 10-1] 图 10-1 为某幢单元住宅楼的某户厨房与卫生间的给水排水施工图。给水用镀锌焊接钢管（螺纹连接），排水用铸铁承插排水管（水泥接口）。试计算该户给水排水工程的管道敷设工程量。

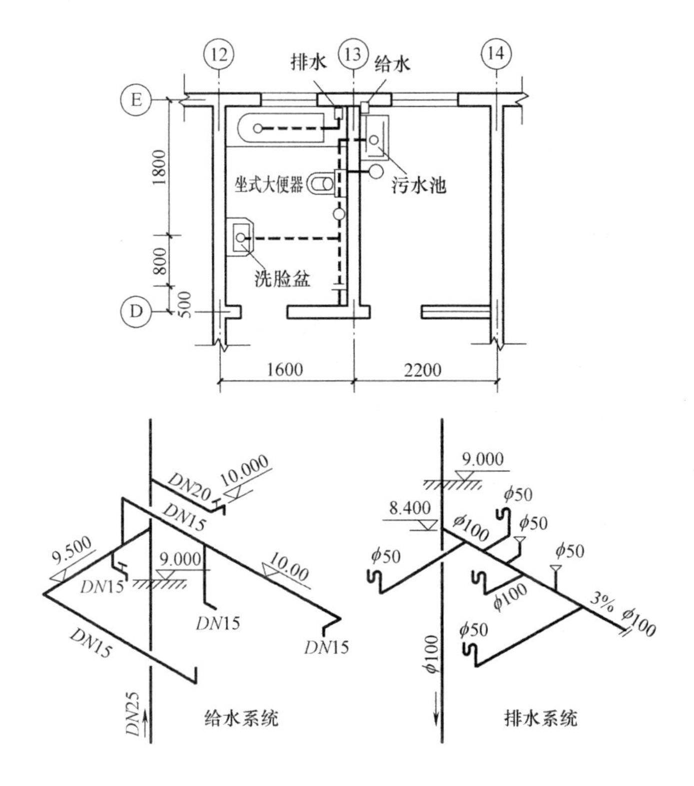

图 10-1　单元住宅楼某户给水排水施工图

解：列表分项计算如表 10-1 所示。

分部分项工程清单项目工程量计算表　　　**表 10-1**

工程名称：单元住宅楼某户给水排水工程　　　2013 年 7 月　日

序号	编码	项目名称	项 目 特 征	计 算 式	计量单位	工程量	备注
1	031001001001	镀锌钢管	室内给水、丝接 DN20	0.4+0.1	m	0.5	
2	031001001002	镀锌钢管	室内给水、丝接 DN15	1.6+1.8+0.1+0.2+0.5+2.5+0.1+0.8+0.1	m	7.7	
3	031001005001	铸铁管	室内排水、承插(水泥)	0.6+1.2+0.8+0.5+0.6+0.5+0.6+0.8+1.1	m	6.7	ϕ50
4	031001005002	铸铁管	室内排水、承插(水泥)	0.6+0.3+2.1	m	3	ϕ100
5	031004001001	浴缸		(图 10-1)	组	1	
6	031004004001	洗脸盆		(图 10-1)	组	1	
7	031004006001	大便器	坐式	(图 10-1)	组	1	
8	031004014001	水龙头	Dg15	(图 10-1)	个	2	
9	031004014002	水龙头	Dg20	(图 10-1)	个	1	
10	031004014003	排水栓	DN50	(图 10-1)	个	1	
11	031004014004	地漏	DN50	(图 10-1)	个	2	

10.1.3　定额项目及其工程量计算

本节对应《湖北省通用安装工程消耗量定额及单位估价表》第十册《给水排水、供暖、燃气工程》。

1. 给水排水工程

给水排水工程包括室外给水排水工程和室内给水排水工程两大类。

（1）室内给水系统安装工程量计算

室内给水系统安装工程量计算，一般是按平面图和系统图对照，从引入管开始，根据介质流动的方向经水平干管，再到各条立管、横管、支管，最后到用水点。为了便于计算和校核，在计算时应沿线按一定的顺序进行。

在计算管道长度时，如果图纸标注了标高和尺寸，应利用标高和尺寸计算管道长度；如果没有标高和尺寸可以利用时，可利用比例尺量取长度，两者可结合使用。但在实际工作中，管道安装离墙很近，在绘图时往往离墙较远，测量出的长度与实际误差很大，因此在量取时要按照规范规定的管道安装离墙距离进行修正。

1）室内给水管道安装工程量

① 室内给水管道安装：按不同管材种类、连接方式和管径大小，以"延长米"计算，管道本身价值另行计算。管道长度，水平敷设的以施工平面图所示管道中心线计算，垂直安装的按立面图、剖面图、系统图与标高配合计算，其中阀门及管件（包括减压器、疏水器、水表、伸缩器等成组安装项目）所占长度不从延长米中扣除。

② 室内给水管道消毒、冲洗：区分不同管道直径，按管道长度（不扣除阀门、管件所占长度）以"m"为单位计算。

③ 镀锌铁皮套管制作，以"个"为计量单位。其安装已包括在管道安装定额内，不另计工程量。

④ 管道支架制作安装：室内管道公称直径为32mm及以下的安装工程已包括在定额内，不另计工程量；若采用工程量清单计价模式时该管道如需安装支架，允许换算。公称直径为32mm以上的，按图示尺寸以"kg"为计量单位。

⑤ 法兰安装：应区分不同材质（铸铁法兰和碳钢法兰）、连接方式（丝接、焊接）和直径大小分别以"副"为单位计算。法兰本身价值另列项计算。

2）阀门、水位标尺及水表组成与安装

① 阀门安装：应区分螺纹连接或法兰连接以"个"为单位分别计算，法兰阀门安装，如仅为一侧法兰连接时，定额所列法兰、带帽螺栓及垫圈数量减半，其余不变。阀门价值另列项计算。

② 浮球阀安装：区分不同的连接方式，按不同直径以"个"计算，定额已包括了联杆及浮球的安装，不得另行计算。浮标液面计、水位标尺是按国标编制的，如设计与国标不符时，可作调整。

③ 水表安装：应按不同接管直径和连接方式分别计算。法兰水表安装以"组"为单位计算，螺纹水表和分水卡安装以"个"为单位计算，IC卡水表螺纹连接以"块"为单位计算。法兰水表定额内包括旁通管及止回阀，如与设计规定的安装形式不同时，阀门与止回阀可按实调整，其余不变。水表本身价值另行计算。

④ 减压器、疏水器安装：按不同接管直径以"组"为单位计算。如阀门和压力表安装的实际数量与定额不符时，可按实调整，其余不变。减压器安装按高压侧的直径计算。

3）卫生器具制作安装

① 浴盆、净身盆安装：区分冷水、冷热水、冷热水带喷头等，以"组"计算。浴盆

安装定额中不包括浴盆的支座和浴盆周边的砌砖及瓷砖粘贴，应另列项计算。浴盆、净身盆以及它们的水嘴和混合水嘴带喷头的本身价值不包括在定额内，应另行计算。

② 洗脸盆、洗手盆、洗涤盆、化验盆等卫生器具安装：适用于对应的各种型号，应按冷热水、开关类型、水嘴类别的不同，分别以“组”为单位计算，但卫生器具、各种开关以及化验盆的鹅颈水嘴不包括在定额内，应另行计算。

③ 淋浴器组成安装：*a*. 钢管组成淋浴器应区分冷水、冷热水以“组”为单位计算，淋浴器的莲蓬头不包括在定额内，应另行计算；*b*. 铜管制品淋浴器安装项目适用于各种成品淋浴器安装。各种成品淋浴器的价值定额中没有包括，应另行计算。

④ 大便器安装：根据大便器形式、冲洗方式、接管种类的不同，分别以“套”为单位计算。大便器、高（低）水箱、手压阀或脚踏阀等主材价值均不包括在定额内，应另列项计算。

⑤ 小便器安装：根据冲洗方式（普通式、自动式）、小便器形式（挂斗式、立式）分别以“套”为单位计算。但小便器及高水箱的价格不包括在定额内，应另行计算。

按工程量计算规则中“卫生器具组成安装以“组”或“套”为计量单位，已按标准图综合了卫生器具与给水管、排水管连接的人工与材料用量，不得另行计算”的规定，必须弄清楚各种卫生器具安装定额内已含给水管、排水管的数量（即管道的长度），才能正确地计算给水管道、排水管道的工程量，否则就会重复计算或漏算，所以这是一个十分重要的问题。

那么如何确定卫生器具安装与给水排水管道安装两者的分界线呢？确定两者分界线的原则是：对照《全国通用给水排水标准图集》中每种卫生器具的安装图、预算定额中各种卫生器具安装项目内所含给水管材、排水管材的数量来划分两者的分界线。

（2）室内排水系统安装工程量计算

室内排水系统安装工程量的计算同样是将平面图和系统图对应起来，按介质的流动方向进行统计计算。

1）室内排水管道安装：按不同的用途、管材种类、连接方式和管径大小，分别以“延长米”计算。各种管件（包括三通、弯头、伸缩器、检查口等）所占长度不扣除。

铸铁排水管（卡箍连接，*DN*200 以内）、雨水管及塑料排水管均包括管卡及托吊支架、通气帽、雨水漏斗的制作安装，但不包括雨水漏斗本身价格。雨水管件及雨水漏斗按实际数量另行计价。铸铁排水管（卡箍连接）*DN*200 及以上管道支架另行计算。

2）地漏、地面清扫口安装：地漏按不同直径、不同材质，以“个”为单位计算；地面清扫口按不同直径以“个”为单位计算。地漏、地面清扫口本身价值另计。

3）排水栓安装：区分带存水弯和不带存水弯，按不同直径以“组”为单位计算，排水栓价值另计。

（3）室外给水排水系统安装工程量计算

室外给水排水系统安装工程量的计算规则与室内相比基本相似，管道均按“延长米”计算，不扣除检查井、阀门、管件所占长度。管沟挖土石方及回填按土建定额执行。

（4）给水排水工程量计算要注意的问题

1）设备、管道表面除锈、刷油、绝热等工程执行第十二册《刷油、绝热、防腐蚀》定额的有关项目。

2）各种砖、石、混凝土、钢筋混凝土砌筑的检查井、水池、化粪池、阀门井、水表井等工程量，均应根据《全国统一建筑工程基础定额》工程量计算规则由土建工程预算员计算。

［例 10-2］ 已知条件同例 10-1，试计算该户给水排水工程的工程量。

解： 列表分项计算见表 10-2。

某户给水排水工程量计算表 **表 10-2**

序号	分项工程	工程说明及算式	单位	数量
	一、管道敷设			
1	给水：(1)*DN*20	0.4+0.1	m	0.5
	(2)*DN*15	1.6+1.8+0.1+0.2+0.5+2.5+0.1+0.8+0.1	m	7.7
2	排水：(1)*DN*50	0.6+1.2+0.8+0.5+0.6+0.5+0.6+0.8+1.1	m	6.7
	(2)*DN*100	0.6+0.3+2.1	m	3.0
	二、器具			
1	*DN*15 水龙头	1+1	个	2
2	*DN*20 水龙头		个	1
3	浴盆		组	1
4	坐式大便器		套	1
5	洗脸盆		套	1
6	*DN*50 排水拴	50	套	1
7	*DN*50 地漏	50	个	2

2. 供暖工程

（1）室内供暖工程项目的划分

供暖系统的管道包括供热和回水干管、立管、支管，以及与散热器的连接管，一般采用镀锌钢管和普通焊接钢管。管道的接头零件和阀门基本上与给水排水管道相同。除了管道敷设之外，管道防腐刷油也应按设计要求分项编制。由于供热管道会产生热胀现象，为了解决供热管道膨胀时所发生的长度变化，应设置伸缩器。为了托承干管，每隔一定距离要安装支架。因此供暖安装工程预算项目应划分为以下几个部分：

1）室内管道安装；

2）法兰安装；

3）阀门安装；

4）伸缩器制作安装；

5）低压器具的组成与安装；

6）散热器等供暖器具安装；

7）保温刷油。

（2）工程量的计算规则

1）管道安装工程量：均以施工图所示管道中心线长度以"m"为计量单位计算，不扣除阀门及管件所占的长度，管道本身价值另计。

① 管道及接头零件安装、水压试验或浊水试验、*DN*32 以内销管的管卡及托钩制作安装、弯管制作与安装（伸缩器、圆形补偿器除外）、穿墙及过楼板铁皮套管安装等工作内容均已考虑在定额中，不得重复计算。

② 直径在 32mm 以上的钢管支架需另行计算。

③ 穿墙及过楼板镀锌铁皮套管的制作应按镀锌铁皮套管项目另行计算，钢套管的制作安装工料，按室外焊接钢管安装项目计算。

④ 安装的管道规格如与定额中子目规定不相符合时，应使用接近规格的项目，规格居中时按大者套，超过定额最大规格时可作补充定额。

⑤ 各部分管道相互间的划分界限规定如下：

a. 室内外管道以入口阀门或建筑物外墙皮 1.5m 为界；

b. 工业管道以锅炉房或泵站外墙皮 1.5m 为界；

c. 工厂车间内供暖管道以供暖系统与工业管道碰头点为界；

d. 设在高层建筑内的加压泵间管道以泵站间外墙皮为界。

2）法兰安装工程量：应区分不同材质（铸铁法兰和碳钢法兰）、连接方式（丝接、焊接）和直径大小分别以“副”为单位计算。法兰本身价值另列项计算。

3）阀门安装工程量：以“个”为单位计算，不分低压、中压，使用同一定额，但连接方式应按螺纹式和法兰式以及不同规格分别计算。

① 螺纹阀门安装适用于内外螺纹的阀门安装；

② 法兰阀门安装适用于各种法兰阀门的安装。如仅为一侧法兰连接时，定额中的法兰、带帽螺栓及钢垫圈数量减半计算。各种法兰连接用垫片均按橡胶石棉板计算，如用其他材料，均不做调整。

4）伸缩器安装工程量：各种伸缩器制作安装根据其不同形式、连接方式和公称直径，分别以“个”为单位计算。

① 用直管弯制伸缩器，在计算工程量时，应分别计入相应直径的导管工程量内，弯曲的两臂长度原则上应按设计确定的尺寸计算。若设计未明确时，按弯曲臂长（*H*）的两倍计算。一般可按表 10-3 中所列的数量增加。

直管弯制伸缩器两臂计算长度（m） **表 10-3**

伸缩器形式	伸缩器直径(mm)						
	25	50	100	150	200	250	300
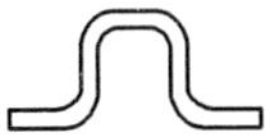 （方形）	0.6	1.2	2.2	3.5	5.0	6.5	8.5
 （弧形）	0.6	1.1	2.0	3.0	4.0	5.0	6.0

② 套筒式以及除去以直管弯制的伸缩器以外的各种形式的补偿器，在计算时，均不扣除所占管道的长度。

5）低压器具的组成与安装工程量

供暖工程中的低压器具是指减压器和疏水器。

减压器和疏水器的组成与安装均应区分连接方式和公称直径（减压器安装按高压侧的直径计算）的不同，分别以“组”为单位计算。

① 减压器、疏水器如设计组成与定额不同时，阀门和压力表数量可按设计需要量调整，其余不变。

② 单体安装的减压器、疏水器应按阀门安装项目执行。单体安装的安全阀可按阀门安装相应定额项目乘以系数 2.0 计算。

6）散热器等供暖器具安装工程量

① 铸铁散热器组成安装：以“片”为单位计算。散热器本身价值应另行计算。

a. 当柱型散热器为挂装时，可套用 M132 型定额项目；

b. 柱型和 M132 型散热器安装用拉条时，拉条另行计算。

② 光排管散热器制作安装：根据管道公称直径的不同分别以“m”为单位计算。定额单位每 10m 是指排管长度，排管本身价值另行计算；联管作为材料已列入定额，不得重复计算。

③ 钢制散热器安装

a. 钢制闭式散热器安装区分不同型号，分别以“片”为单位计算；

b. 钢制板式散热器安装区分不同型号，分别以“组”为单位计算；

c. 钢制壁板式散热器安装区分不同质量范围，分别以“组”为单位计算；

d. 钢制柱式散热器安装区分不同片数范围以“组”为单位计算，超过 12 片的钢制柱式散热器安装，按各地区编制的补充定额计算；

e. 暖风机安装区分不同质量以“台”为单位计算。

上述五种钢制散热器本身价值均不包括在定额内，应另行计算；但板式、壁板式、闭式散热器安装定额中已考虑了托钩安装的人工费和辅材费，不得重复计算，托钩价值另计。

④ 热空气幕安装：区别不同型号及质量分别以“台”计算。其支架制作安装可按相应项目另行计算。

7）保温刷油：另执行第十二册《刷油、绝热、防腐蚀》定额的有关项目。

10.2 电气安装工程

10.2.1 相关问题与说明

（1）电气设备安装工程与市政工程路灯工程的界限划分

厂区、住宅小区的道路路灯安装工程及庭院艺术喷泉等电气安装工程按通用安装工程“电气设备安装工程”的相应项目执行；涉及市政道路、市政庭院等电气安装工程的项目，按市政工程中“路灯工程”的相应项目执行。

（2）电气设备安装工程适用于 10kV 以下变配电设备及线路的安装工程、车间动力电气设备及电气照明、防雷及接地装置安装、配管配线、电气调试等。

（3）挖土、填土工程应按《房屋建筑与装饰工程工程量计算规范》GB 50854—2013 相关项目编码列项。

（4）开挖路面应按《市政工程工程量计算规范》GB 50857—2013 相关项目编码列项。

（5）过梁、墙、楼板的钢（塑料）套管应按《通用安装工程工程量计算规范》GB

50856—2013 附录 K 供暖、给水排水、燃气工程相关项目编码列项。

（6）除锈、刷漆（补刷漆除外）、保护层安装应按《通用安装工程工程量计算规范》GB 50856—2013 附录 M 刷油、防腐蚀、绝热工程相关项目编码列项。

（7）由国家或地方检测验收部门进行的检测验收应按《通用安装工程工程量计算规范》GB 50856—2013 附录 N 措施项目编码列项。

（8）电气设备安装工程中的预留长度及附加长度如表 10-4～表 10-11 所示。

软母线安装预留长度　　表 10-4

项目	耐张	跳线	引下线、设备连接线
预留长度(m/根)	2.5	0.8	0.6

硬母线配置安装预留长度　　表 10-5

序号	项目	预留长度(m/根)	说明
1	带形、槽形母线终端	0.3	从最后一个支持点算起
2	带形、槽形母线与分支线相连	0.5	分支线预留
3	带形母线与设备相连	0.5	从设备端子接口算起
4	多片重型母线与设备相连	1.0	从设备端子接口算起
5	槽形母线与设备相连	0.5	从设备端子接口算起

盘、箱、柜的外部进出线预留长度　　表 10-6

序号	项目	预留长度(m/根)	说明
1	各种箱、柜、盘、板、盒	高+宽	按盘面尺寸计算
2	单独安装的铁壳开关、自动开关、刀开关、启动器、箱式电阻器、变阻器	0.5	从安装对象中心算起
3	继电器、控制开关、信号灯、按钮、熔断器等小电器	0.3	从安装对象中心算起
4	分支接头	0.2	分支线预留

滑触线安装预留长度　　表 10-7

序号	项目	预留长度(m 根)	说明
1	圆钢、铜母线与设备连接	0.2	从设备接线端子接口算起
2	圆钢、铜滑触线终端	0.5	从最后一个固定点算起
3	角钢滑触线终端	1.0	从最后一个支持点算起
4	扁钢滑触线终端	1.3	从最后一个固定点算起
5	扁钢母线分支	0.5	分支线预留
6	扁钢母线与设备连接	0.5	从设备接线端子接口算起
7	轻轨滑触线终端	0.8	从最后一个支持点算起
8	安全节能及其他滑触线终端	0.5	从最后一个固定点算起

电缆敷设预留及附加长度　　表 10-8

序号	项目	预留(附加)长度	说明
1	电缆敷设弛度、波形弯度、交叉	2.5%	按电缆全长计算
2	电缆进入建筑物	2.0m	规范规定最小值
3	电缆进入沟内或吊架时引上(下)预留	1.5m	规范规定最小值
4	变电所进线、出线	1.5m	规范规定最小值
5	电力电缆终端头	1.5m	检修余量最小值
6	电缆中间接头盒	两端各留 2.0m	检修余量最小值

续表

序号	项目	预留(附加)长度	说明
7	电缆进控制屏、保护屏及模拟盘、配电箱等	高+宽	按盘面尺寸计算
8	高压开关柜及低压配电盘、箱	2.0m	盘下进出线
9	电缆至电动机	0.5m	从电动机接线盒算起
10	厂用变压器	3.0m	从地坪算起
11	电缆绕过梁柱等增加长度	按实计算	按被绕物的断面情况计算增加长度
12	电梯电缆与电缆架固定点	每处0.5m	规范规定最小值

接地母线、引下线、避雷网附加长度 **表 10-9**

项　　目	附 加 长 度	说　　明
接地母线、引下线、避雷网附加长度	3.9%	按接地母线、引下线、避雷网全长计算

架空导线预留长度 **表 10-10**

项　　目		预留长度(m/根)
高压	转角	2.5
	分支、终端	2.0
低压	分支、终端	0.5
	交叉跳线转角	1.5
与设备连线		0.5
进户线		2.5

配线进入箱、柜、板的预留长度 **表 10-11**

序号	项　　目	预留长度(m/根)	说　明
1	各种开关箱、柜、板	高+宽	按盘面尺寸计算
2	单独安装(无箱、盘)的铁壳开关、闸刀开关、启动器、线槽进出线盒等	0.3	从安装对象中心算起
3	由地面管子出口引至动力接线箱	1.0	从管口计算
4	电源与管内导线连接(管内穿线与软、硬母线接点)	1.5	从管口计算
5	出户线	1.5	从管口计算

10.2.2 清单项目及其工程量计算

1. 电气安装工程清单项目

《通用安装工程工程量计算规范》GB 50856—2013 中，第四类的附录 D 为电气设备安装工程“清单计价项目”名录，由十四个分部工程、共计 148 个计价项目组成。主要包括变压器、配电装置、母线、控制设备与低压电器、蓄电池、电机检查接线、滑触线、电缆、防雷及接地、10kV 以下架空线、配管配线、照明器具、附属工程和电气调整试验等内容，是对 2008 版“清单规范”附录 C 的修订。

电气安装工程“清单计价项目”除符合“清单项目”普遍规律外，尚有以下值得关注的特点。

(1) 因电气设备涉及的材料因素（品种、型号、规格、材质等）和安装因素（位置、方式等）较多，清单列项必须界定明示或暗示的“项目特性”，尽量做到计量、定价的唯一性。

(2) 符合“四个统一”和“五位编码”要求，也是计量、定价唯一性的示范内容和格式要求。

(3) 地方“计价表”的应用，为“综合单价”的核定提供了依据和标准。造价编制者应按“清单计价”要求，列表计算明示“单价”来源与组价（含量、价格），提供校核、审计、备案等所需的完整资料。

(4) 电气设备安装工程的“清单项目”只适用于10kV以下项目，超过10kV的电气安装工程执行电力部门专业定额，按专业定额编制造价文书。

(5) 厂区、住宅区范围内路灯、庭院灯、喷泉等电气安装，按照“通用安装工程”的电气安装“清单项目”编制造价文书；而市政道路、公共庭院的路灯、喷灌、喷泉等电气安装，执行市政工程中“路灯工程”的相应项目规定。

(6) 凡“规范”内同一清单项目有两个及以上计量单位者，应根据设计资料及工程实际选其中一种，便于合理定价；同一工程类似项目的计量单位应一致。

(7) 电气线路（母线、电缆、配线……）安装中，计算工程量应按规定计入“预留长度”或“附加长度”，在“计量规则”中均有“标准”规定。

2. 电气安装工程清单项目的工程量计算规则

电气安装工程的工程量清单项目设置、项目特征描述的内容、计量单位、工程量计算规则及工作内容等详见《通用安装工程工程量计算规范》GB 50856—2013附录D。以下为电气安装工程的分部分项工程的工程量计算规则。

(1) 变压器安装

按品名、特征、工作内容的不同，因素综合、分别列项，以“台”计量、图示计数。计入基础、网门、刷漆等配合子项；凡需油过滤、芯体干燥者，明示要求、计入单价；变压器油需试验、化验、色谱分析时，应列入相关措施项目。

(2) 配电装置安装

均以自然单位计量（台、组、个）、图示计数。包括各种断路器、开关、互感器、熔断器、避雷器、电抗器、电容器、滤波装量、成套配电柜、箱式变电站等，每个计价项目（清单）必须明示名称、规格、型号、电工指标等特性，基础、配线、构架、油过滤、干燥等附加工作内容也应在清单内明确，以便准确综合计价。

(3) 母线安装

普通母线安装区分品种、型号、规格、材质及相关配置（绝缘子、套管、穿通板、母线桥、线槽、引下线、伸缩节、过渡板、连接物、分相漆等），以单相图示长度“m”计量，计入规定的预留长度。重型母线以图示尺寸计算的质量“t”计量，区分材质、型号、规格、配置，包含制作、安装、配置、刷漆等工作内容。始端箱、分线箱以图示“台”数计量，明示规格、型号等特性。

(4) 控制设备及低压电器安装

包括各式屏、柜、箱、台等成套电气设备安装，以及各种开关、电器、插座等低压电器安装，区分品种、型号、规格、配置（接线、基础、绝缘子、端子板等）、安装方式等项目特性，分别以自然单位计量（台、套、箱、个）图示计数。设备与电器的外部接线应计入规定“预留长度”，纳入清单项目“配线”计量。

(5) 蓄电池安装

分为普通蓄电池与太阳能电池两项，以名称、型号、规格（容量）、安装方式不同分别列项，以“个（组、件）”计量、图示计数，计入支（铁）架。

（6）电机检查接线及调试

包括发电机、调相机、电动机、励磁机等电气检查接线及调试（本体安装属机械设备），以“台（组）”计量、图示计数。项目特性以品种、型号、规格、容量、干燥要求等描述，明示相关配置（接线端子、机组连锁等），大、中、小型以质量划分。

（7）滑触线装置安装

“规范”只有一个清单计价项目，全面描述“项目特征”，计入规定的“预留长度”，以长度“m”计量、图示尺寸加“预留”计数。图示基础及铁件可列入“特征”、计入单价。

（8）电缆安装

电力电缆、控制电缆分别列项，区分品种、型号、规格、材质、电压、方式、部位等特征，分别计入规定“附加长度”后以长度“m”计量、图示长度加“附加”计数。电缆保护管、电缆槽盒、铺砂、盖板（砖）均以图示长度“m”计量。电缆头制安区分名称、型号、规格、材质、部位等分别列项，以图示“个”数计量。在描述名称、型号、规格、材质等项目特性条件下，分别列项，防火堵洞以图示“处”数计量，防火隔板以图示面积“m^2”计量，防火涂料以图示尺寸折算的质量“kg”计量，电缆分支箱以图示“台”数计量。电缆穿刺线夹列入相应电缆头计价；电缆井、电缆排管、顶管等属“市政工程”计价清单。

（9）防雷及接地装量

所有清单计价项目均应描述名称、型号、规格、材质、部位、形式、配置等相关特征内容，以图示尺寸分别计数。接地极以“根（块）”计量，接地母线、引下线、均压环、避雷网等以长度“m”计量（增加规定的附加长度），避雷针以“根”计量，半导体消雷装置以“套”计量，等电位端子箱、测试板以“台（块）”计量，绝缘垫以面积“m^2”计量，浪涌保护器以“个”数计量，降阻剂按图示以质量“kg”计量。

（10）10kV以下架空配电线路

电杆组立以图示“根（基）”数计量，描述名称、材质、规格、类型、地形、土质、盘卡、拉线、基础、防腐等特征，工作内容包括定位、组立、挖填、盘卡、拉线、基础、防腐、运输等；横担组装以图示“组”数计量，以特征区分（类型、材质、规格、电压、瓷瓶、金具等）项目，综合计价；导线架设以图示单线长度“km”（含预留长度）计量，描述型号、规格、材质、地形、跨越等项目特性，以架设、运输定价；杆上设备安装以图示“台（组）”数计量，描述名称、型号、规格、电压、配置（支架、端子）、接地等特征，按全部安装内容及刷漆定价，杆上设备调试另列“清单项目”计价。

（11）配管配线

配管、线槽、桥架、配线四项分别列“清单项目”，均以图示长度“m”计量（配线增加规定的预留长度），按品种、规格、型号、材质、方式、配置等不同，分别编列计价子项。接线箱、接线盒的安装以图示“个”数计量，区分名称、材质、规格、方式，仅为本体安装计价。

（12）照明器具安装

包括普通灯具、工厂灯、高度标志灯、装饰灯、荧光灯、医疗专用灯、一般路灯、中杆灯、高杆灯、桥栏杆灯、地道涵洞灯等分类，成套灯具安装，均以图示“套”数计量，应按“规范”规定描述名称、型号、规格、材质、配置、条件、附属等特征内容。各类灯具的归类，参见《通用安装工程工程量计算规范》GB 50856—2013的规定。

(13) 附属工程

属电气设备安装中的新增配合项目，单列“清单”计价。铁构件（制作、安装、补刷（喷）油漆，以图示尺寸的质量“kg”计量；凿（压）槽、管道包封以图示长度“m”计量；打洞（孔）、人（手）孔砌筑以图示“个”数计量；人（手）孔防水按图示面积“m^2”计量。

(14) 电气调整试验

安装完的电气设备及其系统的调试检测，属“清单”的单列计价项目。电力变压器、送配电装置、自动投入装置、中央信号装置、事故照明切换、不间断电源、接地装置、整流设备与装置等调试，均以图示“系统”计量；特殊保护装置、电抗器、消弧线圈、避雷器、电容器、除尘箱等调试，均以图示自然计量单位（台、组、套等）计量；母线调试以图示“段”数计量；电缆试验按图示“次（根、点）”数计量。配合机械设备及其他工艺的单体试车，列入“措施项目”计价；计算机系统调试按《通用安装工程工程量计算规范》GB 50856—2013 附录 F“自动化控制仪表安装工程”专业编码列项计价。

(15) 安装工程的措施项目

《通用安装工程工程量计算规范》GB 50856—2013 附录 N 列出了专业措施项目和安全文明施工措施项目等“清单项目”名录，共计 25 项。“清单”列项应根据设计要求和工程实际，并依据地方规定执行。可选择“以量计价、费率计价、以‘项’计价”三种模式中的一种。

3. 电气安装工程清单项目工程量计算实例

[例 10-3] 以图 10-2～图 10-6 的集体宿舍楼为例，根据计算规则计算：总盘至 1、3、4、5 层分配电盘的盘间配线长度，以及底层照明配线的单线长度。

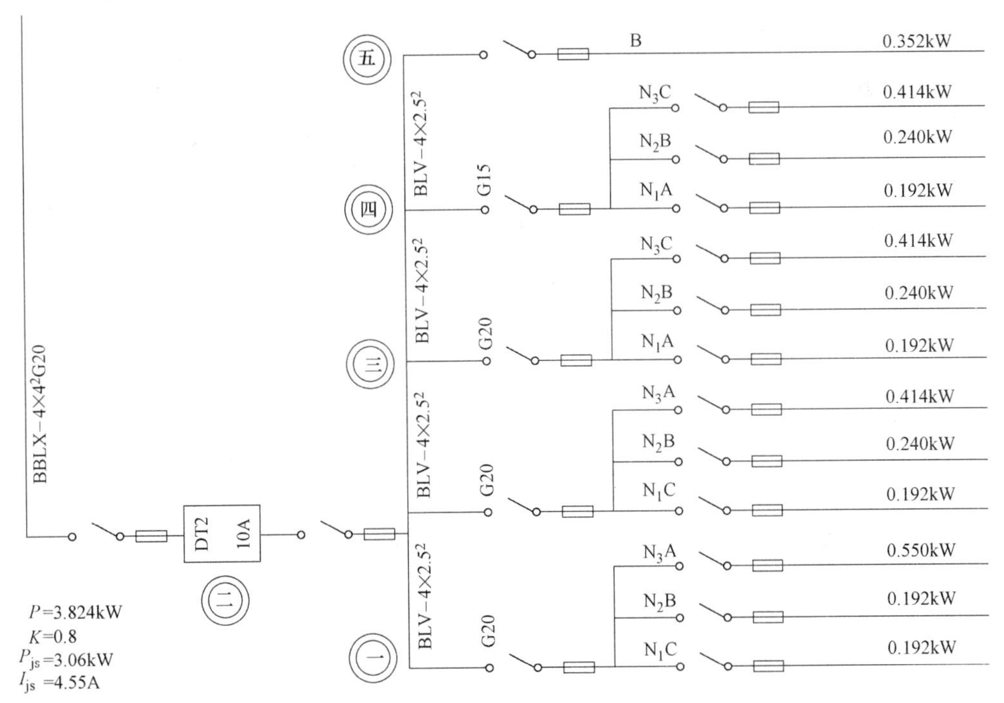

图 10-2　室内电气照明系统图

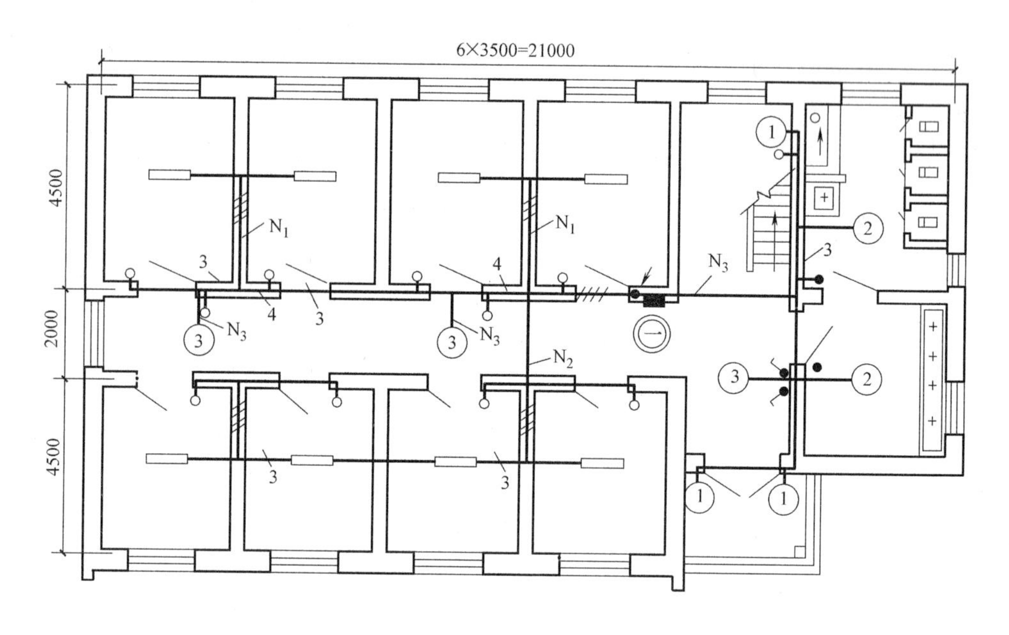

图 10-3　底层电气照明平面图

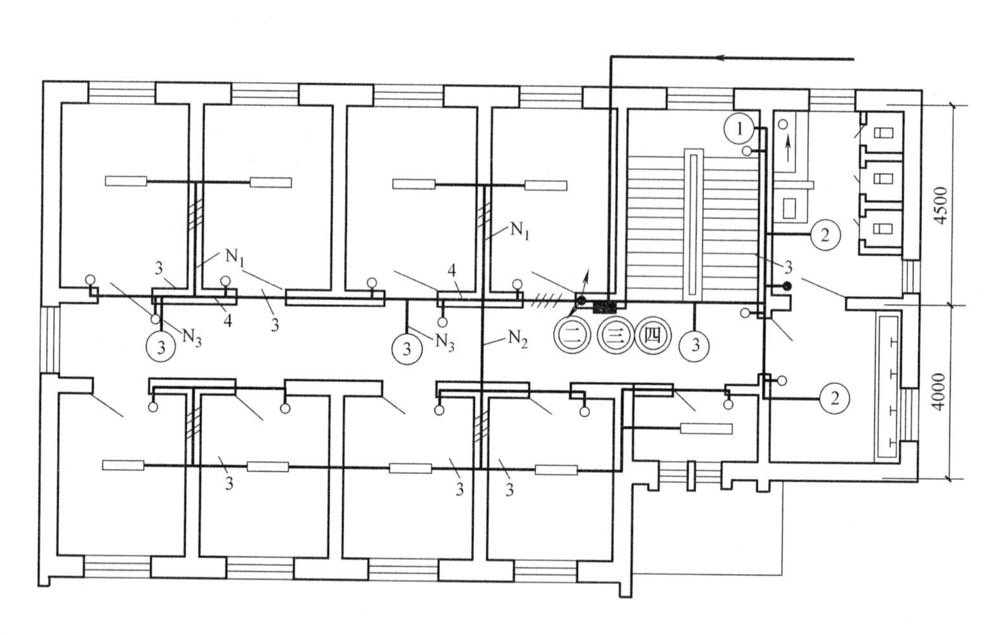

图 10-4　2、3、4 层电气照明平面图

设计说明（图 10-2～图 10-6）：

电源从 2 层进户，电压为 380V/220V，负荷为三相平衡分配，接地电阻为 4Ω。本工程各楼层为预制钢筋混凝土空心板，采用板孔穿线，5 层屋顶为现浇板，采用钢管暗设，墙体为红砖砌筑，沿墙配线采用乙烯软塑管穿线，电源进线和各层配电盘之间的电源导线采用钢管穿线暗设。外墙厚 370mm、内墙厚 240mm，板开关距地面 1.4m，插座距地面 1.8m。

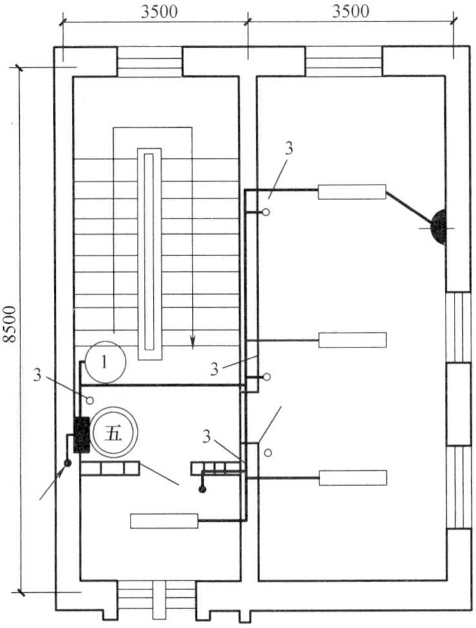

图 10-5　5 层电气照明平面图

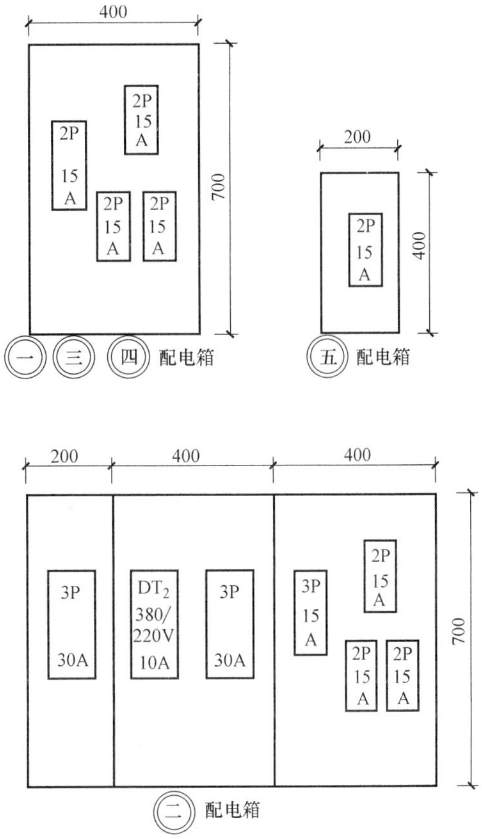

图 10-6　盘面布置

（1）笠形罩壁灯，BSZ-1/40-1，高 330mm，60W，安装高度 2.5m。

（2）防潮式吊线灯，60W，安装高度 2.5m。

（3）半圆罩吸顶灯，ϕ200，60W。

（4）塑料大口碗罩灯，ϕ200，60W。

（5）吊链简易开启荧光灯，YJQ-1/40，140W，安装高度 2.5m。

配电箱安装高度 1.6m，配电箱分支回路采用 BLV-500V-2.5。

图 10-3 为某集体宿舍底层电气照明平面图。电源由上层引入，经配电箱分三条支路，N_1、N_2 通向卧室，N_3 为走廊、盥洗室、楼梯间供电回路。各种灯具开关、型号见设计说明。

图 10-4 为该集体宿舍 2、3、4 层电气照明平面图。电源由 2 层引入，经配电箱，除 2 层三路支线外，由四路干线通向底层和 3、4、5 层。从 2 层起门厅改为房间并布置照明外，其他布置与底层基本相同。

图 10-5 为该集体宿舍 5 层电气照明平面图，图中导线由 4 层引来，楼梯灯移位，大房间装了三盏荧光灯及一个暗插座。

解：各计算式及数据见表 10-12，应逐项对照、加以理解，从中悟出列式的方法和技巧。

分部分项工程清单项目工程量计算表 **表 10-12**

工程名称：某集体宿舍电气安装工程 2013 年 7 月 日

序号	编码	项目名称	项目特征	计算式	计量单位	工程量	备注
1	030404017001	配电箱	木质 400×700	$n=1+3=4$	台	4	总盘及 1、3、4 层
2	00404017002	配电箱	木质 200×400	$n=1$	台	1	5 层
3	030404034001	照明开关	板式 5A，暗装		个	9	
4	030404034002	照明开关	拉线开关、明装		个	46	
5	030404035001	插座	单相 5 眼 5A、暗装		个	1	
6	030411001001	配管	硬型 G15、墙内暗装	0.6+5.8+1.6	m	8	总盘至 5 层
7	030411001002	配管	硬型 G20、暗内暗装	(0.6+1.6)×(2+2.2+2.9)+(0.6+14.0−1.5)+(0.6+3.0+9.0+6.76+2.5+4.5)+(0.6+21+8+8+10.5+16+1.5+8+0.8+1.1)	m	124.46	总盘至 1、3、4 层各层 N_1、N_2、N_3 四路
8	030411004001	配线	墙内管内穿线 BLV−2.5	46.7+35.5+63.5	m	145.7	
9	030411004002	配线	天棚板孔内穿线 BLV−2.5	14+28.5+10.5	m	53.0	YKB 预制板孔内穿线
10	030411006001	接线盒	墙内暗装	（估）	个	20	除利用开关、插座、灯头等接线，太长或转角可加设接线盒
11	030412001001	普通灯具	笙形罩壁灯 BSZ-60W		套	4	门灯、梯灯
12	030412001002	普通灯具	半圆罩吸顶灯 ϕ200，60W		套	8	走廊
13	030412001003	普通灯具	塑料大口碗罩灯 ϕ200，60W		套	12	
14	030412001004	普通灯具	防潮式吊线灯 60W		套	8	盥洗间
15	030412005001	荧光灯	吊链简易 YJQ-1/40		套	39	

10.2.3 定额项目及其工程量计算

电气设备安装工程可以包括整个电力系统，也可以是其中的一部分。一般包括：变配电装置；蓄电池；电缆；架空线路；照明工程；电梯电器装置；防雷及接地装置和电气调整等。

本节对应《湖北省通用安装工程消耗量定额及单位估价表》第四册《电气设备安装工

程》。

1. 控制设备及低压电器工程量计算

用以控制和分配电能的柜、箱、屏、盘、板等称为控制设备。供配电控制设备按容量分，有高压、低压；按材质分，有钢制、木制；按用途分，有用于供、配电控制和动力与照明控制；按适用范围分，有通用控制设备（标准控制设备）与非通用控制设备等。

（1）控制设备安装

控制设备安装工程量以“台”为计量单位，未包括基础槽钢、角钢的制作安装，其工程量应按相应定额另行计算；也未包括二次喷漆及喷字、电器及设备干燥、焊压接线端子、端子板外部（二次）接线。其中：

1）模拟屏安装区分宽度（1m以内、2m以内）套用定额。

2）硅整流柜安装以额定电流区分规格套用定额。

3）可控硅柜安装以额定容量区分规格套用定额；可控硅变频调速柜安装，按可控硅柜相应定额人工乘以系数1.2。

4）直流屏及其他电气屏（柜）安装区分不同类型套用定额。

5）控制台、控制箱安装分别按1m以内、2m以内及2～4m选用定额。

6）成套配电箱安装区分安装方式套用定额。

7）蓄电池屏安装，未包括蓄电池的拆除与安装。

8）配电板制作安装及包铁皮，按配电板图示外形尺寸以“m^2”为计量单位。配电板制作安装，不包括板内设备元件安装及端子板外部接线。

9）集装箱式低压配电室是指组合型低压成套配电装置，内装多台低压配电箱（屏），箱的两端开门，中间为通道，以“10t”为计量单位。

（2）盘、柜配线

盘、柜配线是指现场制作的非标准盘、柜内组装电气元件之间的连接线。

1）盘、柜配线按导线截面的不同以“10m”为单位计算，只适用于盘上小设备元件的少量现场配线，不适用于工厂的设备修、配、改工程。

2）盘、箱、柜的外部进出线预留长度按表10-16计算。

（3）端子箱（板）安装及外部配线

端子，就是端头、末头，它的作用就是用来锁紧极细的导线和导线束。将许多端子集中于箱体或板上，成为端子箱（板）。

1）焊铜、压铜及压铝接线端子，是指多芯（股）单根导线与设备连接时需要加的接线端子。其工程量均按导线截面区分规格，以“10个头”为单位计量。

2）端子箱安装区分户内、户外以“台”为单位计算，端子板安装以“组”（每10个端子为一组）为单位计算。端子箱（板）本体另行计价。

3）端子板外部接线按设备盘、箱、柜、台的外部接线图计算，以“10个”为单位计量。

（4）小电器安装

小电器安装指开关及按钮、普通插座、防爆插座、地插座、安全变压器、电铃、门铃、风扇、按钮、电笛、水位电气信号装置、仪表、电器、小母线、钥匙取电器、须刨插座、盘管风机开关、多线式床头柜插座连插头、床头集控板、红外线浴霸等的安装。

1）开关及按钮安装：包括拉线开关、扳把开关明装、暗装，一般按钮明装、暗装，密闭开关、声光控延时开关、柜门触动开关、水流开关、电磁开关和管盘风机三速开关均以“套”为单位计算。其中瓷质防水拉线开关与胶木拉线开关安装费套用“拉线开关”项目。开关、按钮本身价格应分别另行计价。

2）插座安装：包括普通插座、防爆插座、地插座，均以“套”为单位计算。插座本身价值不包括在定额内，应另行计算。

3）安全变压器安装：以容量区分规格以“台”为单位计算。

4）电铃安装：按电铃直径大小或电铃号牌箱规格，分别以“套”为单位计算。电铃价格另计。

5）门铃、按钮、电笛、仪表、电器、小母线以“个”为单位计算。

6）风扇安装：区分吊扇、壁扇和轴流排气扇以“台”为单位计算。风扇价值另行计算。

7）水位电气信号装置、盘管风机开关、须刨插座、钥匙取电器、多线式床头柜插座连插头、床头集控板、红外线浴霸安装工程量均以“套”为单位计算。

2. 配管配线工程量计算

配管配线是指从配电控制设备到用电器具的配电线路和控制敷设，它分为明配和暗配两种形式。

（1）电气配管工程量计算

1）计算规则

各种配管工程区别不同敷设方式、敷设位置、管材材质、规格，以“延长米”为单位计量，不扣除管路中间的接线箱（盒）、灯头盒、开关盒所占长度。

① 配管工程不包括接线箱、盒、支架制作和安装。钢索架设及拉紧装置制作、安装，插接式母线槽支架制作、槽架制作及配管支架应另行计算后套用《全国统一安装工程预算定额》第二册《电气设备安装工程》第四章的“铁构件制作、安装”相应定额项目。

② 在吊顶（天棚）内配管时，应套用相应明配定额，不得按暗配定额计算。

③ 沿空心板缝配管打孔用工、保护管敷设用工均已考虑在相应定额项目内，不得另计用工数。

④ 金属线槽安装依据宽、高之和的不同，以“延长米”为单位计量。

⑤ 塑料线槽（无附件、简易）安装区分不同宽度，以“延长米”为单位计量；安装时若有附件，则应按设计图确定附件数量，计算价格后列入材料费。

2）配管工程量计算方法

配管工程量的计算方法有如下三种：

① 顺序计算方法：从起点到终点。即配电箱（盘、板）→用电设备＋规定预留长度。

② 分段计算方法：计算同一项目的工程量时，由于结构、断面、深度、层次以及高度不同，应采用分段计算，然后分类汇总后，再分别加上规定的预留长度。

③ 分层计算方法：在一个分项工程中，如遇有多层或高层建筑物的，可采用分层计算法。其具体计算顺序是一层→二层→三层等。

（2）电气配线工程量计算

1）管内穿线：管内穿线就是将导线穿入管子内。管内穿线应区分照明线路和动力线路，以及导线的不同截面按“单线延长米”计算。照明与动力线路的分支接头线的长度已分别综合在定额内，编制预算时不再计算接头工程量；照明线路只编制了截面 $4mm^2$ 以下的，截面 $4mm^2$ 以上的照明线路按动力线路定额计算。导线价值另行计算。

2）塑料护套线明敷设：按敷设位置（沿木结构、砖和混凝土结构、钢索等），区分导线芯数（二芯与三芯）和截面规格，分别以“延长米”为单位计算。

3）塑料护套线穿管：区分导线芯数（二芯与三芯）以“延长米/根”为单位计算。

4）线槽配线：按不同导线截面规格，以“延长米”为单位计算。

5）绝缘子配线：区分绝缘子形式（鼓形、针式、蝶式）、配线部位结构及导线截面，分别以“单线延长米”为单位计算。导线材料价值不包括在定额内，应另行计算。支架制作及其主材应按铁构件制作定额计算。钢索架设及拉紧装置的制作、安装应按相应定额另行计算。

6）应注意的几个问题：①顶棚内配线执行木结构定额；②电气器具（开关盒、灯头盒、插座盒）的预留线均包括在器具本身定额内。

（3）接线箱（盒）安装工程量计算

1）接线箱（盒）安装工程量：区分安装形式（明装、暗装），按接线箱半周长区别规格分别以“个”为单位计算。接线箱（盒）本身价值需另行计算。

2）电线管敷设超过下列长度时，中间应加接线盒：①管子长度每超过 45m 无弯时；②管子长度每超过 30m 有一个弯时；③管子长度每超过 20m 有两个弯时；④管子长度每超过 12m 有三个弯时。对于暗配管两接线盒间直角弯曲不得超过三个，明配管不得超过四个。

（4）其他分项工程量计算

1）钢索架设区分圆钢和钢丝绳及其直径的不同，分别以“m”为单位计算。拉紧装置的制作、安装及钢索应另行计算。

2）母线拉紧装置制作按母线截面 $500mm^2$、$1200mm^2$ 区分规格，以“m”为单位计算。钢索拉紧装置制作、安装，按花篮螺栓直径 12mm、16mm、20mm 区分规格，以“m”为单位计算。

3）动力配管混凝土地面刨沟工程量按管子直径的不同，以“延长米”为单位计算。

4）灯具、明（暗）开关、插座、按钮等的预留线已分别综合在相应定额项目内，计算工程量时，不再另行计算。但配线进入开关箱、柜、板的预留长度，应按表 10-11 中所规定长度，分别计入相应的工程量内。

［例 10-4］ 某配管配线工程见图 10-7，楼层层高为 2.8m，管线暗敷设在混凝土顶板内，本层两配电盘 M1、M2 间距为 10m，配电盘盘面尺寸为 400mm×500mm，配电盘安装高度为 1.4m，试计算本配管配线工程的工程量。

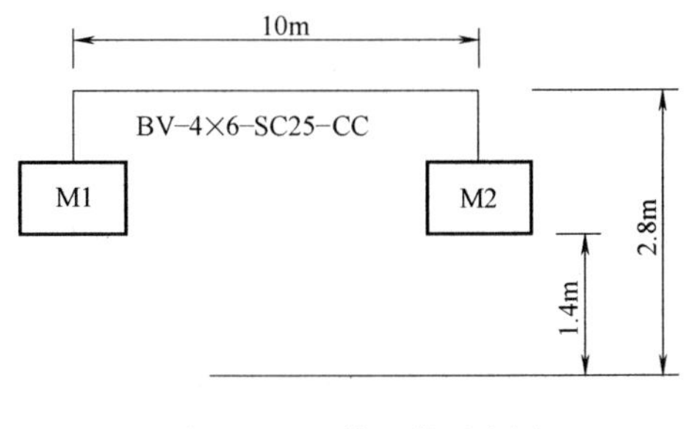

图 10-7 配管配线示意图

解：（1）焊接钢管 SC25 管路敷设。由于管线敷设是沿顶板暗敷设，因此垂直部分长度为（2.8－1.4）m，垂直部分共 2 根管，再加上水平部分的 10m，共计为 10＋（2.8－

1.4)×2=12.8m。

(2) BV-4×6 管内穿线。管内穿导线是截面积为 6mm^2 的塑料绝缘铜线 4 根，已知管路长度为 12.8m，再加上连接设备导线预留长度应为配电盘的"高+宽"，故管内穿线总长度为：12.8×4+盘面（高 0.5+宽 0.4）×2×4=58.4m。

3. 照明器具安装工程量计算

照明器具安装是照明工程的主要组成部分之一。照明工程一般包括：配管配线工程；灯具安装工程；开关、插座安装工程；其他附件安装工程。该部分重点介绍照明器具安装工程。

(1) 照明器具安装工程量计算

《湖北省通用安装工程消耗量定额及单位估价表》第四册《电气设备安装工程》中灯具安装共分为十二项：普通吸顶灯及其他灯具安装；工厂灯及其他灯具安装；高度标志（障碍）灯安装；装饰灯具安装；荧光灯具安装；医疗专用灯具安装；一般路灯安装；桥栏杆灯安装；地道涵洞灯安装；艺术喷泉电气设备安装；舞台（舞厅）灯具、效果器具安装；其他灯具安装。

1) 普通吸顶灯及其他灯具安装工程量

① 普通吸顶灯及其他灯具安装：应区别灯具种类、型号、规格以"套"为单位计算，灯具本身价值另计。

② 普通吸顶灯及其他灯具包含的类型见表 10-13。

普通吸顶灯及其他灯具包含的类型 **表 10-13**

名称	灯具种类
普通吸顶灯	圆球吸顶灯、半圆球吸顶灯、方形吸顶灯
其他普通灯具	软线吊灯、吊链灯、防水吊灯、一般弯脖灯、一般墙壁灯、防水灯头、节能灯头、座灯头、请勿打扰灯、太平灯、一般信号灯、应急灯、游泳池壁灯、声控座灯头

2) 工厂灯及其他灯具安装工程量

① 工厂灯及其他灯具安装：烟囱、水塔、独立式塔架标志灯区分不同安装高度以“套”为单位计算；高压水银灯镇流器按设计数量以“个”为单位计算；其他不同安装方式的各种灯具，均以“套”为单位计算。

② 工厂灯及其他灯具包含的类型见表 10-14。

工厂灯及其他灯具包含的类型 **表 10-14**

名称		灯具种类
工厂灯及防水防尘灯		吊管式工厂罩灯、吊链式工厂罩灯、吸顶式工厂罩灯、弯杆式工厂罩灯、悬挂式工厂罩灯、直杆式防水防尘灯、弯杆式防水防尘灯、吸顶式防水防尘灯
其他工厂灯	碘钨灯、投光灯	防潮灯、腰形船顶灯、碘钨灯、管形氙气灯、投光灯、高压水银灯
	混光灯	吊杆式混光灯、吊链式混光灯、嵌入式混光灯
	标志灯	烟囱、水塔、独立式塔架标志灯
	密闭灯具	直杆式安全灯、弯杆式安全灯、直杆式防爆灯、弯杆式防爆灯、直杆式高压水银防爆灯、弯杆式高压水银防爆灯、防爆荧光灯

3) 高度标志（障碍）灯安装工程量

高度标志（障碍）灯包括烟囱、水塔、独立式塔架标志灯；航空障碍灯。烟囱、水塔、独立式塔架标志灯区分不同安装高度以“套”为单位计算；航空障碍灯以“套”为单位计算。

4）装饰灯具安装工程量

① 装饰灯具安装：荧光艺术装饰灯具安装及该类灯具中的“发光棚灯”分别以“m”和“m^2”为单位计算；彩控器以“台”为单位计算；其余各项装饰灯具安装均以“套”为单位计算。

a. 定额中未注明灯具型号，按其安装方式分为吊式、吸顶式和组装式三大类，并按灯具的垂吊长度（指灯具本身长度）、外缘尺寸分列子目，并附有相应图片及编号。

b. 装饰灯具安装的定额内容：除开箱清点、测位划线、打眼埋螺栓、支架制作安装、灯具拼装固定、挂装饰部件、接线、接焊包头、灯具试亮等全部安装过程外，还包括脚手架搭拆、工种间交叉配合的停歇时间，以及临时移动水电源、配合质量检查和施工地点范围内的设备材料成品、半成品、工器具的搬运。

c. 为了减少因产品规格、型号不统一而发生争议，编制预算选套定额单价时，应根据设计要求灯型，参照图号确定相应定额子目。

② 装饰灯具包含的类型见表 10-15。

装饰灯具包含的类型　　表 10-15

名　　称	灯具种类(形式)
吊式艺术装饰灯具	不同灯体垂吊长度、不同灯体几何形状的蜡烛灯、挂片灯、串珠(穗)灯、串棒灯、吊杆式组合灯、玻璃罩灯(带装饰)；不同灯头的花灯
吸顶式艺术装饰灯具	不同灯体垂吊长度、不同灯体几何形状的串珠(穗)、串棒灯(圆形)，挂片、挂碗、挂吊碟灯(圆形)，串珠(穗)、串棒灯(矩形)，挂片、挂碗、挂吊碟灯(矩形)，玻璃罩灯(带装饰)
荧光艺术装饰灯具	不同安装形式、不同灯管数量的组合荧光灯光带，不同几何组合形式的内藏组合式灯，不同几何尺寸、不同灯具形式的发光棚，不同形式的立体广告灯箱、荧光灯光沿
艺术花灯	不同灯头的花吊灯
几何形状组合艺术灯具	不同固定形式、不同灯具形式的繁星灯、星形灯、礼花灯、玻璃罩钢架组合灯、凸片灯、反射柱灯、筒形钢架灯、U 型组合灯、弧形管组合灯
标志、诱导装饰灯具	不同安装形式的标志灯、诱导灯
水下艺术装饰灯具	简易型彩灯、密封型彩灯、喷水池灯、幻光型灯
点光源艺术装饰灯具	不同安装形式、不同灯体直径的筒灯、牛眼灯、射灯、轨道灯
草坪灯具	各种立柱式、墙壁式的草坪灯
歌舞厅灯具	变色转盘灯、雷达射灯、幻影转彩灯、维纳斯旋转彩灯、卫星旋转效果灯、飞碟旋转效果灯、多头转灯、滚筒灯、频闪灯、太阳灯、雨灯、歌星灯、边界灯、射灯、泡泡发生器、迷你满天星彩灯、迷你单立盘彩灯、多头宇宙灯、镜面球灯、蛇光管、满天星彩灯、彩控器

5）荧光灯具安装工程量

① 荧光灯具安装：按安装方式不同，区分为单管、双管及三管，均以“套”为单位计算。

②荧光灯具包含的类型见表 10-16。

荧光灯具包含的类型　　表 10-16

名　　称	灯 具 种 类
组装型荧光灯	单管、双管、三管吊链式、吸顶式、吊管式、嵌入式荧光灯
成套型荧光灯	不同灯管的吊链式、吊管式、吸顶式、嵌入式、线槽下安装的成套独立荧光灯
环形荧光灯	吸顶环形荧光灯

注：1. 凡采购来的灯具是分件的，安装时需要在现场组装的灯具称为组装型灯具；
2. 凡不需要在现场组装的灯具称为成套型灯具。

6）医疗专用灯具安装工程量

分为病房指示灯、病房暗脚灯、紫外线杀菌灯和无影灯（吊管灯）四种类别，分别以“套”为单位计算。

7）一般路灯安装工程量

一般路灯包括大马路弯灯、庭院路灯。大马路弯灯区分不同臂长以“套”为单位计算；庭院路灯区分三火以下柱灯、七火以下柱灯以“套”为单位计算。

8）桥栏杆灯安装工程量

桥栏杆灯区分成套嵌入式、成套明装式、组装嵌入式、组装明装式以“套”为单位计算。

9）地道涵洞灯安装工程量

地道涵洞灯区分吸顶式敞开型、吸顶式密封型、嵌入式敞开型、嵌入式密封型以“套”为单位计算。

10）艺术喷泉电气设备安装工程量

① 喷泉照明：水下链灯区分不同类型（管式、可塑）以“m”为单位计算；水下穿管日光灯以“m”为单位计算；水下彩灯、深水彩灯按功率的不同以“套”为单位计算。水上辅助照明的聚光灯、散光灯、追光灯、投影灯、雷达灯、高架灯等以“套”为单位计算。

② 喷泉控制设备安装：普通喷泉的程序控制柜、音乐声控柜、控制组合柜以“套”为单位计算；开关箱（柜）、程序柜、程序灯光柜以“台”为单位计算；音乐喷泉的声画、编程音乐、电脑音乐等控制器以“台”为单位计算；喷泉特技效果控制设备的摇摆传动器区分摆动形式和功率以“台”为单位计算。

③ 喷泉水下配电：玻璃钢电缆槽以“m”为单位计算；接线盒、接线管帽、接线箱以“只”为单位计算。

11）舞台（舞厅）灯具、效果器具安装工程量

① 舞台（舞厅）灯具安装：聚光灯具、回光灯具、散光灯具、成像灯具、追光灯（区分不同功率）、多联脚光灯、多管三基色灯、电脑灯（区分不同功率）以“台”为单位计算。

② 效果器具安装：烟雾机、干冰烟雾机、泡泡机、雨雪效果器、礼花炮、灯具机械臂以“台”为单位计算。

③ 灯光设备调试：按设备控制回路数以“个”为单位计算。

④ 灯光架制作安装：区分不同的型钢材料以“m”为单位计算。

⑤ 霓虹灯变化控制器及继电器安装：变化控制器（区分变化回路数量）、防雨定时控制器（区分接触器规格）以“台”为单位计算；继电器以“个”为单位计算。

12）其他灯具安装

① 室外镁氖管灯安装：区分不同的安装部位（沿灯饰构架、树、杆件，沿钢索，沿砖混凝土面）以“m”为单位计算。

② 高铅三基色灯管霓虹灯制作安装：以“套”为单位计算，一套高铅三基色灯管霓虹灯是指灯管直径在12mm以内，长度不超过6m。

③ 地坪灯具、泛光灯安装：区分不同的安装部位，以“套”为单位计算。

（2）照明器具安装工程量计算应注意的问题

1）各种类型灯具的引导线，除注明者外，均已综合考虑在定额内，执行时不得换算。

2）路灯、投光灯、碘钨灯、氙气灯、烟囱或水塔指示灯安装，定额已考虑了一般工程的高空作业因素，其他器具安装高度如超过规定高度，则应另行计算超高费用。但装饰灯具安装定额项目均已考虑了一般工程的超高作业因素，并包括脚手架搭拆费用。

3）装饰灯具定额项目与示意图号配套使用。

4）灯具安装定额内已包括利用摇表测量绝缘及一般灯具的示亮工作（但不包括调试工作）。

［例 10-5］ 有一新建砖混结构建筑，其中部分室内照明平面图见图 10-8，层高 3.4m，日光灯为链吊式安装（无吊顶），白炽灯在混凝土楼板上吸顶安装。试计算灯具的安装工程量。

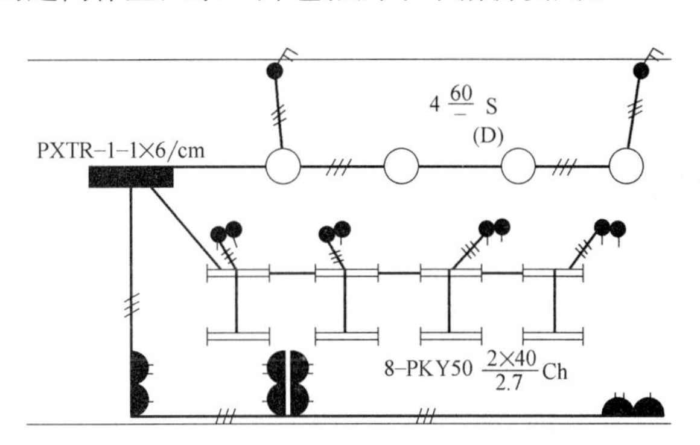

图 10-8 部分室内照明平面图

解：由图 10-8 可知，吸顶安装白炽灯 4 套；链吊式日光灯 8 套（2×40W）；单相（带接地插孔）暗装插座 4 套；单相暗装插座 4 套；拉线开关 8 套；双联单控开关 2 套。

4. 防雷及接地装置

防雷接地装置由接闪器、引下线、接地体等设施构成。接闪器部分有避雷针、避雷网、避雷带等形式。引下线部分由引下线、引下线支持卡子、断接卡子、引下线保护管等组成。接地部分由接地母线、接地极等组成。

防雷及接地装置预算定额适用于建筑物、构筑物防雷接地，变配电系统接地，设备接地及避雷针接地等装置。

（1）接闪器安装工程量

1）避雷针的制作、安装

① 避雷针的制作

区分不同型钢材料及避雷针规格以“根”为单位计算。独立避雷针的加工制作执行本册“铁构件制作”项目。

② 避雷针的安装

除独立避雷针区分针高以“基”为单位计算外，其余避雷针的安装区分不同的安装部位均以“根”为单位计算。

2）避雷网的安装

① 避雷网安装：按沿混凝土块敷设、沿折板支架敷设，以“m”为单位计算。

② 避雷网安装混凝土块制作：以“块”为单位计算。混凝土块支座间距 1m 一个，转弯处为 0.5m 一个。

③ 柱主筋与圈梁钢筋焊接以“处”为单位计算。

（2）避雷针引下线敷设

避雷针引下线是指从避雷针上向下沿建筑物、构筑物和金属构件引下来的防雷线。引下线一般采用扁钢或圆钢制作，也可利用建（构）筑物本体结构构件中的配筋、钢扶梯等作为引下线。

1）引下线敷设：区分不同类型，按其总长度（总长度按规定长度另加3.9%附加长度计算）以“10m”为单位计算。引下线材料费另行计算。

2）断接卡子制作安装：以“10套”为计量单位，按设计规定装设的断接卡子数量计算，接地检查井内的断接卡子安装按每井一套计算。

（3）接地体安装

1）接地极（板）制作安装

① 钢管、角钢、圆钢接地极以“根”为单位计算，并区分普通土、坚土套用定额。钢管、角钢、圆钢本身价值另计。

② 铜板、钢板接地极以“块”为单位计算，区分不同材质套用定额。铜板、钢板本身价格另计。

2）接地母线敷设

接地母线敷设工程量按接地母线计算长度以“10m”为单位计算，按户外、户内接地母线分别套用定额。接地母线一般多采用扁钢或圆钢，其材料本身价值应按设计规定另行计算。

① 接地母线计算长度，指按施工图设计长度另加3.9%附加长度（指转弯、上下波动、避绕障碍物、接头等所占长度）计算。

② 户外接地母线敷设是按自然地坪和一般土质综合考虑的，包括地沟的挖填土和夯实工作，执行本定额时不再计算土方量。如遇有石方、矿渣、积水、障碍物等情况时可另行计算。

3）接地跨接线安装

接地跨接线是指接地母线遇到障碍（如建筑物伸缩缝、沉降缝以及行车、抓斗吊等轨道接缝）需跨越时相连接的连接线，或利用金属构件、金属管道作为接地线时需要焊接的连接线，但金属管道敷设中通过箱、盘、盒等断开点焊接的连接线已包括在管道敷设定额中，不得算为跨接线。

接地跨接线安装工程量计算：以“10处”为计量单位，按规程规定凡需作接地跨接线的工程内容，每跨接一次按一处计算，户外配电装置构架均需接地，每副构架按一处计算。

[例10-6] 某高层建筑（塔楼）为了防止侧向雷击，要求从首层起向上至30m以下，每三层将圈梁水平钢筋与引下线焊接在一起，上述焊接称为“均压环焊接”。30m以上每隔6m（不大于6m），在结构圈梁内增设一条25mm×4mm的扁钢，与引下线焊接在一起，形成水平避雷带，或称“均压带”，用于防止高层建筑物的侧向雷击。

该栋塔楼，檐高76m，层高3m，外墙周长为86m，采用ϕ8镀锌圆钢作沿女儿墙避雷网，30m以上有钢窗80樘。采用ϕ19钢筋作接地极，共6组，每组4根。接地母线采用25mm×4mm镀锌扁钢100m。建筑物四角用柱筋作防雷引下线，距地0.5m处设接地断接卡子四处。试计算该工程的工程量。

解：

（1）接地极ϕ19钢筋：6×4=24根。

（2）接地母线25mm×4mm镀锌扁钢：100×(1+3.9%)=103.9m。

（3）均压环焊接：按每三层焊一圈，即每9m焊一圈，因此30m以下可设3圈，即3×

86＝258m。

（4）水平避雷带数量：三圈均压环以上至建筑物檐高剩余部分为76－3×9＝49m，每隔6m设水平避雷带，则尚需设水平避雷带49/6≈8圈，避雷带工程量为8×86＝688m。

（5）钢窗跨接地线：80处。

（6）避雷网数量：沿女儿墙一圈，也即沿外墙一圈，为86m。

（7）利用建筑物四角柱筋作避雷引下线：4×76×(1＋3.9％)＝315.9m。

5. 防雷接地装置调试

防雷接地装置调试执行本册第十四章“电气调整试验”相关项目，具体规定如下：

（1）接地网接地装置调试：一个发电厂或变电站连为一体的母网，按" 一个系统" 计算；远离厂区自成母网不与厂区母网相连的独立接地网，另按一个系统计算。

（2）独立接地装置按“组”计算，一组最多包含6根接地极，如一台柱上变压器有一独立的接地装置，即按一组计算。

（3）避雷器调试适用于10kV以下，按每三相为一组计算；单个装设的也按一组计算。这些设备如安装在发电机、变压器、输（配）电线路系统或回路内，仍应按相应定额计算调试费。

（4）避雷计数装置以“套（组）”为单位计算。

10.3 刷油、防腐蚀和绝热工程

10.3.1 相关问题与说明

（1）刷油、防腐蚀、绝热工程适用于新建、扩建项目中的设备、管道、金属结构等的刷油、防腐蚀、绝热工程。

（2）一般钢结构（包括吊架、支架、托架、梯子、栏杆、平台）、管廊钢结构以“kg”为计量单位；大于400mm的型钢及H型钢制结构以“m^2”为计量单位，按展开面积计算。

（3）由钢管组成的金属结构的刷油按管道刷油相关项目编码，由钢板组成的金属结构的刷油按H型钢刷油相关项目编码。

（4）矩形设备衬里按最小边长塔、槽类设备衬里相关项目编码。

10.3.2 清单项目及其工程量计算

1. 常用工程量计算公式

（1）刷油、防腐蚀工程

1）设备筒体、管道表面积

$$S=\pi \cdot D \cdot L \quad (10\text{-}1)$$

式中 π——圆周率；

D——直径；

L——设备筒体高或管道延长米。

2）带封头的设备面积（刷油工程）

$$S=L\cdot\pi\cdot D+(D/2)\cdot\pi\cdot K\cdot N \tag{10-2}$$

式中 K——1.05；

N——封头个数。

3）阀门表面积

$$S=\pi\cdot D\cdot 2.5D\cdot K\cdot N \tag{10-3}$$

式中 K——1.05；

N——阀门个数。

4）弯头表面积

$$S=\pi\cdot D\cdot 1.5D\cdot 2\pi\cdot N/B \tag{10-4}$$

式中 N——弯头个数；

B——90°弯头，$B=4$；45°弯头，$B=8$。

5）法兰表面积

$$S=\pi\cdot D\cdot 1.5D\cdot K\cdot N \tag{10-5}$$

式中 K——1.05；

N——法兰个数。

6）设备、管道法兰翻边面积

$$S=\pi\cdot(D+A)\cdot A \tag{10-6}$$

式中 A——法兰翻边宽。

7）带封头的设备面积（防腐蚀涂料工程）

$$S=L\cdot\pi\cdot D+(D^2/2)\cdot\pi\cdot K\cdot N \tag{10-7}$$

式中 K——1.5；

N——封头个数。

（2）绝热工程

1）设备筒体、管道绝热工程量

$$V=\pi\cdot(D+1.033\delta)\cdot 1.033\delta\cdot L \tag{10-8}$$

式中 D——直径；

1.033——调整系数；

δ——绝热层厚度；

L——设备筒体高或管道延长米。

2）设备筒体、管道防潮和保护层工程量

$$S=\pi\cdot(D+2.1\delta+0.0082)\cdot L \tag{10-9}$$

式中 2.1——调整系数；

0.0082——捆扎线直径或钢带厚。

3）单管伴热管、双管伴热管（管径相同，夹角小于90°时）工程量

$$D'=D_1+D_2+(10\sim 20\text{mm}) \tag{10-10}$$

式中 D'——伴热管道综合值；

D_1——主管道直径；

D_2——伴热管道直径；

(10～20mm)——主管道与伴热管道之间的间隙。

4）双管伴热管（管径相同，夹角大于90°时）工程量

$$D'=D_1+1.5D_2+(10\sim20\text{mm}) \tag{10-11}$$

5）单管伴热管、双管伴热管（管径不同，夹角小于90°时）工程量

$$D'=D_1+D_{伴大}+(10\sim20\text{mm}) \tag{10-12}$$

将公式（10-10）～公式（10-12）中的D'代替公式（10-8）、公式（10-9）中的D即是伴热管道的绝热层、防潮层和保护层工程量。

6）设备封头绝热工程量

$$V=[(D+1.033\delta)/2]^2\cdot\pi\cdot1.033\delta\cdot1.5\cdot N \tag{10-13}$$

式中　N——设备封头个数。

7）设备封头防潮和保护层工程量

$$S=[(D+2.1\delta)/2]^2\cdot\pi\cdot1.5\cdot N \tag{10-14}$$

式中　N——设备封头个数。

8）阀门绝热工程量

$$V=\pi\cdot(D+1.033\delta)\cdot2.5D\cdot1.033\delta\cdot1.05\cdot N \tag{10-15}$$

式中　N——阀门个数。

9）阀门防潮和保护层工程量

$$S=\pi\cdot(D+2.1\delta)\cdot2.5D\cdot1.05\cdot N \tag{10-16}$$

式中　N——阀门个数。

10）法兰绝热工程量

$$V=\pi\cdot(D+1.033\delta)\cdot1.5D\cdot1.033\delta\cdot1.05\cdot N \tag{10-17}$$

式中　1.05——调整系数；

N——法兰个数。

11）法兰防潮和保护层工程量

$$S=\pi\cdot(D+2.1\delta)\cdot1.5D\cdot1.05\cdot N \tag{10-18}$$

式中　N——法兰个数。

12）弯头绝热工程量

$$V=\pi\cdot(D+1.033\delta)\cdot1.5D\cdot2\pi\cdot1.033\delta\cdot N/B \tag{10-19}$$

式中　N——弯头个数；

B——90°弯头，$B=4$；45°弯头，$B=8$。

13）弯头防潮和保护层工程量

$$S=\pi\cdot(D+2.1\delta)\cdot1.5D\cdot2\pi\cdot N/B \tag{10-20}$$

式中　N——弯头个数；

B——90°弯头，$B=4$；45°弯头，$B=8$。

14）拱顶罐封头绝热工程量

$$V=2\pi r\cdot(h+1.033\delta)\cdot1.033\delta \tag{10-21}$$

15）拱顶罐封头防潮和保护层工程量

$$S=2\pi r\cdot(h+2.1\delta) \tag{10-22}$$

16）绝热工程第二层（直径）工程量

$$D=(D+2.1\delta)+0.0082 \tag{10-23}$$

以此类推。

2. 刷油、防腐蚀和绝热工程清单项目的工程量计算规则

刷油、防腐蚀和绝热工程的工程量清单项目设置、项目特征描述的内容、计量单位、工程量计算规则及工作内容等详见《通用安装工程工程量计算规范》GB 50856—2013 附录 M。以下为刷油、防腐蚀和绝热工程的分部分项工程的工程量计算规则。

（1）刷油工程

管道刷油，设备与矩形管道刷油，金属结构刷油，铸铁管、暖气片刷油：以“m^2”计量，按设计图示尺寸以表面积计算；以“m”计量，按设计图示尺寸以长度计算。

灰面刷油，布面刷油，气柜刷油，玛蹄脂面刷油，喷漆：按设计图示表面积计算。

管道刷油以“m”计算，按图示中心线以“延长米”计算，不扣除附属构筑物、管件及阀门等所占长度；涂刷部位指涂刷表面的部位，如设备、管道等部位；结构类型指涂刷金属结构的类型，如一般钢结构、管廊钢结构、H 型钢制钢结构等类型。

（2）防腐蚀涂料工程

设备防腐蚀，防火涂料、H 型钢制钢结构防腐蚀，金属油罐内壁防静电，涂料聚合一次：按设计图示表面积计算。

管道防腐蚀，埋地管道防腐蚀，环氧煤沥青防腐蚀：以“m^2”计量，按设计图示尺寸以表面积计算；以“m”计量，按设计图示尺寸以长度计算。

一般钢结构防腐蚀，管廊钢结构防腐蚀：按一般钢结构或管廊钢结构的理论质量计算。

分层内容指应注明每一层的内容，如底漆、中间漆、面漆及玻璃丝布等内容；如设计要求热固化需注明；计算设备、管道内壁防腐蚀工程量，当壁厚大于 10mm 时，按其内径计算；当壁厚小于 10mm 时，按其外径计算。

（3）手工糊衬玻璃钢工程

碳钢设备糊衬，塑料管道增强糊衬，各种玻璃钢聚合：按设计图示表面积计算。

如设计对胶液配合比、材料品种有特殊要求需说明；遍数指底漆、面漆、涂刮腻子、缠布层数。

（4）橡胶板及塑料板衬里工程

塔、槽类设备衬里，锥形设备衬里，多孔板衬里，管道衬里，阀门衬里，管件衬里，金属表面衬里：按图示表面积计算。

热硫化橡胶板如设计要求采取特殊硫化处理需注明；塑料板搭接如设计要求采取焊接需注明；带有超过总面积 15%衬里零件的槽、塔类设备需说明。

（5）衬铅及搪铅工程

设备衬铅，型钢及支架包铅，设备封头、底搪铅，搅拌叶轮、轴类搪铅：按图示表面积计算。

设备衬铅如设计要求安装后再衬铅需说明。

（6）喷镀（涂）工程

设备喷镀（涂）：以“m^2”计量，按设备图示表面积计算；以“kg”计量，按设备零部件质量计量。

管道喷镀（涂），型钢喷镀（涂）：按图示表面积计算。

一般钢结构喷镀（涂）：按图示金属结构质量计算。

（7）耐酸砖、板衬里工程

圆形设备耐酸砖、板衬里，矩形设备耐酸砖、板衬里，锥（塔）形设备耐酸砖、板衬里，供水管内衬，铺衬石棉板，耐酸砖、板衬砌体热处理：按图示表面积计算。

衬石墨管接：按图示数量计算。

圆形设备形式指立式或卧式；硅质耐酸胶泥衬砌块材如设计要求勾缝需注明；衬砌砖、板如设计要求采用特殊养护需注明；胶板、金属面如设计要求脱脂需注明；设备拱砌筑需注明。

（8）绝热工程

设备绝热，管道绝热，阀门绝热，法兰绝热：按图示表面积加绝热层厚度及调整系数计算。

通风管道绝热：以“m^3”计量，按图示表面积加绝热层厚度及调整系数计算；以“m^2”计量，按图示表面积及调整系数计算。

喷涂、抹涂：按图示表面积计算。

防潮层、保护层：以“m^2”计量，按图示表面积加绝热层厚度及调整系数计算；以“kg”计量，按图示金属结构质量计算。

保温盒、保温托盘：以“m^2”计量，按图示表面积计算；以“kg”计量，按图示金属结构质量计算。

设备形式指立式、卧式或球形；层数指一布二油、两布三油等；对象指设备、管道、通风管道、阀门、法兰、钢结构；结构形式指钢结构，包括一般钢结构、H型钢制钢结构、管廊钢结构；如设计要求保温、保冷分层施工需注明；绝热工程前需除锈、刷油，应按刷油工程相关项目编码列项。

（9）管道补口补伤工程

刷油，防腐蚀，绝热：以“m^2”计量，按设计图示尺寸以表面积计算；以“口”计量，按设计图示数量计算。

管道热缩套管：按图示表面积计算。

（10）阴极保护及牺牲阳极

阴极保护，阳极保护，牺牲阳极：按图示数量计算。

3. 刷油、防腐蚀和绝热工程清单项目工程量计算实例

［例 10-7］ 图 10-9～图 10-10 为某办公楼通风空调工程水管路图。空调供、回水管及凝结水管、阀门均保温，保温材料采用超细玻璃棉，外缠玻璃丝布保护层（一道），玻璃丝布面不刷油漆。保温厚度为：空调供、回水管 $\delta=50$mm，凝结水管 $\delta=30$mm。凝结水管保温主要是防管道结露，保温按现场安装后保温施工考虑。超细玻璃棉材料项目中已包括阀门、法兰保温，不另计。

解：工程量计算结果见表 10-17。

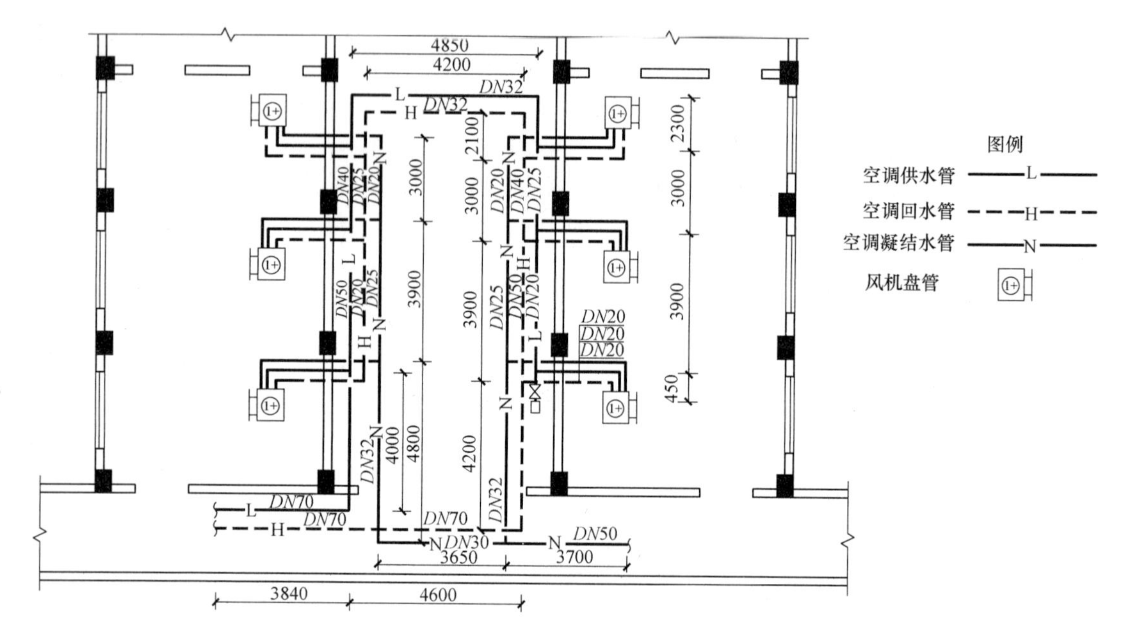

图 10-9　某办公楼空调水管路平面图

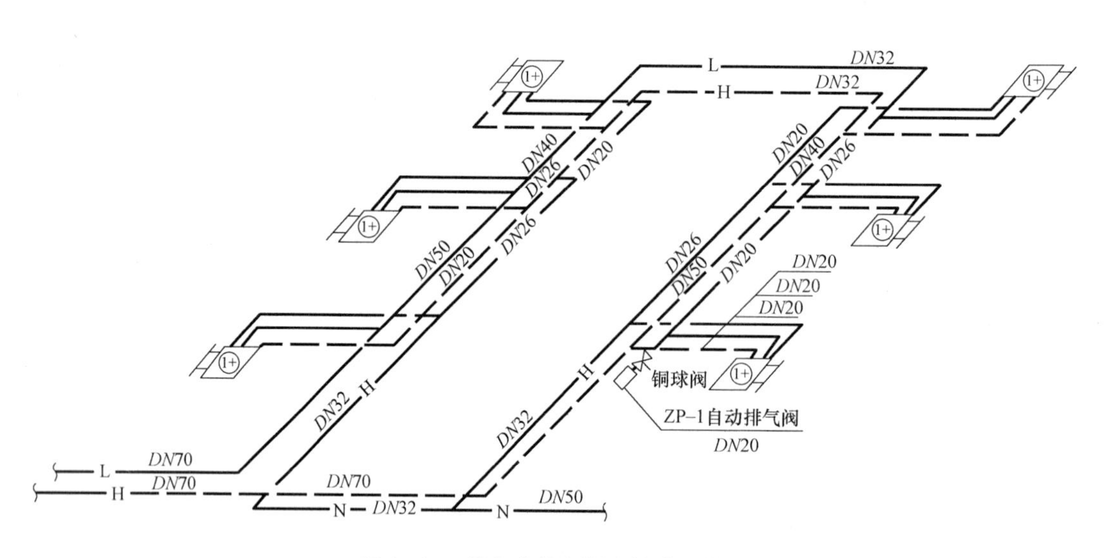

图 10-10　某办公楼空调水管路系统图

工程量计算书　　　　**表 10-17**

工程名称：空调水管路保温　　　　年　月　日　共　页　第　页

序号	分部分项工程名称	单位	工程量	计算公式
1	镀锌钢管保温(超细玻璃棉)δ=50mm(管道直径 ϕ133 以下)	m^3	0.422	DN70 供 7.84×(2.06/100)=0.162 回 12.64×(2.06×100)=0.260
2	镀锌钢管保温(超细玻璃棉)δ=50mm(管道直径 ϕ57 以下)	m^3	1.281	DN50 供 3.90×(1.81×100)=0.071 回 3.90×(1.81/100)=0.071 DN40 供 3.00×(1.65/100)=0.05 回 3.00×(1.65/100)=0.05

续表

序号	分部分项工程名称	单位	工程量	计 算 公 式
2	镀锌钢管保温(超细玻璃棉)δ=50mm(管道直径 φ57 以下)	m³	1.281	DN32 供 9.45×(1.52/100)=0.144 回 8.40×(1.52/100)=0.128 DN25 供 3.00×(1.41/100)=0.042 回 3.00×(1.41/100)=0.042 DN20 供 4.35×(1.32/100)=0.057 回 3.90×(1.32/100)=0.051 支管 43.56×(1.32/100)=0.575
3	镀锌钢管保温(超细玻璃棉)δ=30mm(钢管直径 φ57 以下)	m³	0.210	DN50 凝 3.70×(0.89/100)=0.033 DN32 凝 13.25×(0.71/100)=0.094 DN25 凝 7.80×(0.63/100)=0.049 DN20 凝 6.00×(0.56/100)=0.034
4	管道外缠玻璃丝布一道	m²	64.326	DN70 供 7.84×(59.25/100)=4.645 回 12.64×(59.25/100)=7.489 DN50 供 3.90×(54.38/100)=2.121 回 3.90×(54.38/100)=2.121 DN40 供 3.00×(50.62/100)=1.519 回 3.00×(50.62/100)=1.519 DN32 供 9.45×(48.83/100)=4.614 回 8.40×(48.83/100)=4.102 DN25 供 3.00×(46.06/100)=1.382 回 3.00×(46.06/100)=1.382 DN20 供 4.35×(43.96/100)=1.912 回 3.90×(43.96/100)=1.714 支管 43.56×(43.96/100)=19.149 DN50 凝 3.70×(41.20/100)=1.524 DN32 凝 13.25×(35.64/100)=4.722 DN25 凝 7.80×(32.88/100)=2.565 DN20 凝 6.00×(30.77/100)=1.846

10.3.3 定额项目及其工程量计算

本节对应《湖北省通用安装工程消耗量定额及单位估价表》第十二册《刷油、防腐蚀、绝热工程》。

1. 除锈刷油工程量计算

管道及设备的除锈与刷油应分别进行计算。定额适用于金属表面的手工、动力工具(手提砂轮机)、喷射及化学除锈工程，包括管道、设备、一般钢结构与 H 型钢制钢结构以及气柜各部结构等。

(1) 除锈工程

金属表面除锈工程分为手工、动力工具、喷射及化学除锈四部分。

1) 手工、动力工具除锈工程量计算

手工、动力工具除锈工程量：管道和金属结构区分不同锈蚀等级，设备区分不同锈蚀等级和直径大小，管道、设备和 H 型钢制钢结构按照除锈表面积大小，均以“$10m^2$”为单位计算；钢结构（除 H 型钢制钢结构外）以“kg”为单位计算。

2）喷射除锈工程量计算

喷射除锈工程量：设备区分直径大小、内壁和外壁，管道区分内壁、外壁以及 H 型钢制钢结构，按照除锈表面积大小，均以“m^2”为单位计算；金属结构（钢结构、管廊、金属结构等）以“kg”为单位计算。

喷射除锈分为一级（Sa3）、二级（Sa2.5）、三级（Sa2），定额是按 Sa2.5 级标准确定的。如变更级别标准，作相应调整：①按一级，则人工、材料、机械乘以系数 1.1；②按三级，则人工、材料、机械乘以系数 0.9。

3）化学除锈工程量计算

按金属面区分一般和特殊，以“m^2”为单位计算。

4）工程量计算注意的事项

① 各种管件、阀门以及设备上人孔管口凹凸部分的除锈工程已综合考虑在定额内，不得另行计算；

② 管廊钢结构中的梯子、平台、栏杆、吊支架按一般钢结构执行，同时管廊钢结构的 H 型钢制钢结构及大于 400mm 的钢结构按 H 型钢制钢结构执行；

③ 只用管材制作的钢结构的除锈、刷油、防腐蚀按管道展开面积乘以系数 1.20，再采用相应项目；

④ 对于设计没有明确提出除锈级别要求的一般微除锈，应按轻锈项目定额乘以系数 0.2 计算。

（2）刷油工程

刷油工程包括金属面、管道、设备、通风管道、金属结构与玻璃布面、石棉布面、玛蹄脂面、抹灰面等刷（喷）油漆工程。

1）管道刷油

① 管道刷油工程量：根据采用油漆涂料的不同种类和涂刷遍数，按涂刷表面积，分别以“m^2”为单位计算。各种管件、阀件的刷油已综合考虑在定额内，不得另行计算。

② 管道刷油表面积计算方法

a. 非绝热管道刷油，管道外表面积的计算：

$$S=\pi \cdot L \cdot D \tag{10-24}$$

式中 S——刷油面积；

D——管道外径；

L——管道长度。

b. 管道绝热层表面工程量计算（带封头的设备，其封头面积另计）：

$$\begin{aligned} S &= \pi \cdot L(D+2\delta+2\delta\times5\%+0.0082) \\ &= \pi \cdot L(D+2.1\delta+0.0082) \end{aligned} \tag{10-25}$$

式中 S——刷油面积；

D——管道外径；

L——管道长度；

δ——绝热层厚度；

5%——绝热层厚度允许偏差系数。

2）设备刷油

① 设备刷油工程量：根据采用油漆涂料的不同种类和涂刷遍数，以“m^2”为单位计算。但设备上人孔、管口凹凸部分的刷油已综合考虑在定额内，不得另行增加工程量。

② 设备刷油面积计算

a. 非绝热设备刷油面积计算

圆筒形设备，筒体刷油面积计算式同公式（10-24）。

圆筒形设备平封头刷油面积计算：

$$S=\pi \cdot (D/2)^2 \cdot N \tag{10-26}$$

式中 S——一个设备平封头刷油面积；

D——平封头外径；

N——封头个数。

设备圆封头刷油面积计算：

$$S=1.5\pi \cdot (D/2)^2 \cdot N \tag{10-27}$$

式中 1.5——圆封头的调整系数；

其他符号意义同前。

b. 绝热设备刷油面积计算

绝热设备筒体刷油面积计算式同公式（10-25）。

设备平封头刷油面积计算：

$$S=\pi \cdot \left(\frac{D+2.1\delta}{2}\right)^2 \cdot N \tag{10-28}$$

式中 S——刷油面积；

D——设备筒体外径；

δ——绝热层厚度；

N——封头个数。

设备圆封头刷油面积计算：

$$S=1.5\pi \cdot \left(\frac{D+2.1\delta}{2}\right)^2 \cdot N \tag{10-29}$$

式中符号意义同前。

3）金属结构刷油

金属结构刷油工程量：按不同油漆涂料种类和涂刷遍数，分别根据构件设计质量以“kg”为单位计算。

一般金属结构也可用面积套用定额，其方法是将金属结构 100kg 换算成 5.8m^2 后套用相应定额。

4）铸铁管、暖气片刷油

铸铁管、暖气片刷油工程量：按不同油漆涂料种类和涂刷遍数，均以“m^2”为单位计算。

① 铸铁排水管的表面积计算：可根据管径及管壁厚度按实际计算，但为了简化，在实际工作中，一般是将同直径焊接钢管表面积乘以系数 1.2，即为铸铁管表面积（包括承口部分），可用如下公式表示：

$$S=1.2Y \tag{10-30}$$

式中　Y——与铸铁管直径相同的焊接钢管表面积值。

② 暖气片的刷油（或除锈）面积应按散热面积计算，大 60 每片刷油（或除锈）面积为 1.2m^2，小 60 每片刷油（或除锈）面积为 0.9m^2。各种散热器每片刷油面积见表 10-18。

各种散热器每片刷油面积　　**表 10-18**

散热器类型	型号	表面积(m^2/片)
长翼型	大 60(A 型)	1.17
	小 60(B 型)	0.80
M132 型		0.24
柱型	四柱 813	0.28
	五柱 813	0.37
圆翼型	$d50$	1.30
	$d75$	1.80

5）喷漆。管道和设备喷漆按不同喷漆种类和喷涂遍数，均以“m^2”为单位计算。

2. 绝热工程量计算

（1）绝热工程工程量计算

1）管道绝热

① 管道绝热工程量：按不同保温材料品种（瓦块或板材）、管径大小以及不同施工方法，分别以保温实体的“m^3”为单位计算。计算管道保温工程量时，管道长度不扣除阀门、法兰所占长度，而在计算阀门与法兰绝热工程量时，与法兰阀门配套的法兰已含在阀门绝热工程量中，不再单独计算。

② 绝热工程量计算式

a. 管道绝热工程量计算

$$\begin{aligned} V&=\pi\cdot(D+\delta+3.3\%\delta)\cdot(\delta+3.3\%\delta)L \\ &=\pi\cdot L(D+1.033\delta)\cdot 1.033\delta L \end{aligned} \tag{10-31}$$

式中　V——绝热层体积；

L——绝热管长度；

D——绝热管外径；

δ——绝热层厚度；

3.3%——绝热层厚度允许偏差系数。

b. 伴热管道绝热工程量计算

伴热管道绝热工程量计算方法是：主绝热管道直径加伴热管道直径，再加 10～20mm 的间隙作为计算直径，具体计算方法如下：

单管伴热或双管伴热（管径相同，夹角小于 90°时）

$$D'=D_1+D_2+(0.01\sim0.02) \tag{10-32}$$

式中　D'——伴热管道计算直径，m；

D_1——主绝热管道直径，m；

D_2——伴热管道直径，m；

0.01～0.02——主绝热管道与伴热管道之间的间隙。

双管伴热（管径相同，夹角大于90°时）

$$D' = D_1 + 1.5D_2 + (0.01 \sim 0.02) \quad (10\text{-}33)$$

式中符号意义同前。

双管伴热（管径不同，夹角小于90°时）

$$D' = D_1 + D_{伴大} + (0.01 \sim 0.02) \quad (10\text{-}34)$$

式中 $D_{伴大}$——大伴热管道直径，m；

其余符号意义同前。

将上述D'计算结果分别代入公式（10-31），即可计算相应直径伴热管道的绝热工程量。

2）设备绝热

①设备绝热工程量：按不同保温材料品种（瓦块或板材）、设备形式（立式、卧式或球形）以及不同施工方法，以保温实体的"m^3"为单位计算。不扣除人孔、接管开孔面积，并应参照设备筒体绝热工程量计算式增计人孔与接管的管节部位绝热工程量。

② 绝热工程量计算式

一般圆筒形设备保温工程量的筒体部分与管道保温工程量的计算公式相同。封头部分绝热工程量计算式如下：

$$V = \pi \cdot [(D + 1.033\delta)/2]^2 \cdot 1.033\delta \cdot 1.5N \quad (10\text{-}35)$$

式中 V——封头绝热层体积；

D——封头外径；

δ——绝热层厚度；

N——封头个数。

3）阀门、法兰绝热

① 阀门、法兰绝热工程量：区分不同绝热材料品种，分别以绝热实体的"m^3"为单位计算。

② 绝热工程量计算式

a. 阀门绝热

$$V = \pi \cdot (D + 1.033\delta) \cdot 2.5D \cdot 1.033\delta \cdot 1.05N \quad (10\text{-}36)$$

式中符号意义同前。

b. 法兰绝热

$$V = \pi \cdot (D + 1.033\delta) \cdot 1.5D \cdot 1.033\delta \cdot 1.05N \quad (10\text{-}37)$$

式中 V——法兰绝热层体积；

D——法兰直径；

δ——绝热层厚度；

N——法兰个数；

1.033、1.5、1.05——绝热面积系数。

4）防潮层、保护层

防潮层、保护层安装工程量：区别抹面、缠绕和包裹，按不同面层材料品种和使用对象，分别以"$10m^2$"为单位计算。

金属保护层规格按厚度为0.8mm以下的镀锌铁皮综合考虑计入定额基价，若采用其他规格时，可以按实际调整，厚度大于0.8mm时，其人工乘以系数1.2；卧式设备保护层安装其人工乘以系数1.05。

5）金属保温盒、托盘、钩卡制作安装

① 金属保温盒应区分不同材质和阀门、法兰及人孔，分别以"$10m^2$"为单位计算。

② 托盘制安、钩卡制安分别以"100kg"为单位计算。

（2）绝热工程工程量计算应注意的事项

1）管道、设备绝热均按现场先安装后绝热施工考虑，若先绝热后安装时，其人工乘以系数0.9。

2）根据规范（即《工业设备及管道绝热工程施工规范》GB 50126—2008）的要求，保温层厚度大于100mm、保冷层厚度大于80mm时，工程量应分层计算。如设计要求保温层厚度小于120mm、保冷层厚度小于80mm，但需分层施工的，也要分层计算工程量应。

3）现场补口、补伤等零星绝热工程，按相应材质定额项目人工、机械乘以系数2.0，材料消耗量乘以系数1.2（包括主材）。

4）卷材安装应执行相同材质的板材安装项目，其人工、铁丝消耗量不变，但卷材损耗率按3.1%考虑。

5）绝热工程若采用钢带代替捆扎线时，总长度不变，质量可以按所用的材料换算。若采用铆钉代替自攻螺丝固定保护层时，其用量不变，单价可以换算。

3. 防腐蚀工程量计算

根据定额，防腐蚀分部工程主要有：防腐蚀涂料工程、手糊衬玻璃钢工程、橡胶板及塑料板衬里工程、衬铅及搪铅工程、喷镀工程、耐酸砖（板）衬里工程等。

防腐蚀工程量的计算与刷油相同，防腐与刷油的区别只是涂刷的材料不同。防腐涂刷的不是油漆，而是聚氨酯漆、环氧树脂漆、环氧呋喃树脂漆等，按面积以"$10m^2$"计量。下面针对防腐蚀工程量计算中需要注意的事项加以说明。

（1）防腐蚀涂料工程

该定额适用于设备、管道、金属结构的各种涂料防腐工程。

1）定额中涂料配合比与实际设计配合比不同时，可根据设计要求换算，但定额人工、机械消耗量不变。

2）定额中除过氯乙烯、H87、H8701及硅酸锌防腐蚀涂料按喷涂考虑外，其余涂料均按刷涂考虑；如需喷涂施工时，其人工乘以系数0.30，材料消耗量乘以系数1.16，另外增加喷涂机械消耗量。

3）涂料热固化项目按采用蒸汽及红外线间接聚合固化考虑，采用其他方法的可按施工方案另计；自然固化的则不计。

4）定额未包括的新品种涂料可按相近定额项目执行，材料可以换算，人工、机械消耗量不变。

（2）手糊衬玻璃钢工程

该定额适用于碳钢设备玻璃钢衬里及塑料管用玻璃钢加强工程。

1）玻璃钢加强塑料管，应另增加塑料管表面打毛、清洗。

2）施工工序中不包括金属表面除锈。需要除锈时，按“除锈工程”定额相应项目另行计算。

3）玻璃钢衬里所用的玻璃布，定额是按无碱、无蜡、无捻、厚度为 0.2～0.25mm 考虑的。玻璃布厚度设计时，若超出定额标准，使用的底漆、面漆、布的用量不变，但衬布所用胶漆可进行调整。

4）玻璃钢工程的底漆、腻子、衬贴玻璃布、面漆等实际层数超过定额的层数时，每超过一层，套用相应定额子目一次。

（3）橡胶板及塑料板衬里工程

该定额适用于金属管道、管件、阀门、多孔板、设备的橡胶板衬里工程和金属设备表面的软聚氯乙烯塑料板衬里工程等。

1）热硫化橡胶板的硫化方法，按间接硫化处理考虑，需要直接硫化处理时，其人工费乘以系数 1.25（即增加 25%），所需材料和机械费用按施工方案另行计算。

2）塑料板衬里工程，搭接缝均按胶接考虑，若采用焊接时，其人工费乘以系数 1.80，胶浆用量乘以系数 0.50，聚氯乙烯塑料焊条用量为 5.19kg/10m^2。

3）带有超过总面积 15%需要衬里零件的槽、塔类设备，其人工费乘以系数 1.40。

（4）衬铅及搪铅工程

该定额适用于金属设备、型钢及部件等表面衬铅、搪铅工程。

1）设备衬铅是按安装前在滚动器（转胎）上施工考虑的，若设备安装就位后进行挂衬铅板施工，其人工乘以系数 1.39。

2）设备、型钢衬（包）铅，铅板厚度按 3mm 以内考虑，如铅板厚度大于 3mm 时，定额人工乘以系数 1.29，增加的材料、机械消耗量另行计算。

3）定额未包括金属表面除锈，发生时应按相应定额计算。

（5）耐酸砖（板）衬里工程

该定额适用于各种金属设备的耐酸砖（板）衬里工程，不适用于建筑防腐工程。

1）定额内各种耐酸胶泥均列为未计价材料，可按设计要求及施工条件参照定额附录表中的胶泥配比与材料用量计算或换算，但胶泥定额消耗量不变。

2）衬砌砖（板）定额按揉挤法考虑；如采用勾缝法施工时，相应定额人工和胶泥用量乘以系数 1.10。

3）衬砌砖（板）定额按自然养护考虑，如采用其他养护法，应按施工方案另行计算。

4）树脂胶泥衬砌耐酸砖（板）砌体需加热固化处理时，按砌体热处理项目计算，定额按采用电炉加热考虑；方法不同时按实际施工方案另计。

5）定额不包括设备金属表面除锈，发生时按相应定额项目计算。

复习思考题

1. 某房间照明工程图见图 10-11，试编制 2BO5A 双火方筒壁灯和沿墙明配 BLVV-2×2.5mm^2 双芯塑料护套线的工程量。说明：①配电箱、扳把开关安装距地 1.4m，箱高 400mm，宽 500mm，房屋层高 2.8m。②壁灯安装高度距顶 200mm。

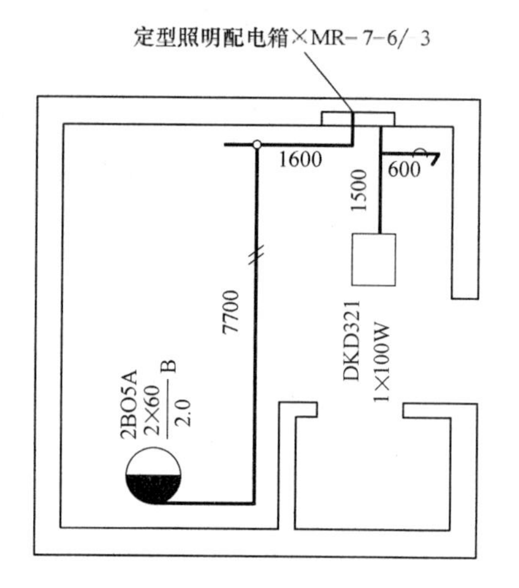

图 10-11　某房间照明工程图

2. 图 10-12 为某三层砖混住宅楼的一个单元住户给水排水工程施工图，墙厚均为240mm。试计算该单元楼给水排水工程的工程量。

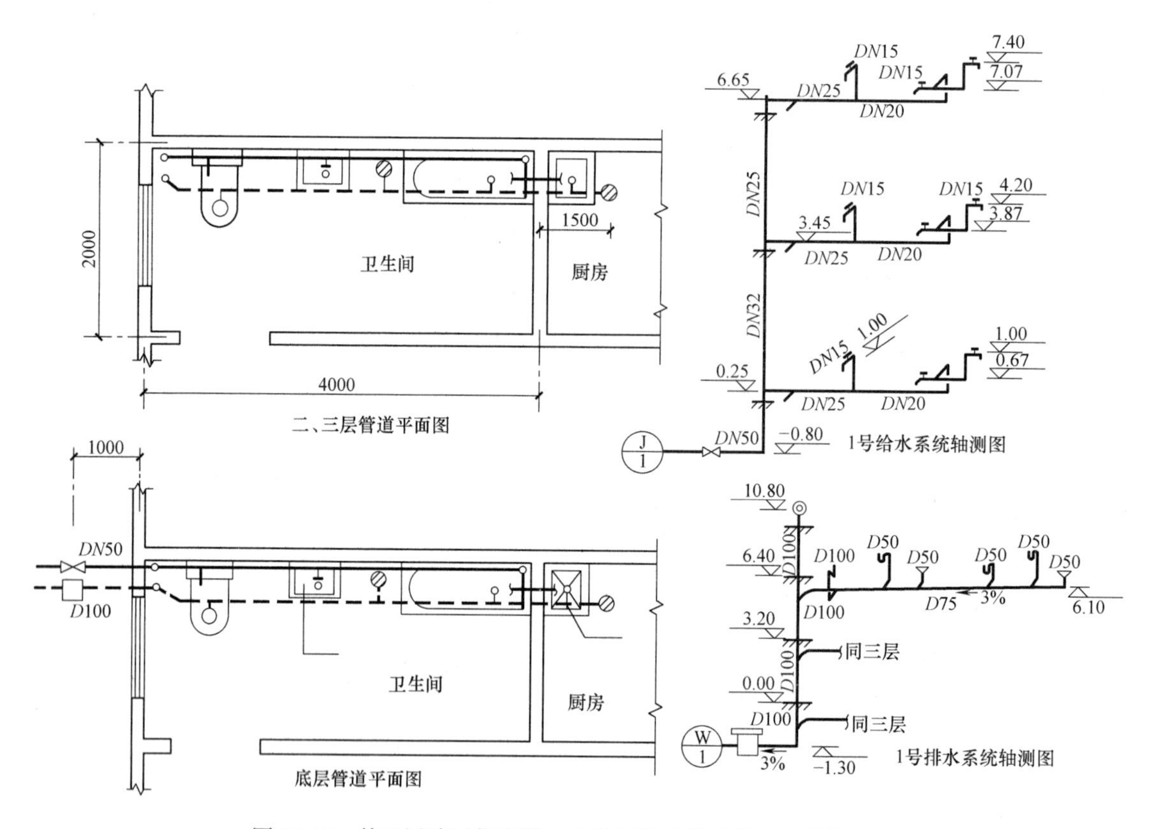

图 10-12　某三层砖混住宅楼一个单元住户给水排水工程施工图

第11章 设备安装工程造价的编制

本章以水电安装工程为代表，重点介绍典型设备安装工程造价的编制实例，通过实例进一步熟悉安装工程量的计算规则，掌握安装工程量的计算方法，最终达到根据工程图纸编制安装工程施工图预算的目的。

11.1 电气安装工程定额计价实例

11.1.1 电气安装工程实例背景

某电话机房，位于××省××市××镇，由当地一建筑公司承建。条形基础，砖混结构，建筑面积31.3m^2，单层，檐高4.12m，电气安装工程包括建筑强电系统和接地装置，施工图见图11-1。

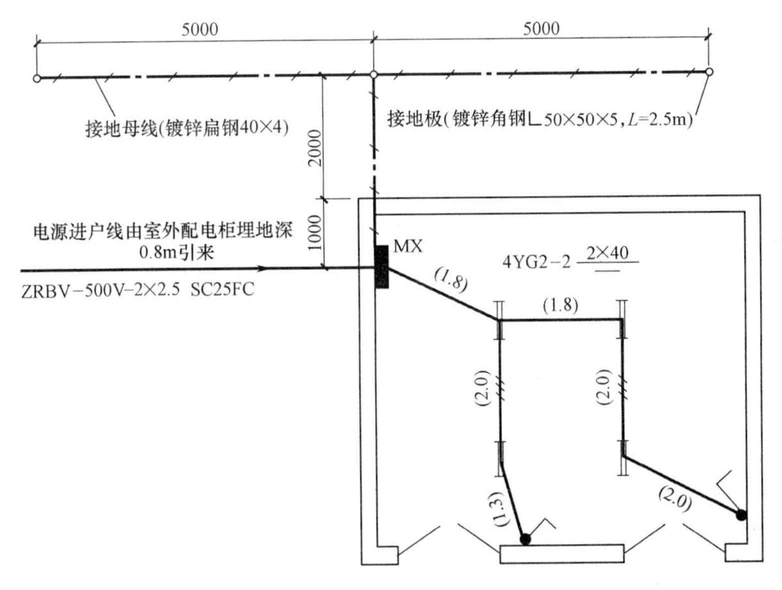

图11-1 电话机房电气施工图

设计说明：

(1) 电源进户线由室外配电柜埋地深为0.8m引入配电箱，水平长度为5.0m。

(2) 照明配电箱MX为嵌入式安装，箱体尺寸为600mm×400mm×200mm（宽×高×厚），安装高度为下口离地1.6m。

(3) 除进户线外，管路均为PVC管ϕ20（简写为PVC 20）沿砖墙、顶板内暗配，顶板内管标高为4m，PVC管穿的导线为ZRBV-500V-2×1.5。

（4）接地母线采用-40×4 镀锌扁钢，埋深 0.7m，由室内进入外墙皮后的水平长度为 1m，进入配电箱后预留 0.5m。室内外地坪无高差，普通土质。

（5）单联单控暗开关（～220V，10A）安装高度为下口离地 1.4m。

（6）接地电阻要求小于 4Ω。

（7）配管水平长度见图示括号内数字，单位为 m。

下面采用定额计价的模式来编制电气安装工程施工图预算。

11.1.2 电气安装工程定额计价

1. 接受招标文件及施工图纸

招标单位（甲方）不需要编制工程量清单，而直接将招标文件及施工图纸等资料发给各投标单位或编制招标控制价。

2. 定额计价步骤

以招标控制价的编制为例，参考《××省建筑安装工程费用定额》（2013）中定额计价的程序，按单价法进行计算。

（1）熟悉相关资料

熟悉施工图纸及相关预算编制的法规条文。

（2）计算工程量

按照消耗量定额工程量计算规则，各分项工程的工程量计算见表 11-1。

电话机房电气安装工程工程量计算表 **表 11-1**

编号	项 目 名 称	单位	数量	计 算 式
1	进户线配管钢管 SC25 暗配	m	7.4	5.0+0.8+1.6
2	进户线 ZRBV-2.5	m	16.8	[5.0+0.8+1.6+(0.6+0.4)(配电箱预留长度)]×2
3	配电箱 MX	台	1	
4	室内照明电气配管 PVC20 暗配	m	18.11	4−1.6−0.4+1.8+1.8+2×3+(4−1.4)×2+1.3
5	电气配线 ZRBV-1.5	m	42.2	[4−1.6−0.4+(0.6+0.4)(配电箱预留长度)+1.8×2]×2+(2+2)×3+(4−1.4)×2×2+(2+1.3)×2
6	单联单控暗开关	个	2	
7	荧光灯 4YG2-2 $\frac{2\times40}{—}$	套	4	
8	接线盒	个	4	
9	开关盒	个	2	
10	室内接地母线扁钢-40×4	m	3.95	(1+0.7+1.6+0.5)×1.039
11	室外接地母线扁钢-40×4	m	12.47	(5+5+2)×1.039
12	L50×50×5 角钢接地极	根	3	
13	接地装置电阻调试试验	组	1	

（3）套定额，汇总分部分项工程费

1）套定额：按照所计算的工程量，套定额，特别注意计量单位与定额计量单位的一致性。

2）汇总分部分项工程费：根据定额基价、工程量和主材价格（详见表 11-4），可计算各分部分项工程的费用，并将各分部分项工程的费用汇总即可得到该项目的分部分项工程费，见表 11-2。

表 11-2

电话机房电气安装工程分部分项工程费计算表

序号	编号	名称	单位	工程量	单价	其中			主材单价	合价	其中			主材合价
						人工费	材料费	机械费			人工费	材料费	机械费	
1	C4-275	成套配电箱安装 悬挂嵌入式(半周长 1.0m)	台	1	163.90	123.26	40.64		258.50	163.90	123.26	40.64	0.00	258.50
2	C4-382	照明开关 暗开关(单联单控)	10 个	0.2	66.31	61.63	4.68		30.20	13.26	12.32	0.94	0.00	61.61
3	C4-901	接地极(板)制作、安装 角钢接地极(普通土)	根	3	47.89	32.20	3.19	12.50	62.40	143.67	96.60	9.57	37.50	187.20
4	C4-910	接地母线敷设 户内接地母线	10m	0.395	117.46	90.99	18.83	7.64	22.60	46.40	35.94	7.44	3.02	93.73
5	C4-911	接地母线敷设 户外接地母线(200mm^2 以内)	10m	1.247	208.01	203.39	1.84	2.78	22.60	259.39	253.63	2.29	3.47	295.91
6	C4-1908	接地装置调试 独立接地装置(6 根接地极以内)	组	1	256.59	179.58	3.59	73.42		256.59	179.58	3.59	73.42	
7	C4-1052	钢管敷设(砖、混凝土结构暗配 *DN*25 以内)	100m	0.074	764.58	638.36	89.56	36.66	23.39	56.58	47.24	6.63	2.71	178.28
8	C4-1138	塑料管敷设(砖、混凝土结构暗配刚性阻燃管 ϕ20 以内)	100m	0.181	697.07	534.73	162.34		3.65	126.17	96.79	29.38	0.00	72.67
9	C4-1404	接线盒安装(暗装)	10 个	0.4	39.96	29.09	10.87		20.40	15.98	11.64	4.34	0.00	8.32
10	C4-1405	开关盒安装(暗装)	10 个	0.2	36.36	31.33	5.03		20.40	7.27	6.27	1.00	0.00	4.16
11	C4-1286	管内穿线铜芯(1.5mm^2 以内)	100m 单线	0.422	86.07	61.54	24.53		239.00	36.32	25.97	10.35	0.00	117.00
12	C4-1287	管内穿线铜芯(2.5mm^2 以内)	100m 单线	0.168	92.47	62.36	30.11		355.00	15.53	10.47	5.06	0.00	69.18
13	C4-1685	荧光灯具安装 成套型吸顶式双管	10 套	0.4	213.01	185.44	27.57		121.20	85.20	74.17	11.03	0.00	489.65
		合计(元)								1226.26	973.88	132.26	120.12	1836.21

（4）计算措施项目费

1）单价措施项目费

由于本工程规模较小，本例中只有脚手架费用，其取费参考《××省通用安装工程消耗量定额及单位估价表》（2013）第四册《电气设备安装工程》中的脚手架搭拆费的计算方法，按分部分项工程费中人工费的4%计算，其中脚手架人工工资占25%，计算如下所示：

该项目分部分项工程费中的人工费为：973.88元；

脚手架搭拆费：分部分项工程费中人工费×4%＝973.88×4%＝38.96元，其中人工工资为38.96×25%＝9.74元。

2）总价措施项目费

总价措施项目费的计算基础＝人工费＋机械费＝分部分项工程费中的人工费＋分部分项工程费中的机械费＋单价措施项目费中的人工费＋单价措施项目费中的机械费，由于本工程没有发生夜间施工、二次搬运、冬雨季施工，故这几项措施费不计。各项组织措施的费率及费用计算如下：

① 安全文明施工费

安全施工费（费率3.57%）：(973.88＋120.12＋9.74)×3.57%＝39.40元；

文明施工费与环境保护费（费率1.97%）：(973.88＋120.12＋9.74)×1.97%＝21.74元；

临时设施费（费率3.51%）：(973.88＋120.12＋9.74)×3.51%＝38.74元。

② 其他总价措施项目费

其他总价措施项目包括：夜间施工增加费、二次搬运费、冬雨季施工增加费和工程定位复测费。但本项目建设规模较小，施工过程中没有发生夜间施工、二次搬运、冬雨季施工等措施项目，故可只计算工程定位复测费。

工程定位复测费（费率0.13%）：(973.88＋120.12＋9.74)×0.13%＝1.43元；

所以，总价措施项目费为：39.40＋21.74＋38.74＋1.43＝101.31元。

（5）计算企业管理费、利润和规费

按照《××省建筑安装工程费用定额》（2013）中的计算基数乘以费率列项计算，其中计算基础为人工费与机械费之和。

企业管理费费率为17.5%，利润率为14.91%，规费综合费率为11.66%，其中规费包括：养老保险金、失业保险金、医疗保险金、工伤保险金和生育保险金等社会保险费，以及住房公积金、工程排污费。各项费用具体计算如下：

1）该工程项目人工费与机械费之和

分部分项工程费中的人工费＋分部分项工程费中的机械费＋单价措施项目费中的人工费＋单价措施项目费中的机械费＝973.88＋120.12＋9.74＝1103.74元。

2）企业管理费：1103.74×17.5%＝193.15元。

3）利润：1103.74×14.91%＝164.57元。

4）规费：1103.74×11.66%＝128.70元。

（6）计算工程含税造价

本工程含税造价计算见表11-3，其中根据《××省建筑安装工程费用定额》（2013），综合税率取3.41%①。

电话机房电气安装工程造价计算程序表 表11-3

序号	费用项目		计算基础	费率	金额(元)
1	分部分项工程费		[1.1+1.2+1.3]		3062.47
1.1	其中:	人工费	∑人工费		973.88
1.2		材料费	∑辅材费+∑主材费		1968.47
1.3		施工机具使用费	∑施工机具使用费		120.12
2	措施项目费		[2.1+2.2]		140.27
2.1	单价措施费		[2.1.1+2.1.2+2.1.3]		38.96
2.1.1	其中:	人工费	∑人工费		9.74
2.1.2		材料费	∑材料费		
2.1.3		施工机具使用费	∑施工机具使用费		
2.2	总价措施费		[2.2.1+2.2.2]		101.31
2.2.1	其中:	安全文明施工费	[1.1+1.3+2.1.1+2.1.3]	9.05%	99.88
2.2.2		其他总价措施项目费	[1.1+1.3+2.1.1+2.1.3]	据实际发生的项目确定,取0.13%	1.43
3	总承包服务费		暂不计		
4	企业管理费		[1.1+1.3+2.1.1+2.1.3]	17.5%	193.15
5	利润		[1.1+1.3+2.1.1+2.1.3]	14.91%	164.57
6	规费		[1.1+1.3+2.1.1+2.1.3]	11.66%	128.70
7	索赔与现场签证		索赔与现场签证费用		
8	不含税工程造价		[1+2+3+4+5+6+7]		3689.16
9	税金		[8]	3.41%	125.80
10	含税工程造价		[8+9]		3814.96

其中，主要材料价格如表11-4所示。

电话机房电气安装工程主要材料价格表 表11-4

序号	材料编号	材料名称	规格、型号等特殊要求	单位	单价(元)
1	×××	配电箱	MX	台	258.50F
2	×××	单联单控开关	220V,10A	套	30.20
3	×××	钢管	*DN*25	m	23.39
4	×××	塑料管	PVC20	m	3.65
5	×××	绝缘导线	ZRBV-500V-2.5	m	3.55
6	×××	绝缘导线	ZRBV-500V-1.5	m	2.39

① 由于当前营业税改增值税在××省实施的是过渡方案，并且过渡方案的设计原则是增值税下各项费用与营业税下各项费用保持基本平衡，故此处仍然采用营业税，待增值税计价体系和价格体系正式确定后可另行调整。

续表

序号	材料编号	材料名称	规格、型号等特殊要求	单位	单价(元)
7	×××	荧光灯	4YG2-2 $\frac{2\times40}{-}$	套	121.20
8	×××	镀锌扁钢	-40×4	m	22.60
9	×××	镀锌角钢接地极	L50×50×5	根	62.40
10	×××	接线盒		个	2.04
11	×××	开关盒		个	2.04

11.2 电气安装工程清单计价实例

电气安装工程清单计价实例仍然采用位于××省××市××镇某电话机房的电气安装工程，工程的相关说明和施工图纸见第11.1节。

下面采用清单计价的模式来编制电气安装工程招标控制价。

11.2.1 编制工程量清单

1. 编制分部分项工程量清单

编制分部分项工程量清单首先要根据施工设计图纸、《建设工程工程量清单计价规范》GB 50500—2013、《通用安装工程工程量计算规范》GB 50856—2013等资料设置工程量清单项目，清单工程量的计算见表11-5。其封面及总说明如图11-2和图11-3所示。

电话机房电气安装工程清单工程量计算表 **表11-5**

编号	项目名称	单位	数量	计算式
1	进户线配管钢管SC25暗配	m	7.4	5.0+0.8+1.6
2	进户线ZRBV-2.5	m	14.8	(5.0+0.8+1.6)×2
3	配电箱MX	台	1	
4	室内照明电气配管PVC20暗配	m	18.1	4−1.6−0.4+1.8+1.8+2×3+(4−1.4)×2+1.3
5	电气配线ZRBV-1.5	m	40.2	(4−1.6−0.4+1.8×2)×2+(2+2)×3+(4−1.4)×2×2+(2+1.3)×2
6	单联单控暗开关	个	2	
7	荧光灯4YG2-2 $\frac{2\times40}{-}$	套	4	
8	接线盒	个	4	
9	开关盒	个	2	
10	室外接地母线扁钢-40×4	m	12	5+5+2
11	室内接地母线扁钢-40×4	m	3.8	1+0.7+1.6+0.5
12	L50×50×5角钢接地极	根	3	
13	接地装置电阻调试试验	系统	1	

某电话机房电气安装 工程

招标工程量清单

招标人：＿＿＿＿＿＿＿＿ 造价咨询人：＿＿＿＿＿＿＿＿

（单位盖章） （单位资质专用章）

法定代表人 法定代表人

或其授权人：＿＿＿＿＿＿＿＿ 或其授权人：＿＿＿＿＿＿＿＿

（签字或盖章） （签字或盖章）

编 制 人：＿＿＿＿＿＿＿＿ 复 核 人：＿＿＿＿＿＿＿＿

（造价人员签字盖专用章） （造价工程师签字盖专用章）

编制时间：＿＿＿＿＿＿＿＿ 复 核 时 间：＿＿＿＿＿＿＿＿

图 11-2 招标工程量清单封面示意图

工程名称：某电话机房电气安装工程 标段： 第 1 页 共 1 页

1. 工程概况

本工程为某电话机房，地点位于××省××市××镇。条形基础，砖混结构，建筑面积 31.3m^2，单层，檐高 4.12m，电气安装工程包括建筑强电系统和接地装置。

2. 工程招标范围：全部电气安装工程。

3. 工程量清单编制依据：

《建设工程工程量清单计价规范》GB 50500—2013、《通用安装工程工程量计算规范》GB 50856—2013、某电话机房电气施工图及有关施工组织设计等。

4. 工程质量应达到优良标准。

5. 考虑施工中可能发生的设计变更或清单有误，暂列金额计取为 200 元；其他项目按湖北省相关规定执行，工程竣工后按实际发生结算。

6. 工程暂不考虑风险因素。

7. 投标人在投标时报价应按《建设工程工程量清单计价规范》GB 50500—2013 规定的统一格式填写。

图 11-3 总说明示意图

然后根据所计算的工程量，填写分部分项工程和单价措施项目清单，如表 11-6 所示。

电话机房电气安装工程分部分项工程和单价措施项目清单　　　表 11-6

序号	项目编码	项目名称	项目特征	计量单位	工程数量	金额(元)		
						综合单价	合价	其中：暂估价
1	030404016001	配电箱	型号、规格：配电箱 MX； 工作内容：箱体安装	台	1			
2	030404019001	控制开关	名称：开关； 型号：单联单控； 规格：220V，10A	个	2			
3	030411001001	电气配管	名称：配管； 材质：焊接钢管； 规格：*DN*25； 配置形式及部位：沿地埋设、沿砖混结构暗配	m	7.4			
4	030411001002	电气配管	名称：配管； 材质：塑料管； 规格：ϕ20； 配置形式及部位：沿砖混结构暗配	m	18.1			
5	030411004001	电气配线	配线形式：管内穿线； 导线型号、材质、规格：ZRBV-500V-2.5mm^2； 敷设部位：沿砖混结构管内穿线	m	14.8			
6	030411004002	电气配线	配线形式：管内穿线； 导线型号、材质、规格：ZRBV-500V-1.5mm^2； 敷设部位：沿砖混结构管内穿线	m	40.2			
7	030411006001	接线盒	名称：接线盒； 安装形式：暗装	个	4			
8	030411006002	开关盒	名称：开关盒； 安装形式：暗装	个	2			
9	030412005001	荧光灯	名称：荧光灯； 型号、规格：4YG2-2 $\frac{2\times40}{—}$； 安装形式：吸顶安装	套	4			
10	030409001001	接地极	名称：接地极； 材质、规格：镀锌角钢 L50×50×5 土质：普通土	根	3			
11	030409002001	室外接地母线	名称：接地母线； 材质、规格：镀锌扁钢−40×4； 安装部位：室外埋地敷设	m	12			
12	030409002002	室内接地母线	名称：接地母线； 材质、规格：镀锌扁钢−40×4； 安装部位：室内沿墙敷设	m	3.8			
13	030414011001	接地装置系统调试	系统：独立接地装置的调试	系统	1			

2. 编制措施项目清单

措施项目清单表，根据《通用安装工程工程量计算规范》GB 50856—2013、《××省建筑安装工程费用定额》(2013) 中有关措施项目的所列内容，并结合工程的具体情况编制。

按常规施工方案，本项目的单价措施项目清单见表 11-7，总价措施项目清单见表 11-8。其中，根据《××省建筑安装工程费用定额》(2013) 的规定，可能发生的其他总价措施项目在《通用安装工程工程量计算规范》GB 50856—2013 的措施项目中没有列出的，可根据补充项目的要求补充相应的措施项目。

单价措施项目清单 **表 11-7**

项目编码	项目名称	项 目 特 征	计量单位	工程数量	金额(元)		
					综合单价	合价	其中：暂估价
031301017001	脚手架搭拆		项	1			

总价措施项目清单 **表 11-8**

项目编码	项目名称	计算基础	费率(%)	金额(元)	调整费率(%)	调整后金额(元)	备注
031302001001	安全文明施工						
03B001	工程定位复测						
合计							

3. 编制其他项目清单

其他项目清单包括暂列金额、暂估价、计日工、总承包服务费等内容，应结合工程的具体情况及招标文件进行编制。暂列金额等其他项目清单见表 11-9。

其他项目清单 **表 11-9**

序号	项目名称	金额(元)	结算金额(元)	备　　注
1	暂列金额			
2	暂估价			
2.1	材料暂估价			
2.2	专业工程暂估价			
3	计日工			
4	总承包服务费			
5	索赔与现场签证			
合计				

注：材料（工程设备）暂估单价进入清单项目综合单价，此处不汇总。

4. 编制规费、税金项目清单

按规定规费项目包括社会保险费、住房公积金、工程排污费等。税金项目包括营业税、城市维护建设税和教育费附加等。编写的清单详见表 11-10。

规费、税金项目清单 **表 11-10**

序号	项目名称	计算基础	费率(%)	金额(元)
1	规费			
1.1	社会保险费	1.1.1+1.1.2+1.1.3+1.1.4+1.1.5		
1.1.1	养老保险费			
1.1.2	失业保险费			
1.1.3	医疗保险费			
1.1.4	工伤保险费			
1.1.5	生育保险费			
1.2	住房公积金			
1.3	工程排污费			
2	税金			
合计				

此外，本项目涉及的主要材料价格可按表 11-11 进行列项。

电话机房电气安装工程主要材料价格列项表 **表 11-11**

序号	材料编号	材料名称	规格、型号等特殊要求	单位	单价(元)
1	×××	配电箱	MX	台	
2	×××	单联单控开关	220V,10A	个	
3	×××	钢管	*DN*25	m	
4	×××	塑料管	PVC20	m	
5	×××	绝缘导线	ZRBV-500V-2.5	m	
6	×××	绝缘导线	ZRBV-500V-1.5	m	
7	×××	荧光灯	4YG2-2 $\frac{2\times40}{—}$	套	
8	×××	镀锌扁钢	−40×4	m	
9	×××	镀锌角钢	∟50×50×5	m	
10	×××	接线盒		个	
11	×××	开关盒		个	

11.2.2 工程量清单计价

以编制招标控制价为例，讲解工程量清单计价的方法步骤。

1. 招标控制价编制的依据

(1)《建设工程工程量清单计价规范》GB 50500—2013；

(2)《通用安装工程工程量计算规范》GB 50856—2013；

(3) ××省住房与城乡建设厅行政主管部门发布的工程量消耗定额及统一基价表、估价表、费用定额及计价办法；

(4) 达到国家规定设计深度、内容完整的施工设计图纸及相关资料；

(5) 招标文件中的工程量清单及有关要求；

(6) 与本电气安装工程相关的标准、规范、技术资料；

(7) 工程造价管理机构发布的人工、材料、机械市场信息价；

(8) 其他的相关资料。

2. 计算工程量

分为两步，即：核算清单工程量和计算计价工程量。

(1) 核算清单工程量

根据设计图纸，经计算所得的工程量与业主提供的工程量清单一致。

(2) 计算计价工程量

根据消耗量定额工程量计算规则，该电话机房的工程量见表 11-1。

3. 确定措施项目清单内容

当编制招标控制价，确定措施项目清单内容时，一般采用施工企业常用的施工方案或施工组织设计。如果企业投标报价，可根据企业本身的施工设备、技术水平等来确定。

本例的措施项目由于工程规模小、施工场地较宽等原因，清单内容包括：安全文明施工、脚手架搭拆、工程定位复测等。

4. 计算综合单价

综合单价是工程量清单计价的核心内容，招标控制价编制人应根据工程量清单各项目的名称、特征描述等来确定完成清单中一个规定计量单位项目所需的人工费、材料费、施工机具使用费、管理费和利润，并考虑风险因素。

综合单价确定的方法是采用定额组价。

结合《××省建筑安装工程费用定额》(2013)、《××省安装工程消耗量定额及单位估价表》(2013)(第四册《电气设备安装工程》)、《××市建设工程价格信息》等资料，可计算确定各个分部分项工程及单价措施项目的综合单价。其中，管理费为人工费与施工机具使用费之和的 17.5%，利润为人工费与施工机具使用费之和的 14.91%。下面以配电箱和电气配管塑料管 PVC 管 $\phi 20$ 两项为例填写工程量清单综合单价分析表，如表 11-12、11-13 所示，其他分部分项工程和单价措施项目的综合单价分析原理相同。

电话机房电气安装工程工程量清单综合单价分析表（一）　　表 11-12

<table>
<tr><td colspan="2">项目编码</td><td colspan="2">030404016001</td><td colspan="2">项目名称</td><td colspan="3">配电箱</td><td>计量单位</td><td colspan="2">台</td></tr>
<tr><td colspan="12">清单综合单价组成明细</td></tr>
<tr><td rowspan="2">定额编号</td><td rowspan="2">定额名称</td><td rowspan="2">定额单位</td><td rowspan="2">数量</td><td colspan="4">单价(元)</td><td colspan="4">合价(元)</td></tr>
<tr><td>人工费</td><td>材料费</td><td>机械费</td><td>管理费和利润</td><td>人工费</td><td>材料费</td><td>机械费</td><td>管理费和利润</td></tr>
<tr><td>C4-275</td><td>成套配电箱安装</td><td>台</td><td>1</td><td>123.26</td><td>40.64</td><td></td><td>39.95</td><td>123.26</td><td>40.64</td><td></td><td>39.95</td></tr>
<tr><td colspan="2">人工单价</td><td colspan="6">小计</td><td>123.26</td><td>40.64</td><td></td><td>39.95</td></tr>
<tr><td colspan="2">普工 60 元/工日
技工 92 元/工日</td><td colspan="6">未计价材料费</td><td colspan="4">258.50</td></tr>
<tr><td colspan="8">清单项目综合单价</td><td colspan="4">462.35</td></tr>
<tr><td rowspan="4">材料费明细表</td><td colspan="5">主要材料名称、规格、型号</td><td>单位</td><td>数量</td><td>单价(元)</td><td>合价(元)</td><td>暂估单价(元)</td><td>暂估合价(元)</td></tr>
<tr><td colspan="5">配电箱</td><td>台</td><td>1</td><td>258.50</td><td>258.50</td><td></td><td></td></tr>
<tr><td colspan="7">其他材料费</td><td></td><td></td><td></td><td></td></tr>
<tr><td colspan="7">材料费小计</td><td></td><td>258.50</td><td></td><td></td></tr>
</table>

电话机房电气安装工程工程量清单综合单价分析表（二）　　表 11-13

项目编码		030411001002		项目名称		电气配管塑料管 PVC20		计量单位			m
清单综合单价组成明细											
定额编号	定额名称	定额单位	数量	单价(元)				合价(元)			
				人工费	材料费	机械费	管理费和利润	人工费	材料费	机械费	管理费和利润
C4-1138	PVC20 暗装	100m	0.01	534.75	162.34	0	173.31	5.35	1.62	0	1.73
人工单价		小计						5.35	1.62	0	1.73
普工 60 元/工日 技工 92 元/工日		未计价材料费						4.02			
清单项目综合单价								12.72			
材料费明细表	主要材料名称、规格、型号					单位	数量	单价(元)	合价(元)	暂估单价(元)	暂估合价(元)
	PVC20					m	1.10	3.65	4.02		
	其他材料费										
	材料费小计								4.02		

将各分部分项工程和单价措施项目计算的人工费、材料费、施工机具使用费、管理费、利润及综合单价的结果填入分部分项工程和单价措施项目清单与计价表中，如表 11-14 所示。

电话机房电气安装工程分部分项工程和单价措施项目清单与计价表　　表 11-14

序号	项目编码	项目名称	项目特征	计量单位	工程数量	金额(元)		
						综合单价	合价	其中：暂估价
1	030404016001	配电箱	型号、规格：配电箱 MX； 工作内容：箱体安装	台	1	462.35	462.35	
2	030404019001	控制开关	名称：开关； 型号：单联单控； 规格：220V，10A	个	2	39.44	78.88	
3	030411001001	电气配管	名称：配管； 材质：焊接钢管； 规格：$DN25$； 配置形式及部位：沿地埋设、沿砖混结构暗配	m	7.4	33.93	251.08	
4	030411001002	电气配管	名称：配管； 材质：塑料管； 规格：$\phi 20$； 配置形式及部位：沿砖混结构暗配	m	18.1	12.72	230.23	
5	030411004001	电气配线	配线形式：管内穿线； 导线型号、材质、规格：ZRBV-500V-2.5mm^2； 敷设部位：沿砖混结构管内穿线	m	14.8	468.73	6937.20	

续表

序号	项目编码	项目名称	项 目 特 征	计量单位	工程数量	金额(元)		
						综合单价	合价	其中:暂估价
6	030411004002	电气配线	配线形式:管内穿线; 导线型号、材质、规格:ZRBV-500V-1.5mm²; 敷设部位:沿砖混结构管内穿线	m	40.2	292.15	11744.43	
7	030411006001	接线盒	名称:接线盒; 安装形式:暗装	个	4	7.02	28.08	
8	030411006002	开关盒	名称:开关盒; 安装形式:暗装	个	2	6.73	13.46	
9	030412005001	荧光灯	名称:荧光灯; 型号、规格:4YG2-2 $\frac{2\times40}{—}$; 安装形式:吸顶安装	套	4	149.72	598.88	
10	030409001001	接地极	名称:接地极; 材质、规格:镀锌角钢∟50×50×5 土质:普通土	根	3	124.74	374.22	
11	030409002001	室外接地母线	名称:接地母线; 材质、规格:镀锌扁钢-40×4; 安装部位:室外埋地敷设	m	12	53.22	638.64	
12	030409002002	室内接地母线	名称:接地母线; 材质、规格:镀锌扁钢-40×4; 安装部位:室内沿墙敷设	m	3.8	40.20	152.76	
13	030414011001	接地装置系统调试	系统:独立接地装置的调试	系统	1	338.52	338.52	
	单价措施项目							
14	031301017001	脚手架搭拆		项	1	42.10	42.10	
合　计							21890.83	

5. 计算分部分项工程费

分部分项工程费的计算方法如下:

$$分部分项工程费=\sum(工程量\times综合单价)$$

经过计算,将结果填入分部分项工程和单价措施项目清单与计价表,见表11-14。

6. 计算措施项目费

(1) 单价措施项目费

本例中只有脚手架费用,由于图纸中没有提供相关的建筑尺寸,无法计算脚手架工程量，故取费参考《××省安装工程消耗量定额及单位估价表》(2013) 第四册《电气设备安装工程》中的脚手架搭拆费的计算方法，按分部分项工程量项目合计人工费的4%计算，其中脚手架人工费占25%，计算过程如表11-15所示，并将相关内容填入分部分项工程和单价措施项目清单与计价表中（见表11-14）。

电话机房电气安装工程单价措施项目费分析表 **表11-15**

序号	措施项目名称	分部分项工程项目合计的人工费	金额(元)					合计(元)
			人工费	材料费	机械费	管理费	利润	
1	脚手架	973.88	9.74	29.21		1.70	1.45	42.10

(2) 总价措施项目费

总价措施项目费按照计算基础乘系数的方法计算。根据《××省建筑安装工程费用定额》(2013) 组织措施费包括安全文明施工费、其他总价措施项目费（包括夜间施工增加费、二次搬运费、冬雨季施工增加费、工程定位复测费等项目)。本项目由于规模较小，主要考虑安全文明施工费和工程定位复测费。

各项组织措施的费率及费用计算如下：

1) 安全文明施工费

安全施工费（费率3.57%)：(973.88+120.12+9.74)×3.57%=39.40元；

文明施工费与环境保护费（费率1.97%)：(973.88+120.12+9.74)×1.97%=21.74元；

临时设施费（费率3.51%)：(973.88+120.12+9.74)×3.51%=38.74元。

2) 其他总价措施项目费

其他总价措施项目包括：夜间施工增加费、二次搬运费、冬雨季施工增加费和工程定位复测费。但本项目建设规模较小，施工过程中没有发生夜间施工、二次搬运、冬雨季施工等措施项目，故可只计算工程定位复测费。

工程定位复测费（费率0.13%)：(973.88+120.12+9.74)×0.13%=1.43元；

所以，总价措施项目费为：39.40+21.74+38.74+1.43=101.31元。

填写总价措施项目清单与计价表，如表11-16所示。

电话机房电气安装工程总价措施项目清单与计价表 **表11-16**

项目编码	项目名称	计算基础	费率(%)	金额(元)	调整费率(%)	调整后金额(元)	备注
031302001001	安全文明施工费	人工费+机械费	9.05	99.88			
03B001	工程定位复测费	人工费+机械费	0.13	1.43			
合计				101.31			

7. 计算其他项目费

根据招标文件所提供的其他项目清单，加之本工程因规模较小，招标人未自行采购材料，同时未分包工程暂估价、计日工和总承包服务费，因此只计取暂列金额，见表11-17。

其他项目清单与计价汇总表　　表 11-17

序号	项目名称	金额(元)	结算金额(元)	备　注
1	暂列金额	200		
2	暂估价			
2.1	材料暂估价			工期短,材料价格较稳定,暂不计
2.2	专业工程暂估价			暂不计
3	计日工			暂不计
4	总承包服务费			暂不计
5	索赔与现场签证			
合计			200	

8. 计算规费和税金

按照《××省建筑安装工程费用定额》(2013) 中的计算基础乘以费率列项计算，其中规费计算基础为人工费与机械费之和，综合费率为 11.66%（包括：养老保险费、失业保险费、医疗保险费、工伤保险费、生育保险费、住房公积费、工程排污费)。税金计算基础为分部分项工程费、单价措施项目费、总价措施项目费、其他项目费和规费之和，综合税率为 3.41%。具体计算结果见表 11-18。

电话机房电气安装工程规费、税金项目清单与计价表　　表 11-18

序号	项目名称	计 算 基 础	费率(%)	金额(元)
1	规费	1.1+1.2+1.3		128.68
1.1	社会保险费	1.1.1+1.1.2+1.1.3+1.1.4+1.1.5		96.12
1.1.1	养老保险费	人工费+机械费	5.6	61.80
1.1.2	失业保险费		0.56	6.18
1.1.3	医疗保险费		1.64	18.10
1.1.4	工伤保险费		0.65	7.17
1.1.5	生育保险费		0.26	2.87
1.2	住房公积费		2.2	24.28
1.3	工程排污费		0.75	8.28
2	税金	分部分项工程费+单价措施项目费+总价措施项目费+其他项目费+规费	3.41	761.14
合计				889.82

9. 计算单位工程招标控制价

将上述各项结果填入单位工程招标控制价汇总表，如表 11-19 所示。

另外，该项目的招标控制价文件的封面如图 11-4 所示。

电话机房电气安装工程单位工程招标控制价汇总表　　表 11-19

序号	汇 总 内 容	金额(元)
1	分部分项工程	21848.73
2	措施项目	143.41

续表

序号	汇 总 内 容		金额(元)
2.1	其中：	单价措施项目	42.10
2.2		总价措施项目	101.31
3	其他项目		200.00
4	规费		128.68
5	税金		761.14
招标控制价合计=1+2+3+4+5			23081.96

某电话机房电气安装 工程

招 标 控 制 价

招标控制价（小写）： 23081.96元

（大写）：贰万叁仟零捌拾壹元玖角陆分

招标人： ×××
（单位盖章）

工程造价
咨 询 人： ×××
（单位资质专用章）

法定代表人
或其授权人： ×××
（签字或盖章）

法定代表人
或其授权人： ×××
（签字或盖章）

编 制 人： ×××
（造价人员签字盖专用章）

复 核 人： ×××
（造价工程师签字盖专用章）

编制时间：××××年××月××日

复 核 时 间：××××年××月××日

图 11-4 招标控制价封面示意图

11.3 给水排水工程定额计价实例

11.3.1 给水排水工程实例背景

某学院培训教室，位于××省××市，条形基础，砖混结构，建筑面积136.35m²，单层，檐高4.32m，由当地一建筑公司承建。其卫生间设有蹲式大便器（手压阀冲洗）、盥洗槽和污水池（盥洗槽和污水池本体为砖砌、贴瓷砖，属土建工程），给水管采用镀锌钢管，排水管采用铸铁排水管。排水立管距墙 170mm，距室外检查井均为 3.0m，给水立管距墙 50mm，墙厚 180mm。盥洗槽水龙头为 $DN15$，污水池水龙头为 $DN20$，镀锌钢管刷银粉漆一遍，铸铁排水管刷防锈漆两道、银粉面漆两道，施工图见图 11-5～图 11-7。

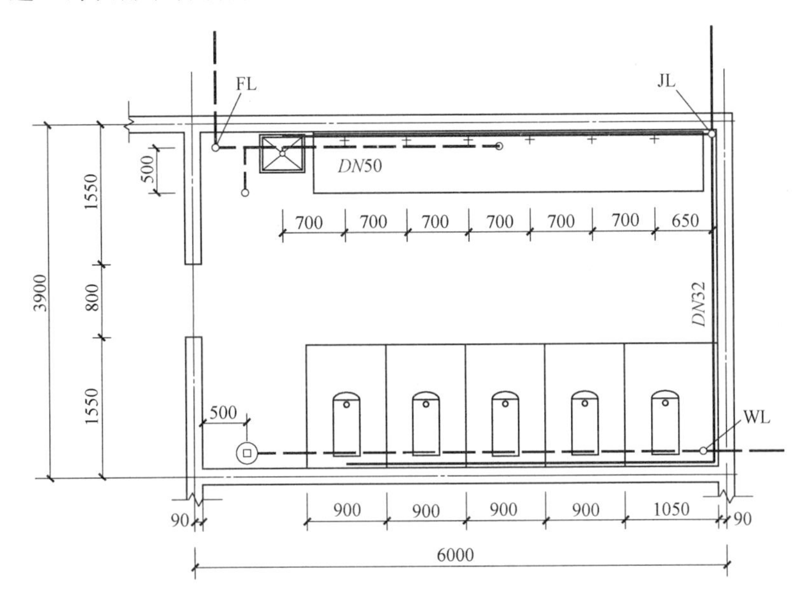

图 11-5　培训教室卫生间给水排水平面图

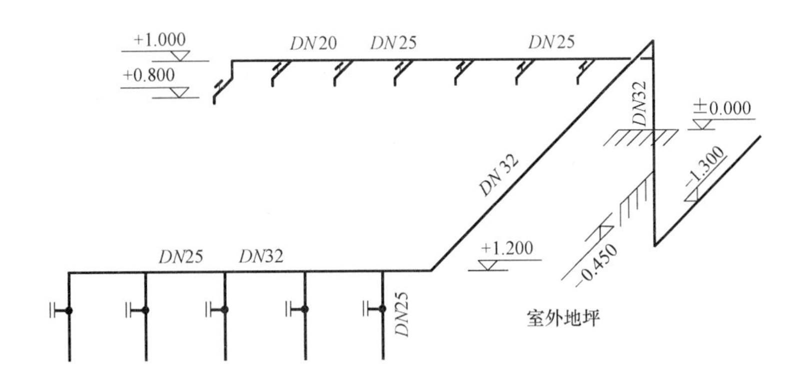

图 11-6　培训教室卫生间给水轴测图

11.3.2　给水排水工程定额计价

下面采用定额计价的模式来编制给水排水安装工程施工图预算。

1. 接受招标文件及施工图纸

招标单位（甲方）不需要编制工程量清单，而直接将招标文件及施工图纸等资料发给各投标单位或编制招标控制价。

2. 定额计价步骤

仍然以招标控制价的编制为例，按单价法的计价程序进行计算。

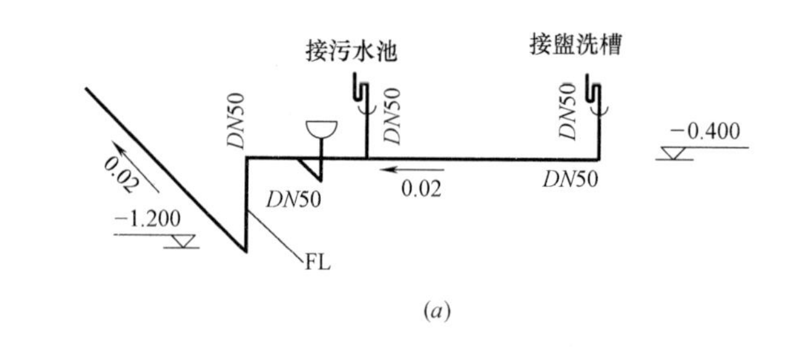

(a)

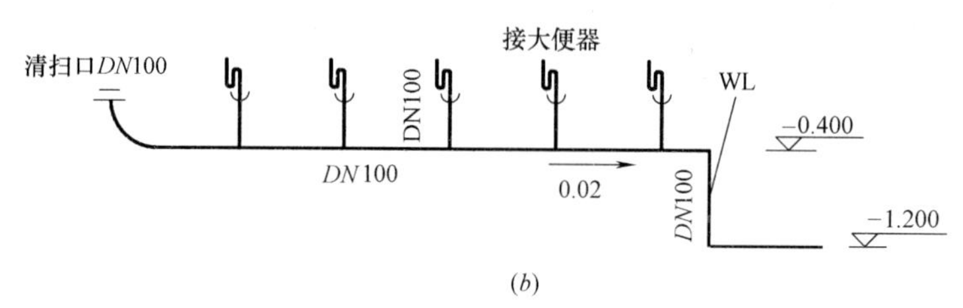

(b)

图 11-7 培训教室卫生间排水轴测图

(a) 废水管道系统图；(b) 污水管道系统图

(1) 熟悉相关资料

熟悉施工图纸及相关预算编制的法规条文。

(2) 计算工程量

按照消耗量定额工程量计算规则，各分项工程的工程量计算见表 11-20。

培训教室给水排水安装工程工程量计算表 **表 11-20**

序号	工程名称	单位	数量	计 算 式
1	镀锌钢管 DN32	m	10.20	1.5+0.18+0.05+1.3+1.2+3.9−0.18−0.05×2+1.05+0.9×1.5−0.05
2	镀锌钢管 DN25	m	5.25	0.65+0.7×4(水龙头)+2×0.9
3	镀锌钢管 DN20	m	1.60	0.7×2+(1.0−0.8)
4	水龙头安装 DN20	个	1	
5	水龙头安装 DN15	个	6	
6	蹲式大便器	套	5	
7	铸铁排水管 DN50	m	9.05	6−[0.17(排水管距墙长度)+0.18(墙厚)+0.7×2.5+0.65+0.05]+[0.5+0.4(地漏立管)]+0.4×2(器具立管)+(1.2−0.4)+0.17+0.18+3
8	铸铁排水管 DN100	m	11.30	6−0.09−0.5+0.4×5(器具排水管)+1.2−0.4+0.09+3
9	排水栓安装 DN50	组	2	污水池、盥洗槽各一组
10	地漏安装 DN50	个	1	
11	清扫口安装 DN100	个	1	
12	管道刷防锈漆	m^2	5.582	1.677(DN50 铸铁管)+3.905(DN100 铸铁管)
13	管道刷银粉漆第一遍	m^2	7.625	0.135(DN20 镀锌钢管)+0.553(DN25 镀锌钢管)+1.355(DN32 镀锌钢管)+1.677(DN50 铸铁管)+3.905(DN100 铸铁管)
14	管道刷银粉漆第二遍	m^2	5.582	1.677(DN50 铸铁管)+3.905(DN100 铸铁管)

其中，管道除锈防腐刷油工程量计算如表 11-21 所示。

管道除锈防腐刷油工程量　　表 11-21

序号	工程名称	计　算　式	单位	数量
1	管道防腐防锈	查铸铁排水管有关资料：$DN50_{外}=59$mm，$DN100_{外}=110$mm		
		故：铸铁排水管 $A_{50}=\pi\times0.059\times9.05$	m^2	1.677
		铸铁排水管 $A_{100}=\pi\times0.11\times11.30$	m^2	3.905
		查镀锌钢管有关资料：$DN32_{外}=42.3$mm，$DN25_{外}=33.5$mm，$DN20_{外}=26.8$ mm		
		故：镀锌钢管 $A_{32}=\pi\times0.0423\times10.2$	m^2	1.355
		镀锌钢管 $A_{25}=\pi\times0.0335\times5.25$	m^2	0.553
		镀锌钢管 $A_{20}=\pi\times0.0268\times1.6$	m^2	0.135

（3）套定额，汇总分部分项工程费

1）套定额：按照所计算的工程量，套定额，特别注意计量单位与定额计量单位的一致性。

2）汇总分部分项工程费：根据定额基价、工程量和主材价格（见表 11-22），可计算出各分部分项工程的费用，并将各分部分项工程的费用汇总即可得到该项目的分部分项工程费，见表 11-23。

培训教室给水排水安装工程主要材料价格表　　表 11-22

序号	材料编号	材料名称	规格、型号等特殊要求	单位	单价(元)
1	×××	镀锌钢管	DN32	m	31.01
2	×××	镀锌钢管接头零件	DN32	个	4.87
3	×××	镀锌钢管	DN25	m	20.13
4	×××	镀锌钢管接头零件	DN25	个	3.22
5	×××	镀锌钢管	DN20	m	18.99
6	×××	镀锌钢管接头零件	DN20	个	2.09
7	×××	铸铁排水管	DN50	m	28.55
8	×××	铸铁排水管接头零件	DN50	个	18.00
9	×××	铸铁排水管	DN100	m	32.30
10	×××	铸铁排水管接头零件	DN100	个	43.57
11	×××	蹲式大便器	瓷质，含手压阀冲洗	套	454.00
12	×××	水龙头	铜水嘴 DN15	个	12.00
13	×××	水龙头	铜水嘴 DN20	个	19.80
14	×××	排水栓	塑料排水栓 DN50	组	28.00
15	×××	地漏	铸铁地漏 DN50	个	14.00
16	×××	地漏安装塑料排水管	DN50	m	6.71
17	×××	地面清扫口	DN100	个	24.48

培训教室给水排水安装工程分部分项工程费计算表　　表 11-23

序号	编号	名　称	单位	工程量	单价	其中			合价	其中			主材合价
						人工费	材料费	机械费		人工费	材料费	机械费	
1	C10-185	室内管道镀锌钢管(螺纹连接) *DN*20 以内	10m	0.16	146.18	129.37	15.87	0.94	23.39	20.70	2.54	0.15	36.41
2	C10-186	室内管道镀锌钢管(螺纹连接) *DN*25 以内	10m	0.525	179.53	155.40	22.17	1.96	94.26	81.59	11.64	1.03	133.39
3	C10-187	室内管道镀锌钢管(螺纹连接) *DN*32 以内	10m	1.02	181.63	155.40	24.27	1.96	185.27	158.51	24.76	2.00	376.68
4	C10-242	室内管道安装承插铸铁排水管(石棉水泥接口)*DN*50 以内	10m	0.905	196.58	158.27	38.31		177.90	143.23	34.67		334.40
5	C10-244	室内管道钢管承插铸铁排水管(石棉水泥接口)*DN*100 以内	10m	1.13	331.70	244.48	87.22		374.82	276.26	98.56		844.26
6	C10-538	管道消毒、冲洗 *DN*50 以内	100m	0.1705	51.84	36.01	15.83		8.84	6.14	2.70		
7	C10-972	蹲式大便器安装手压阀冲洗 *DN*25	10 套	0.5	918.40	368.33	550.07		459.21	184.17	275.04		2292.70
8	C10-1001	排水栓安装带存水弯 *DN*50 以内	10 组	0.2	236.97	121.46	115.51		47.39	24.29	23.10		56.00
9	C10-1005	水龙头安装 *DN*15 以内	10 个	0.6	18.53	17.88	0.65		11.12	10.73	0.39		72.72
10	C10-1006	水龙头安装 *DN*20 以内	10 个	0.1	18.68	17.88	0.80		1.87	1.79	0.08		20.00
11	C10-1009	地漏安装 *DN*50 以内	10 个	0.1	101.95	101.26	0.69		10.20	10.13	0.07		14.67
12	C10-1016	地面扫除口安装 *DN*100 以内	10 个	0.1	64.34	62.04	2.30		6.43	6.20	0.23		24.48
13	C12-55	管道刷油防锈漆第一遍	$10m^2$	0.5582	40.88	18.65	22.23		22.82	10.41	12.41		
14	C12-56	管道刷油防锈漆第二遍	$10m^2$	0.5582	38.03	18.65	19.38		21.23	10.41	10.82		
15	C12-58	管道刷油银粉漆第一遍	$10m^2$	0.7625	29.14	14.84	14.30		22.22	11.32	10.90		
16	C12-59	管道刷油银粉漆第二遍	$10m^2$	0.5582	32.04	18.65	13.39		17.88	10.41	7.47		
		合计(元)							1484.85	966.29	515.38	3.18	4205.71

（4）计算措施费

1）单价措施项目费

由于本工程规模较小，并且最高管道只有 1.2m，可以不发生相关的措施项目，故单价措施项目不计。

2）总价措施项目费

总价措施项目费的计算基数＝人工费＋机械费＝分部分项工程费中的人工费＋分部分项工程费中的机械费＋单价措施项目费中的人工费＋单价措施项目费中的机械费。由于本工程没有发生夜间施工、二次搬运、冬雨季施工，故这几项措施费不计。各项组织措施的费率及费用计算如下：

① 安全文明施工费

安全施工费（费率 3.57％）：(966.29＋3.18)×3.57％＝34.61 元；

文明施工费与环境保护费（费率 1.97％）：(966.29＋3.18)×1.97％＝19.10 元；

临时设施费（费率 3.51％）：(966.29＋3.18)×3.51％＝34.03 元。

② 其他总价措施项目费

其他总价措施项目包括：夜间施工增加费、二次搬运费、冬雨季施工增加费和工程定位复测费。但本项目建设规模较小，施工过程中没有发生夜间施工、二次搬运、冬雨季施工等措施项目，故可只计算工程定位复测费。

工程定位复测费（费率 0.13％）：(966.29＋3.18)×0.13％＝1.26 元；

所以，总价措施项目费为：34.61＋19.10＋34.03＋1.26＝89.00 元。

（5）计算企业管理费、利润和规费

按照《××省建筑安装工程费用定额》(2013) 中的计算基数乘以费率列项计算，其中计算基础为人工费与机械费之和。

企业管理费费率为 17.5％，利润率为 14.91％，规费综合费率为 11.66％，其中规费包括：养老保险费、失业保险费、医疗保险费、工伤保险费和生育保险费等社会保险费，以及住房公积金、工程排污费。各项费用具体计算如下：

1）该工程项目人工费与机械费之和

分部分项工程费中的人工费＋分部分项工程费中的机械费＋单价措施项目费中的人工费＋单价措施项目费中的机械费＝966.29＋3.18＝969.47 元。

2）企业管理费：969.47×17.5％＝169.66 元。

3）利润：969.47×14.91％＝144.55 元。

4）规费：969.47×11.66％＝113.04 元。

（6）计算单位工程费

本单位工程含税造价计算见表 11-24，其中根据《××省建筑安装工程费用定额》(2013)，综合税率取 3.48％。

培训教室给水排水安装工程单位工程价格计算程序表　　表 11-24

序号	费用项目		计算基础	费率	金额(元)
1	分部分项工程费		[1.1＋1.2＋1.3]		5690.56
1.1	其中：	人工费	∑人工费		966.29

续表

序号	费用项目		计算基础	费率	金额(元)
1.2	其中：	材料费	∑辅材费+∑主材费		4721.09
1.3		施工机具使用费	∑施工机具使用费		3.18
2	措施项目费		[2.1+2.2]		89.00
2.1	单价措施费		[2.1.1+2.1.2+2.1.3]		0
2.1.1	其中：	人工费	∑人工费		
2.1.2		材料费	∑材料费		
2.1.3		施工机具使用费	∑施工机具使用费		
2.2	总价措施费		[2.2.1+2.2.2]		89.00
2.2.1	其中：	安全文明施工费	[1.1+1.3+2.1.1+2.1.3]	9.05%	87.74
2.2.2		其他总价措施项目费	[1.1+1.3+2.1.1+2.1.3]	据实际发生的项目确定，取0.13%	1.26
3	总承包服务费		暂不计		
4	企业管理费		[1.1+1.3+2.1.1+2.1.3]	17.5%	169.66
5	利润		[1.1+1.3+2.1.1+2.1.3]	14.91%	144.55
6	规费		[1.1+1.3+2.1.1+2.1.3]	11.66%	113.04
7	索赔与现场签证		索赔与现场签证费用		
8	不含税工程造价		[1+2+3+4+5+6+7]		6206.81
9	税金		[8]	3.48%	216.00
10	含税工程造价		[8+9]		6422.81

11.4 给水排水工程清单计价实例

给水排水安装工程清单计价实例仍然采用某学院培训教室给水排水安装工程，工程的相关说明和施工图纸见第11.3节。

下面采用清单计价的模式来编制给水排水安装工程招标控制价。

11.4.1 编制工程量清单

1. 编制分部分项工程量清单

首先计算清单项目工程量，见表11-20。

然后根据所计算的工程量，填写分部分项工程和单价措施项目清单，见表11-25。

2. 编制措施项目清单

措施项目清单表，根据《通用安装工程工程量计算规范》GB 50856—2013、《××省建筑安装工程费用定额》(2013) 中有关措施项目的所列内容，并结合工程的具体情况编制。

由于本工程规模较小，最高管道只有1.2m，可以不发生相关的措施项目，故单价措施项目不计，总价措施项目清单参见表11-8。

培训教室给水排水安装工程分部分项工程和单价措施项目清单 表 11-25

序号	项目编码	项目名称	项目特征	计量单位	工程数量	金额(元)		
						综合单价	合价	其中：暂估价
1	031001001001	镀锌钢管	安装部位：室内； 输送介质：给水； 材质：镀锌钢管； 型号规格：*DN*20； 连接方式：丝接； 管道消毒冲洗	m	1.60			
2	031001001002	镀锌钢管	安装部位：室内； 输送介质：给水； 材质：镀锌钢管； 型号规格：*DN*25； 连接方式：丝接； 管道消毒冲洗	m	5.25			
3	031001001003	镀锌钢管	安装部位：室内； 输送介质：给水； 材质：镀锌钢管； 型号规格：*DN*32； 连接方式：丝接； 管道消毒冲洗	m	10.20			
4	031001005001	承插铸铁管	安装部位：室内； 输送介质：排水； 材质：铸铁排水管； 型号规格：*DN*50； 连接方式：承插口，石棉水泥接口	m	9.05			
5	031001005002	承插铸铁管	安装部位：室内； 输送介质：排水； 材质：铸铁排水管； 型号规格：*DN*100； 连接方式：承插口，石棉水泥接口	m	11.30			
6	031004006001	大便器	材质：瓷质蹲式大便器； 组装方式：手压阀冲洗，镀锌钢管冲洗管 *DN*25	套	5			
7	031004014001	水龙头	材质：铜； 型号规格：*DN*15 冷水龙头	个	6			
8	031004014002	水龙头	材质：铜； 型号规格：*DN*20 冷水龙头	个	1			
9	031004014003	排水栓	带存水弯； 材质：塑料排水栓； 型号规格：*DN*50	组	2			

续表

序号	项目编码	项目名称	项 目 特 征	计量单位	工程数量	金额(元)		
						综合单价	合价	其中：暂估价
10	031004014004	地漏	材质:不锈钢地漏； 型号规格:$DN50$	个	1			
11	031004014005	地面清扫口	材质:铸铁地面清扫口； 型号规格:$DN100$	个	1			
12	031201001001	管道刷防锈漆	油漆品种:防锈漆 涂刷遍数:2 遍	m^2	5.582			
13	031201001002	管道刷银粉漆第一遍	油漆品种:银粉漆 涂刷遍数:1 遍	m^2	7.625			
14	031201001003	管道刷银粉漆第二遍	油漆品种:银粉漆 涂刷遍数:1 遍	m^2	5.582			
合 计								

3. 编制其他项目清单

其他项目清单包括暂列金额、暂估价、计日工、总承包服务费等内容，应结合工程的具体情况及招标文件进行编制。暂列金额等其他项目清单参见表 11-9。

4. 编制规费、税金项目清单

按规定，规费项目包括社会保险费、住房公积金、工程排污费等。税金项目包括营业税、城市维护建设税和教育费附加等。编写的清单参见表 11-10。

11.4.2 工程量清单计价

以编制招标控制价为例，讲解工程量清单计价的方法步骤。

1. 招标控制价编制的依据

(1)《建设工程工程量清单计价规范》GB 50500—2013；

(2)《通用安装工程工程量计算规范》GB 50856—2013；

(3) ××省住房与城乡建设厅行政主管部门发布的工程量消耗定额及统一基价表、估价表、费用定额及计价办法；

(4) 达到国家规定设计深度、内容完整的施工设计图纸及相关资料；

(5) 招标文件中的工程量清单及有关要求；

(6) 与本给水排水安装工程相关的标准、规范、技术资料；

(7) 工程造价管理机构发布的人工、材料、机械市场信息价；

(8) 其他的相关资料。

2. 计算工程量

分为两步，即：核算清单工程量和计算计价工程量

(1) 核算清单工程量

根据设计图纸，经计算所得的工程量与业主提供的工程量清单一致。

（2）计算计价工程量

根据消耗量定额工程量计算规则，该工程中，管道有消毒冲洗要求，因此应计算相应管道的消毒冲洗工程量。根据管道消毒冲洗工程量计算规则可知，对应管道的消毒冲洗工程量与管道安装的中心线长度一致。

3. 确定措施项目清单内容

由于是编制招标控制价，确定措施项目清单内容时，可采用施工企业常用的施工方案或施工组织设计。

本例的措施项目由于工程规模小、施工场地较宽等原因，单价措施项目可无须发生，主要计取总价措施项目，即安全文明施工费、工程定位复测费等。

4. 计算综合单价

结合《××省建筑安装工程费用定额》(2013)、《××省安装工程消耗量定额及单位估价表》(2013) 第十册《给水排水、供暖、燃气工程》、《××市建设工程价格信息》等资料，可计算确定各个分部分项工程及单价措施项目的综合单价。其中，管理费为人工费与机械费之和的 17.5%，利润为直接费的 14.91%。下面以室内镀锌钢管安装（*DN*20）和蹲式大便器安装两项为例填写工程量清单综合单价分析表，如表 11-26、表 11-27 所示，其他分部分项工程的综合单价分析原理相同。

培训教室给水排水安装工程工程量清单综合单价分析表（一）　　表 11-26

项目编码		031001001001		项目名称		室内镀锌钢管安装 *DN*20		计量单位		m	
清单综合单价组成明细											
定额编号	定额名称	定额单位	数量	单价(元)				合价(元)			
				人工费	材料费	机械费	管理费和利润	人工费	材料费	机械费	管理费和利润
C10-185	室内镀锌钢管(丝接)*DN*20	10m	0.1	129.37	15.87	0.94	42.23	12.94	1.59	0.09	4.22
C10-538	管道消毒、冲洗 *DN*50 以内	100m	0.01	36.01	15.83	0	11.67	0.36	0.16	0	0.12
人工单价		小计						13.30	1.75	0.09	4.34
技工 92 元/工日 普工 60 元/工日		未计价材料费						22.75			
清单项目综合单价								42.23			
材料费明细表	主要材料名称、规格、型号				单位		数量	单价(元)	合价(元)	暂估单价(元)	暂估合价(元)
	镀锌钢管 *DN*20				m		1.02	18.99	19.37		
	焊接钢管接头零件				个		1.619	2.09	3.38		
	其他材料费										
	材料费小计								22.75		

培训教室给水排水安装工程工程量清单综合单价分析表（二） 表 11-27

项目编码	030804012001		项目名称		蹲式大便器安装			计量单位		套	
清单综合单价组成明细											
定额编号	定额名称	定额单位	数量	单价(元)				合价(元)			
				人工费	材料费	机械费	管理费和利润	人工费	材料费	机械费	管理费和利润
C10-972	蹲式大便器安装(手压阀冲洗 DN25)	10 套	0.1	368.33	550.07	0	119.38	36.83	55.01	0	11.94
人工单价		小计						36.83	55.01	0	11.94
普工 42 元/工日 技工 48 元/工日 高级技工 60 元/工日		未计价材料费						458.54			
清单项目综合单价								562.32			
材料费明细表	主要材料名称、规格、型号					单位	数量	单价(元)	合价(元)	暂估单价(元)	暂估合价(元)
	蹲式大便器(含手压阀 DN25)					个	1.01	454.00	458.54		
	其他材料费										
	材料费小计								458.54		

将各分部分项工程计算的结果填入分部分项工程和单价措施项目清单与计价表中，见表 11-28。

5. 计算分部分项工程费

分部分项工程费的计算方法如下：

$$分部分项工程费=\sum(工程量\times综合单价)$$

经过计算，将结果填入分部分项工程和单价措施项目清单与计价表，见表 11-28。

培训教室给水排水安装工程分部分项工程和单价措施项目清单与计价表 表 11-28

序号	项目编码	项目名称	项目特征描述	计量单位	工程数量	金额(元)		
						综合单价	合价	其中：暂估价
1	031001001001	镀锌钢管	安装部位：室内； 输送介质：给水； 材质：镀锌钢管； 型号规格：DN20； 连接方式：丝接； 管道消毒冲洗	m	1.60	42.23	67.57	
2	031001001002	镀锌钢管	安装部位：室内； 输送介质：给水； 材质：镀锌钢管； 型号规格：DN25； 连接方式：丝接； 管道消毒冲洗	m	5.25	49.10	257.78	

续表

序号	项目编码	项目名称	项目特征描述	计量单位	工程数量	金额(元)		
						综合单价	合价	其中：暂估价
3	031001001003	镀锌钢管	安装部位：室内； 输送介质：给水； 材质：镀锌钢管； 型号规格：*DN*32； 连接方式：丝接； 管道消毒冲洗	m	10.20	60.83	620.47	
4	031001005001	承插铸铁管	安装部位：室内； 输送介质：排水； 材质：铸铁排水管； 型号规格：*DN*50； 连接方式：承插口，石棉水泥接口	m	9.05	61.74	558.75	
5	031001005002	承插铸铁管	安装部位：室内； 输送介质：排水； 材质：铸铁排水管； 型号规格：*DN*100； 连接方式：承插口，石棉水泥接口	m	11.30	115.81	1308.65	
6	031004006001	大便器	材质：瓷质蹲式大便器； 组装方式：手压阀冲洗，镀锌钢管冲洗管 *DN*25	套	5	562.32	2811.60	
7	031004014001	水龙头	材质：铜； 型号规格：*DN*15 冷水龙头	个	6	14.55	87.30	
8	031004014002	水龙头	材质：铜； 型号规格：*DN*20 冷水龙头	个	1	22.45	22.45	
9	031004014003	排水栓	带存水弯； 材质：塑料排水栓； 型号规格：*DN*50	组	2	55.64	111.28	
10	031004014004	地漏	材质：不锈钢地漏； 型号规格：*DN*50	个	1	28.15	28.15	
11	031004014005	地面清扫口	材质：铸铁地面清扫口； 型号规格：*DN*100	个	1	32.93	32.93	
12	031201001001	管道刷防锈漆	油漆品种：防锈漆 涂刷遍数：2 遍	m^2	5.582	9.10	50.80	
13	031201001002	管道刷银粉漆第一遍	油漆品种：银粉漆 涂刷遍数：1 遍	m^2	7.625	3.39	25.85	
14	031201001003	管道刷银粉漆第二遍	油漆品种：银粉漆 涂刷遍数：1 遍	m^2	5.582	3.81	21.67	
合计							6004.85	

6. 计算措施项目费

（1）单价措施项目费

根据本例的实际情况，可以不发生单价措施项目，因此该项费用不计。

（2）总价措施项目费：根据计算基础乘系数的方法计算。

根据《××省建筑安装工程费用定额》（2013），总价措施项目费包括安全文明施工费、其他总价措施项目费（包括夜间施工增加费、二次搬运费、冬雨季施工增加费、工程定位复测费等项目）。

总价措施项目费的计算基础＝人工费＋机械费＝分部分项工程费中的人工费＋分部分项工程费中的机械费＋单价措施项目费中的人工费＋单价措施项目费中的机械费，由于本工程可不发生夜间施工、二次搬运、冬雨季施工，故这几项措施费不计。各项组织措施的费率及费用计算如下：

总价措施项目费的计算基础＝966.29＋3.18＝969.47 元。

1）安全文明施工费

安全施工费（费率 3.57％）：969.47×3.57％＝34.61 元。

文明施工费与环境保护费（费率 1.97％）：969.47×1.97％＝19.10 元。

临时设施费（费率 3.51％）：969.47×3.51％＝34.03 元。

2）其他总价措施项目费

其他总价措施项目包括：夜间施工增加费、二次搬运费、冬雨季施工增加费和工程定位复测费。但本项目建设规模较小，施工过程中没有发生夜间施工、二次搬运、冬雨季施工等措施项目，故可只计算工程定位复测费。

工程定位复测费（费率 0.13％）：969.47×0.13％＝1.26 元；

所以，总价措施项目费为：34.61＋19.10＋34.03＋1.26＝89.00 元。

填写总价措施项目清单与计价表，如表 11-29 所示。

培训教室给水排水安装工程总价措施项目清单与计价表 **表 11-29**

项目编码	项目名称	计算基础	费率（％）	金额（元）	调整费率（％）	调整后金额（元）	备注
031302001001	安全文明施工费	人工费＋机械费	9.05	87.74			
03B001	工程定位复测费	人工费＋机械费	0.13	1.26			
合　计				89.00			

7. 计算其他项目费

根据招标文件所提供的其他项目清单，加之本工程因规模较小，招标人未自行采购材料，同时未分包工程暂估价、计日工和总承包服务费，因此只计取暂列金额，参见表 11-17。

8. 计算规费和税金

按照《××省建筑安装工程费用定额》（2013）中的计算基础乘以费率列项计算，其中规费计算基础为人工费与机械费之和，综合费率为 11.66％（包括：养老保险费、失业保险费、医疗保险费、工伤保险费、生育保险费、住房公积费、工程排污费）。税金计算基础为分部分项工程费、单价措施项目费、总价措施项目费、其他项目费和规费之和，综合税率为 3.48%。具体计算结果见表 11-30。

培训教室给水排水安装工程规费、税金项目清单与计价表　　表 11-30

序号	项目名称	计 算 基 础	费率(%)	金额(元)
1	规费	1.1+1.2+1.3		113.04
1.1	社会保险费	1.1.1+1.1.2+1.1.3+1.1.4+1.1.5		84.44
1.1.1	养老保险费	人工费+机械费	5.6	54.29
1.1.2	失业保险费		0.56	5.43
1.1.3	医疗保险费		1.64	15.90
1.1.4	工伤保险费		0.65	6.30
1.1.5	生育保险费		0.26	2.52
1.2	住房公积费		2.2	21.33
1.3	工程排污费		0.75	7.27
2	税金	分部分项工程费+单价措施项目费+总价措施项目费+其他项目费+规费	3.48	222.96
合计				336.00

9. 计算单位工程招标控制价

将上述各项结果填入单位工程招标控制价汇总表，见表 11-31。

培训教室给水排水安装工程单位工程招标控制价汇总表　　表 11-31

序号	汇 总 内 容	金额(元)
1	分部分项工程	6004.85
2	措施项目	89.00
3	其他项目	200.00
4	规费	113.04
5	税金	222.96
招标控制价合计=1+2+3+4+5		6629.85

复习思考题

1. 某三层住宅电气照明施工图见图 11-8，依据你所在地区的统一估价表及费用定额，分别运用定额计价模式和清单计价模式确定该电气照明工程的工程造价。说明：(1) 电源由室外架空线引入，引入线在墙上距地 6m 处装设角钢支持架（两端埋设式）；(2) 除电源引入线采用穿管暗配外，其余均采用木槽板明配，用 BLV-500V-2.5mm^2 导线配线；(3) 拉线开关距顶板 0.3m，插座距地 1.8m，开关板距地 1.4m；(4) 房屋层高为 2.8m，共 3 层，本图为第三层电气照明安装，本题工程量，只计算第三层的灯具、导线等（注：为了清楚起见，门窗都未画出，尺寸标注在图上，均以 mm 为单位，除标高外）；(5) 开关板宽为 300mm，高为 400mm。

40
700
40
2.5
3000
400
1400
1700
1号开关板
40
600
4700
BLV-500V2×10mm²G20-QA
+6.00
进户线BLV-1000V
2×160mm²
L=20000
角铁横担∟50×5
1000
4600
300
200
2000
2000
1×40
2.5
1×YG2-1
250V3A
60
2.5
1500
250V3A
1100
15

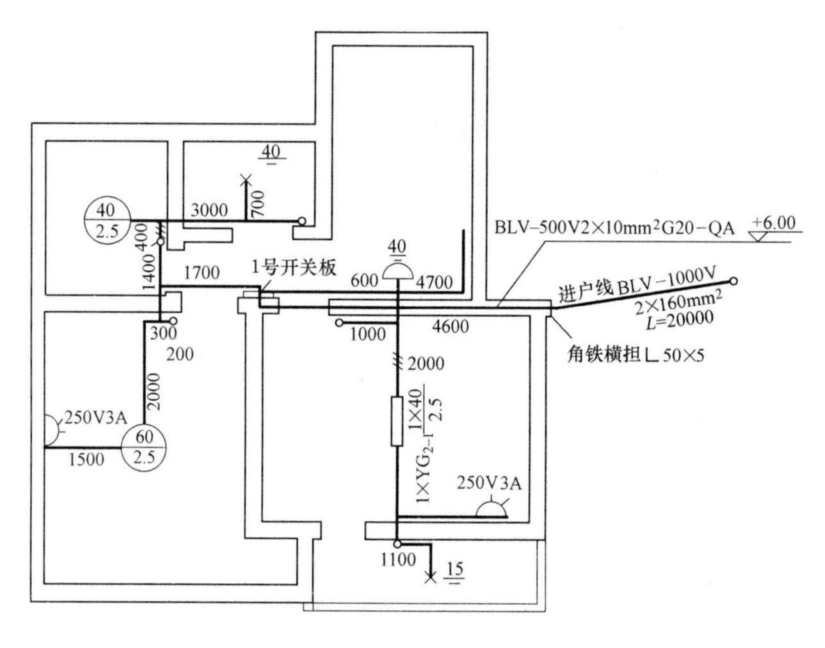

图 11-8　某三层住宅电气照明施工图

2. 某 9 层建筑的卫生间排水管道布置见图 11-9 和图 11-10。首层为架空层，层高为 3.3m，其余层高为 2.8m。自 2 层至 9 层设有此卫生间。管材为铸铁排水管，石棉水泥接口。图中所示地漏为 *DN*75，连接地漏的横管标高为楼板面下 0.2m，立管至室外第一个检查井的水平距离为 5.2m。请计算该排水管道系统的工程量。明露铸铁排水管刷防锈底漆一遍，银粉漆两遍，埋地部分刷沥青漆两遍，不考虑套管。试依据你所在地区的统一估价表及费用定额，分别运用定额计价模式和清单计价模式确定该管道工程的工程造价。

500
700
500
PL
500

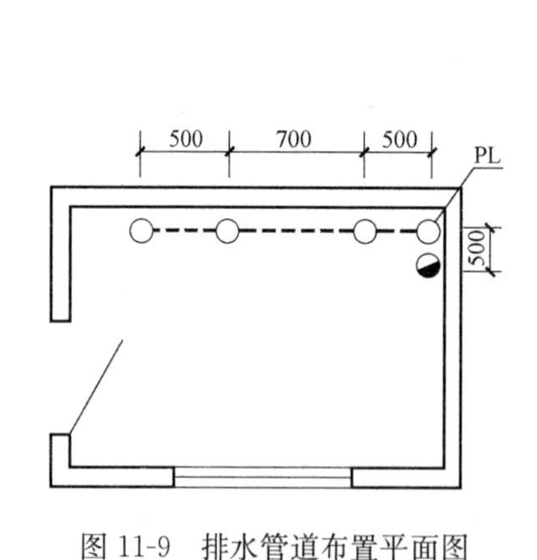

图 11-9　排水管道布置平面图

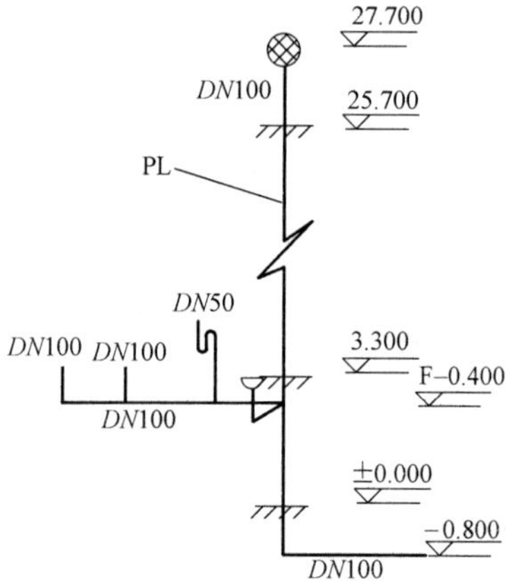

27.700
DN100
25.700
PL
DN50
DN100
DN100
3.300
F-0.400
DN100
±0.000
-0.800
DN100

图 11-10　排水管道系统图

参考文献

[1] 住房和城乡建设部标准定额研究所《通用安装工程工程量计算规范》GB 50856—2013 [S]. 北京：中国计划出版社，2013.

[2] 谢洪学等.《建设工程工程量清单计价规范》GB 50500—2013 [S]. 北京：中国计划出版社，2013.

[3] 湖北省建设工程造价管理总站. 湖北省建筑安装工程费用定额（2013 版）[M]. 武汉：长江出版社，2013.

[4] 湖北省建设工程造价管理总站. 湖北省通用安装工程消耗量定额及单位估价表第四册：电气设备安装工程 [M]. 武汉：长江出版社，2013.

[5] 湖北省建设工程造价管理总站. 湖北省通用安装工程消耗量定额及单位估价表第十册：给水排水、供暖、燃气工程 [M]. 武汉：长江出版社，2013.

[6] 湖北省建设工程造价管理总站. 湖北省通用安装工程消耗量定额及单位估价表第十二册：刷油、防腐蚀、绝热工程 [M]. 武汉：长江出版社，2013.

[7] 全国造价工程师执业资格考试培训教材编审委员会. 建设工程技术与计量（安装工程）（2013 年版）[M]. 北京：中国计划出版社，2013.

[8] 全国造价工程师执业资格考试培训教材编审委员会. 建设工程计价（2014 年修订）[M]. 北京：中国计划出版社，2014.

[9] 陈国安. 建筑工程计量与计价 [M]. 武汉：武汉理工大学出版社，2009.

[10] 陈宪仁. 水电安装工程预算与定额 [M]. 第 4 版. 北京：中国建筑工业出版社，2014.

[11] 高明远，岳秀萍. 建筑设备工程 [M]. 第 3 版. 北京：中国建筑工业出版社，2005.

[12] 陈妙芳. 建筑设备 [M]. 上海：同济大学出版社，2003.

[13] 余辉. 新编电气工程预算员必读 [M]. 第 2 版. 北京：中国计划出版社，2005.

[14] 余辉. 新编水暖工程预算员必读 [M]. 第 2 版. 北京：中国计划出版社，2005.